上海大学产业经济研究中心系列报告

构建海洋产业新体系

中国海洋产业报告（2016~2017）

主编 ◎ 徐旭

执行主编 ◎ 陈秋玲 谭婷 聂永有

上海财经大学出版社

图书在版编目(CIP)数据

构建海洋产业新体系：中国海洋产业报告（2016－2017）/徐旭主编．
—上海：上海财经大学出版社，2018.12
上海大学产业经济研究中心系列报告
ISBN 978-7-5642-3129-3/F・3129
Ⅰ.①构… Ⅱ.①徐… Ⅲ.①海洋开发-产业-研究报告-中国-2016-
2017 Ⅳ.①P74
中国版本图书馆 CIP 数据核字(2018)第 266353 号

□ 责任编辑　台啸天
□ 封面设计　贺加贝

构建海洋产业新体系

中国海洋产业报告(2016－2017)

主　编　徐　旭
执行主编　陈秋玲　谭　婷　聂永有

上海财经大学出版社出版发行
(上海市中山北一路 369 号　邮编 200083)
网　　址：http://www.sufep.com
电子邮箱：webmaster @ sufep.com
全国新华书店经销
上海华业装潢印刷厂印刷装订
2018 年 12 月第 1 版　2018 年 12 月第 1 次印刷

787mm×1092mm　1/16　17.5 印张　426 千字
定价：68.00 元

中国海洋产业报告(2016-2017)

构建海洋产业新体系

主　　编：徐　旭

执行主编：陈秋玲　谭　婷　聂永有

编 委 会：（以姓氏拼音为序）

胡大伟　李骏阳　陆甦颖　吕康娟

施利毅　施　鹰　孙继伟　许　烁

叶明确　殷　凤　尹应凯　曾　军

序

　　深邃的海洋是一个充满未知却令人向往的巨大空间，这个空间占据地球表面的70%，蕴含着丰富的自然资源，孕育着多样的海洋生物。从远古人类在沙滩上采拾贝壳，到船舶与海洋工程装备的快速发展，人类不断向海洋进军，海洋日益成为世界强国角力的主战场。尤其21世纪以来，沿海各国纷纷把发展海洋提升为强国战略，如美国把海洋作为地球上"最后的开辟疆域"，未来的发展重心从外层空间转向海洋，抢占蓝色发展制高点；俄罗斯强调恢复海洋强国地位，依托科技打造海洋军事和航运强国；日本全面推进海洋强国战略。这些海洋强国不断加大海洋科技研发投入，加速海洋产业转型升级，不断挑战海洋开发极限，旨在争夺更多的海洋资源，控制更广的海洋空间，获取更多的海洋利益，国际海洋竞争格局逐渐形成。

　　中国对海洋的重视程度也在逐渐提升。2008年，《国家海洋经济发展规划纲要》提出建设"海洋强国"；《中华人民共和国国民经济和社会发展第十二个五年规划纲要》明确提出"大力发展海洋经济""坚持海陆统筹，制定并实施海洋发展战略，提高海洋开发控制综合管理能力"；2012年，中共十八大报告再次重申建设"海洋强国"战略；2013年，习近平总书记提出"一带一路"倡议；2017年10月，中共十九大报告强调"坚持陆海统筹，加快建设海洋强国"。

　　中国的海洋经济起步较晚，但是发展较快，尤其是改革开放以来，海洋经济的规模逐年增大，1979年，中国海洋生产总值仅为64亿元，2002年为1.2万亿元，2007年为

2.56 万亿元，2012 年为 5 万亿元，到 2017 年攀升到 7.76 万亿元。从海洋经济总量看，中国的海洋经济与发达国家仍存在很大差距，美、日、英三个发达国家海洋经济总值分别是中国的 14 倍、13 倍和 5 倍。随着海洋经济规模的扩大，海洋经济对中国国民经济的贡献度越来越大，海洋经济占国内生产总值的比重从 2002 年以来一直稳定在 9%～10%，其中 2006 年最高，达到 9.98%。

21 世纪以来，中国海洋经济的发展阶段，大体上可以划分为迅速扩张期、持续增长期、平稳上升期三个阶段。其中：2002～2007 年为迅速扩张期，海洋经济复合增长率为 17.8%，总规模较小，快速扩张；2008～2012 年为持续增长期，复合增长率为 11%，总规模在第一阶段的迅速扩张之后发展到了 5 万亿元的水平，增长速度依然强劲。2012～2017 年为平稳上升期，复合增长率为 7.4%，总规模发展到新的水平，增速有所放缓，但海洋经济整体发展势头依然向好，发展潜力巨大。

从海洋产业结构看，改革开放以来，中国海洋产业结构不断优化，海洋产业结构高级化程度不断提升。1978 年以前，中国只有海洋渔业、海洋盐业及海洋交通运输业这三大传统产业；20 世纪 90 年代以后，中国开始快速发展海洋油气业和滨海旅游业；21 世纪以来，随着海洋生物医药业、海洋化工业、海洋新能源、海洋新材料、海洋工程装备、海水淡化与利用等新兴领域的发展，海洋战略性新兴产业的重要地位日益凸显。

尽管中国海洋经济总量得到提升，结构不断优化，发展速度强劲，但这种发展态势并非由海洋科技创新引起的内涵式增长，而是依靠规模化投资及资源大量投入所形成的粗放式增长，这种粗放式增长在海洋经济发展到一定阶段时将不能继续维持高增长率。同时，随着国际社会对资源环境保护力度的加大，以及海洋经济发展的转型升级，中国海洋经济的发展急需寻求新的增长动力。

拓展新型海洋资源，提高资源利用效率，优化海洋产业结构，以及壮大海洋经济规模，都需要海洋科技创新的支撑和引领。习近平总书记提出"发展是第一要务，创新是第一动力，人才是第一资源"，为中国海洋发展路径指明了方向。中国国家海洋局也于 2016 年 12 月对外公布《全国科技兴海规划（2016～2020 年）》文本。规划要求到 2020 年，形成有利于创新驱动发展的科技兴海长效机制。海洋科技创新是国家创新的重要组成部分，是实现海洋强国战略的动力源泉，也是中国 21 世纪海洋发展的必经之路。

海洋科技与海洋经济是海洋大系统中的两个子系统，它们相互依存、相互影响、互为因果。科技创新、资本积累、劳动投入是经济发展的主要因素，其中科技创新是首要因素。就海洋经济子系统而言，海洋科技创新水平的高低影响着海洋经济的发展，实证分析结果显示：海洋科技资金投入和海洋科技人员投入都对海洋经济增长有着一定的正相关关系，提高海洋科技资金投入和海洋科技人员投入都能带动海洋经济的增长。就海洋科技子系统而言，海洋经济对海洋科技的作用体现在需求倒逼、资金支持和智力保障三个方面，即海洋经济发展需求不断倒逼海洋科技进步，研发经费投入为海洋科技提供资金支持，人力资本投入为海洋科技进步提供必要的智力保障。

为了进一步提升海洋科技子系统与海洋经济子系统的耦合效应，我们可以从以下几方面持续发力：一是以海洋科技前沿问题为导向，聚焦重大关键技术、共性技术的攻关，形成一批有自主知识产权、技术领先的重大突破和成果；二是以服务国家战略为使命，挖掘海洋强国、"一带一路"、中国自贸区所叠加的改革红利，加速释放制度创新的辐射效应；三是以全要素耦合、系统耦合为突破，加快海洋科创与海洋经济的深度耦合，促进海陆经济一体化、科技与经济一体化发展；四是以构建开放型海洋产业新体系为目标，促进资源、劳动、资金密集型海洋产业向资金、技术密集型海洋产业转变；五是以重大项目为纽带，构建政策链、资金链、创新链、产业链"四链协同"的海洋科技协同创新战略联盟；六是以"智能＋"模式为抓手，为传统海洋产业植入"智能基因"，打造升级版的海洋科技经济深度融合的产业集群。

上海大学党委副书记

徐旭

2018.7.18

目　录

第一章 中国海洋经济指数

摘　要：编制中国海洋经济指数，便于测量沿海不同地区海洋经济发展总体水平和结构状况，为沿海省市区根据自身情况制定合理的发展战略提供依据。文章从规模、结构、效率、潜力四个方面构建了中国海洋产业指数指标体系，运用 SPSS 软件的主成分分析法，测度中国沿海地区海洋经济指数及排名，并对排名结果及历年变动情况进行分析。

关键词：海洋经济指数　指标体系　主成分分析

科学评价沿海地区海洋经济发展水平，合理把握沿海地区海洋发展的竞争力，对制定地区海洋发展战略，加快培育新的经济增长点，推进地区经济与社会可持续发展，具有重要的意义。本报告基于海洋经济的内涵，构建全面系统的评价指标体系，运用主成分分析法，对中国沿海 11 个省市区海洋经济发展水平进行评价，揭示沿海地区海洋经济发展水平和结构状况，为沿海地区认清自身海洋经济发展实力，制定合理的海洋经济发展战略和政策，抢占新一轮海洋经济发展制高点提供决策依据。

1.1　评价指标与方法

项目组从海洋经济的规模、结构、效率、潜力四个方面，将有关指标通过层次分析法、主成分分析法等进行测度，综合评价中国沿海地区海洋经济发展水平。

规模指标从宏观层面定量反映一个地区海洋产业总量和水平，选用海洋产业产值、海洋产业增加值、涉海就业人员、集装箱吞吐量以及海洋产业增加值占比，来反映沿海地区海洋经济的总体规模、总体增长规模、海洋经济就业人员规模、货运规模以及海洋产业在地区中的规模。

结构指标反映各海洋产业的构成以及各海洋产业之间的联系和比例关系。各海洋产业部门的构成及相互之间的联系、比例关系不同，对海洋经济发展的贡献大小也不同。该分项指标体系包括海洋第三产业占比和海洋产业结构高度指数化，反映的是沿海地区海洋产业结构的优劣。

效率指标是沿海地区海洋产业对资源的利用效率,能够反映各地海洋产业的资源配置能力。本报告通过对海洋产业增长速度、海洋产业强度、劳动生产率、专门化率以及增加值率分析,反映沿海地区对资源的使用效率。

潜力指标是可持续发展指标,能够反映沿海地区海洋产业的发展程度和产业多元化发展方向,本报告从海洋科技创新水平和海洋资源两方面来反映。海洋科技创新水平是海洋经济发展水平的一个重要标志,决定了一个地区海洋经济发展的水平,指标包括专利总数、海洋科技服务业占比以及海洋科研从业人员;海洋资源通过确权海域面积来反映。

遵循评价指标体系构建的科学性、层次性、可操作性、目标导向等原则,将海洋经济指数的指标体系分为 3 个层次:总体层、系统层、指标层,综合考虑指标资料收集的难易程度,共选取了 16 个指标(见表 1—1),指标选取考虑了指标包含信息的全面性,无法避免指标之间的相关性,指标部分直接使用《中国海洋统计年鉴》中的原始数据,部分经过对原始数据处理得来。指标具体计算方法如下:

海洋产业增加值占比=海洋产业增加值/国内(地方)生产总值(GDP)

海洋第三产业占比=海洋第三产业产值/海洋产业产值

海洋产业强度=海洋产业增加值/确权海域面积

劳动生产率=海洋产业增加值/海洋从业人员数

海洋产业结构高度化指数,表示海洋第 i 产业在海洋产业总值中的比重

增加值率=海洋产业增加值/海洋产业产值

用区位熵来测度中国海洋产业专门化率,即 $Q = \dfrac{e_i/E_i}{E_0/E_1}$,其中,$e_i$ 表示 i 地区海洋产业产值,E_i 表示 i 地区国内生产总值,E_0 表示中国海洋产业总产值,E_1 表示中国国内生产总值。

表 1—1   中国海洋经济指数指标体系

总体层	系统层	指标层	指标含义	计算公式
海洋经济指数	规模指标	海洋产业产值(亿元)	反映海洋产业总体规模	—
		海洋产业增加值(亿元)	反映海洋产业总体增长规模	—
		海洋从业人员规模(万人)	涉海就业人员	—
		集装箱吞吐量(万吨)	国际标准集装箱吞吐量	—
		海洋产业增加值占比(%)	反映海洋产业在地区经济中的规模	海洋产业增加值/GDP
	结构指标	海洋第三产业占比(%)	反映海洋第三产业在整体产业中的规模	海洋第三产业产值/海洋产业产值
		海洋产业结构高度指数化	反映海洋产业结构高级化水平	海洋第一产业占比×1+海洋第二产业占比×2+海洋第三产业占比×3

续表

总体层	系统层	指标层	指标含义	计算公式
海洋经济指数	效率指数	海洋产业增长速度（%）	反映海洋产业增长速度	—
		海洋产业强度（亿元/公顷）	单位海域面积增加值	海洋产业增加值/确权海域面积
		劳动生产率（万元/人）	反映海洋产业生产效率	海洋产业增加值/涉海就业人员
		专门化率（区位熵）	反映地区海洋产业专业化程度	地区海洋产业产值占GDP的比重除以中国海洋产业产值占全国GDP的比重
		增加值率	反映海洋产业增加值占海洋产业总规模的比率	海洋产业增加值/总产值
	潜力指数	确权海域面积（公顷）	反映海洋资源基础	—
		专利总数（件）	反映海洋产业科技创新能力	—
		海洋科教服务业占比（%）	反映海洋科研教育对海洋产业的支持力度	
		海洋科研从业人员（人）	反映海洋产业人力资本投入	

注："—"表示指数数据直接来自《中国海洋统计年鉴》《中国海洋经济统计公报》。

本报告运用主成分分析法对上述指标体系进行计算，测度地区海洋经济指数。根据主成分分析法的基本原理，主成分的个数可以通过累积贡献率来确定。通常以累积贡献率 a ≥0.85 为标准。对于选定的 q 个主成分，若其累积贡献率达到了 85%，即 a=0.85，则主成分可确定为 q 个。它表示，所选定的 q 个主成分，基本保留了原来的 p 个变量的信息。在决定主成分的个数时，应在 a=0.85 的条件下，尽量减少主成分的个数。以 2013～2015 年的数据为例，我们选定 16 个指标的方差贡献率，前 4 个主成分的累积方差贡献率为 86.21%，这意味着要通过 4 个综合指标才能代表 16 个指标的变化，也就是说要将 16 个指标分为 4 个分指数，结果如表 1—2～表 1—4 所示。

表 1—2　　　　　　　　　　主成分特征值及方差贡献率（2013）

初始特征值			提取平方和载入		
合计	方差的 %	累积 %	合计	方差的 %	累积 %
6.716	41.975	41.975	6.716	41.975	41.975
3.082	19.262	61.237	3.082	19.262	61.237
2.367	14.797	76.034	2.367	14.797	76.034
1.628	10.174	86.207	1.628	10.174	86.207
1.29	8.065	94.272	1.29	8.065	94.272
0.486	3.034	97.306			

续表

初始特征值			提取平方和载入		
合计	方差的 %	累积 %	合计	方差的 %	累积 %
0.278	1.736	99.042			
0.105	0.658	99.701			
0.032	0.197	99.898			

表1—3　　　　　　　　　主成分特征值及方差贡献率(2014)

初始特征值			提取平方和载入		
合计	方差的 %	累积 %	合计	方差的 %	累积 %
6.219	38.866	38.866	6.219	38.866	38.866
3.550	22.186	61.052	3.550	22.186	61.052
2.252	14.074	75.127	2.252	14.074	75.127
1.576	9.849	84.976	1.576	9.849	84.976
1.189	7.430	92.406	1.189	7.430	92.406
0.557	3.479	95.885			
0.343	2.146	98.031			
0.201	1.257	99.288			
0.065	0.405	99.692			

表1—4　　　　　　　　　主成分特征值及方差贡献率(2015)

初始特征值			提取平方和载入		
合计	方差的 %	累积 %	合计	方差的 %	累积 %
6.552	40.952	40.952	6.552	40.952	40.952
3.091	19.319	60.271	3.091	19.319	60.271
2.297	14.357	74.628	2.297	14.357	74.628
1.682	10.516	85.143	1.682	10.516	85.143
1.138	7.114	92.258	1.138	7.114	92.258
0.612	3.827	96.085			
0.445	2.779	98.864			
0.095	0.596	99.460			
0.052	0.327	99.787			

　　根据各指标的载荷量和指标所要反映的海洋经济特征,将指标分为规模指标、结构指标、效率指标和潜力指标四个分类指数。例如海洋产业增加值、海洋产业产值、海洋从业人

员规模、集装箱吞吐量和海洋产业增加值占比的第一主成分分值较大,此类数据都和海洋产业规模有关,因此,将这 5 个指标归为海洋经济指数的规模指数;海洋产业增长速度反映海洋产业规模增长速度,海洋产业强度、劳动生产率反映海洋产业生产效率,专门化率(区位熵)反映专业化程度,增加值率等指标与生产效率有关,这几个指标归为效率指数。

依据定量、定性分析的结果,形成了包含 4 个分类指数、16 个指标的海洋经济指数的指标体系,然后计算各地区的主成分值,与相应的主成分权重相乘,得出各地区的海洋经济指数。

数据选取 2008~2015 年天津、河北、辽宁、上海、江苏、浙江、福建、山东、广东、广西和海南的海洋经济相关指标,数据来自《中国海洋统计年鉴》《海洋统计公报》和《中国统计年鉴》等,通过计算得出指标体系中的相关数据。

以 2013~2015 年的数据为例,做详细的示范分析,运用 SPSS 软件的主成分分析法对指标体系进行测算,提取主成分。沿海地区的主成分分析得分与相应主成分的方差贡献率(见本文第四部分),以方差贡献率为权重,即可加权算出沿海地区的综合得分,即海洋经济指数,将这一得分排序即可得出沿海 11 个省市区的排名情况。

1.2　指标排名与分析

(一)综合指标排名

根据 2008~2015 年中国沿海地区的相关数据,通过上述的计算方法,得到指数得分,由于得分负数偏多,通过指数平移一单位,得出 2008~2015 年中国沿海地区海洋经济指数的得分及排名情况(见表 1-5 和表 1-6)。

表 1-5　　　　　　　　　中国沿海地区海洋经济指数得分

沿海地区	得　分							
	2008 年	2009 年	2010 年	2011 年	2012 年	2013 年	2014 年	2015 年
天津	0.39	0.77	0.83	1.08	0.76	0.82	0.91	0.61
河北	0.47	0.07	0.3	0.59	0.42	0.36	0.46	0.26
辽宁	0.71	1.33	1.27	1.33	0.98	1.07	1.02	1.29
上海	1.3	1.4	2.06	1.85	1.71	1.65	1.75	1.38
江苏	0.95	0.93	0.65	1.08	0.88	0.88	0.88	0.6
浙江	1.18	1.05	0.82	0.84	1.04	1.02	0.98	1.06
福建	1.03	0.99	0.9	0.85	0.98	0.98	0.97	0.97
山东	1.37	1.42	0.98	1.34	1.38	1.48	1.51	1.43
广东	2.16	1.88	1.39	1.49	1.9	1.84	1.86	2.09
广西	0.57	0.39	0.45	0.18	0.31	0.24	0.27	0.41
海南	0.86	0.77	1.35	0.38	0.66	0.65	0.41	0.89

数据来源:对 2008~2016 年的《中国海洋统计年鉴》《中国海洋经济统计公报》《中国海洋统计年鉴》中的数据进行主成分分析计算得来。

表1—6　　　　　　　　　　中国沿海地区海洋经济指数排名

沿海地区	得　分							
	2008 年	2009 年	2010 年	2011 年	2012 年	2013 年	2014 年	2015 年
天津	11	8	7	5	8	8	7	8
河北	10	11	11	9	10	10	9	11
辽宁	8	4	4	4	5	4	4	4
上海	3	3	1	1	2	2	2	3
江苏	6	7	9	6	7	7	8	9
浙江	4	5	8	8	4	5	5	5
福建	5	6	6	7	5	6	6	6
山东	2	2	5	3	3	3	3	2
广东	1	1	2	2	1	1	1	1
广西	9	10	10	11	11	11	11	10
海南	7	9	3	10	9	9	10	7

数据来源:对 2008～2016 年的《中国海洋统计年鉴》《中国海洋经济统计公报》中的相关数据进行主成分分析计算得来。

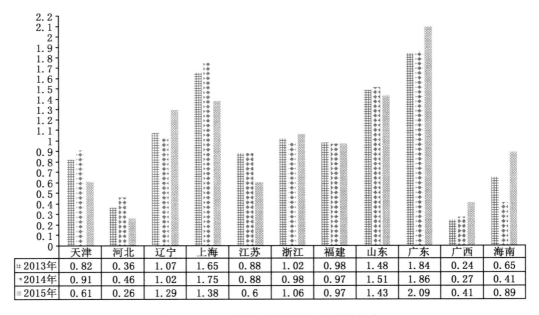

	天津	河北	辽宁	上海	江苏	浙江	福建	山东	广东	广西	海南
2013年	0.82	0.36	1.07	1.65	0.88	1.02	0.98	1.48	1.84	0.24	0.65
2014年	0.91	0.46	1.02	1.75	0.88	0.98	0.97	1.51	1.86	0.27	0.41
2015年	0.61	0.26	1.29	1.38	0.6	1.06	0.97	1.43	2.09	0.41	0.89

图1—1　中国沿海地区海洋经济指数得分

表1—5根据主成分分析法算出的得分经过指数平移一单位得到的,表1—6与图1—1为中国沿海地区海洋经济指数得分。

从排名角度看:2008～2015 年(见表1—6),广东、上海、山东三个省市的排名没有太大的起伏,广东在最近几年起伏中稳居第一,山东与上海两个省市在第二与第三名中徘徊,但这三个省市稳居前三;而海南和天津两个省市的排名起伏是最大的(见表1—6)。

从得分变化幅度看:2013～2015年,广东不仅排名稳居第一,并且增幅也是逐年上升的;浙江、福建、山东三个省份的得分起伏都不明显(见图1—1)。

(二)分项指标排名

根据2012～2015年中国沿海地区分项的相关数据,通过上述的计算方法,得出中国沿海地区海洋经济指数分项指标的得分、排名及其变化情况(见表1—7～表1—10和图1—2～图1—5)。

1. 海洋经济规模排名

表1—7 中国海洋经济规模指标排名

沿海地区	2012年排名	2013年排名	2014年排名	2015年排名
广东	1	1	1	1
山东	2	2	2	2
上海	3	3	3	3
福建	4	4	4	4
天津	5	5	5	7
浙江	6	6	6	5
辽宁	7	7	7	6
海南	8	8	8	9
江苏	9	9	9	8
河北	10	10	10	10
广西	11	11	11	11

数据来源:对2012～2015年的《中国海洋统计年鉴》《中国海洋经济统计公报》中的相关数据进行主成分分析计算得来。

表1—7海洋经济规模指标的排名在2012～2015年都没有变化,沿海11个省市区规模的排名在这四年中没有变化,广东、山东、上海稳居前三。说明海洋规模与地方海洋资源及开发技术息息相关,难以在短时间内被超越。

2. 海洋产业结构排名

表1—8 中国海洋产业结构指标排名

沿海地区	2012年排名	2013年排名	2014年排名	2015年排名
上海	1	1	1	1
广东	3	2	2	2
福建	4	3	4	4
浙江	5	4	3	3

沿海地区	2012 年排名	2013 年排名	2014 年排名	2015 年排名
海南	2	5	6	5
江苏	6	6	9	11
辽宁	7	7	5	6
山东	8	8	8	8
河北	9	9	7	7
广西	10	10	10	10
天津	11	11	11	9

数据来源:对 2012 年和 2013 年的《中国海洋统计年鉴》《中国海洋经济统计公报》中的相关数据进行主成分分析计算得来。

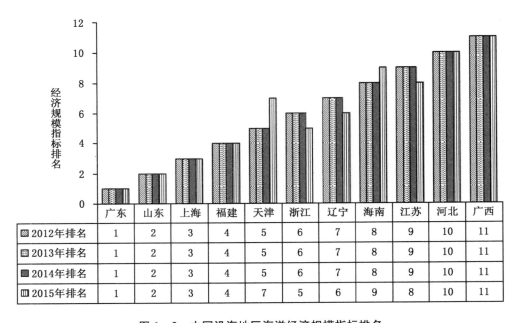

	广东	山东	上海	福建	天津	浙江	辽宁	海南	江苏	河北	广西
2012年排名	1	2	3	4	5	6	7	8	9	10	11
2013年排名	1	2	3	4	5	6	7	8	9	10	11
2014年排名	1	2	3	4	5	6	7	8	9	10	11
2015年排名	1	2	3	4	7	5	6	9	8	10	11

图 1—2 中国沿海地区海洋经济规模指标排名

表 1—8 海洋产业结构的排名在 2012～2015 四年中的变化幅度不是很明显,海洋产业结构指标的排名反映的是海洋第三产业与海洋产业结构的高级化水平。上海、广东、山东、广西四个省市区的排名没多大变化;上海在这四年中稳居第一,反映海洋产业结构的高技术水平;广东最近几年稳居第二,山东稳居第八名,广西则稳居第十名,上海与广东两个省市稳居前两名。

江苏省的排名逐年靠后,从 2012 年的第六名到 2015 年第十一名,江苏需优化海洋产业结构。

3.海洋经济效率排名

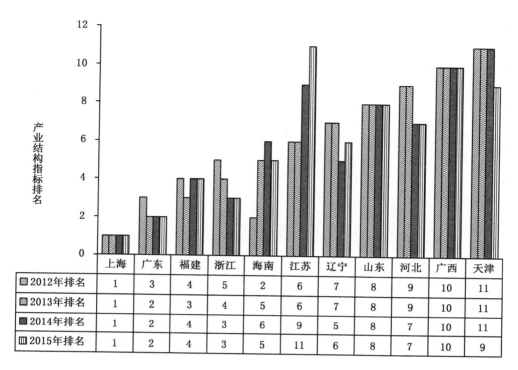

图1—3 中国沿海地区海洋产业结构指标排名

沿海地区	2012年排名	2013年排名	2014年排名	2015年排名
上海	1	1	1	2
天津	2	2	2	5
山东	6	3	5	7
江苏	9	4	3	10
广东	7	5	6	4
海南	3	6	10	1
福建	4	7	4	3
浙江	8	8	8	6
辽宁	5	9	9	9
河北	10	10	7	11
广西	11	11	11	8

表1—9　　　　　　　　　　中国海洋经济效率指标排名

数据来源:对2012年和2013年的《中国海洋统计年鉴》《中国海洋经济统计公报》中的相关数据进行主成分分析计算得来。

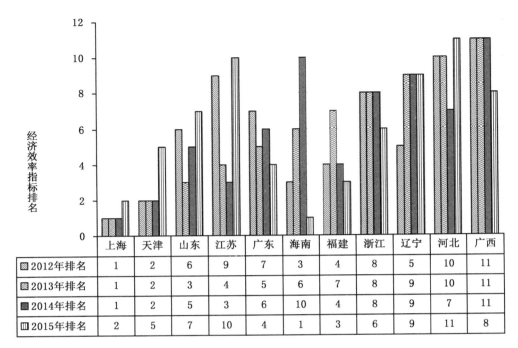

	上海	天津	山东	江苏	广东	海南	福建	浙江	辽宁	河北	广西
▨2012年排名	1	2	6	9	7	3	4	8	5	10	11
▧2013年排名	1	2	3	4	5	6	7	8	9	10	11
■2014年排名	1	2	5	3	6	10	4	8	9	7	11
▥2015年排名	2	5	7	10	4	1	3	6	9	11	8

图1—4　中国沿海地区海洋经济效率指标排名

　　2012～2015年海洋经济效率排名变化较大,其中有几个省市区排名变化较大。2015年海南省的海洋经济效率排名第一,从原始数据来看,海南省的海洋产业增加值增长速度加快,在沿海各省市中增加值率最高;江苏省海洋经济效率排名先高后低,2015年的排名为第十,而江苏省的海洋产业结构排名同样也很落后。

　　从排名的趋势来看,福建省最近几年的排名慢慢靠前,2015年排名第三,浙江、广西等海洋经济效率排名也有所靠前。

　　4.海洋发展潜力排名

表1—10　　　　　　　　　　　中国海洋发展潜力指标排名

沿海地区	2012 年排名	2013 年排名	2014 年排名	2015 年排名
辽宁	4	1	3	2
山东	3	2	2	4
上海	1	3	1	3
广东	2	4	4	1
江苏	5	5	5	5
天津	9	6	7	7
浙江	6	7	6	6
福建	8	8	9	9

沿海地区	2012 年排名	2013 年排名	2014 年排名	2015 年排名
河北	11	9	11	11
广西	10	10	10	10
海南	7	11	8	8

数据来源:对 2012 年和 2013 年的《中国海洋统计年鉴》《中国海洋经济统计公报》中的相关数据进行主成分分析计算获得。

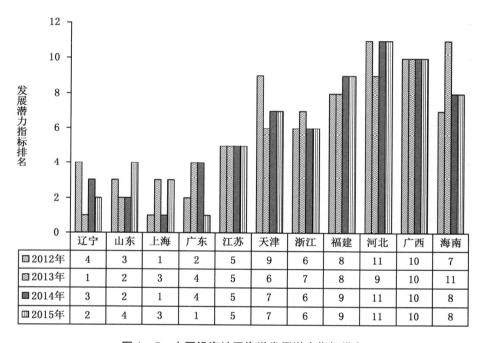

	辽宁	山东	上海	广东	江苏	天津	浙江	福建	河北	广西	海南
2012年	4	3	1	2	5	9	6	8	11	10	7
2013年	1	2	3	4	5	6	7	8	9	10	11
2014年	3	2	1	4	5	7	6	9	11	10	8
2015年	2	4	3	1	5	7	6	9	11	10	8

图 1—5 中国沿海地区海洋发展潜力指标排名

海洋发展潜力指标前四名总是在辽宁、山东、上海、广东这四个省市区之间交替出现。2014 年和 2015 年海南的发展潜力指标排名有所靠前,其余省市区的排名变化不大。

(三)单项指标排名

单项指标排名见表 1—11～表 1—14。

表 1—11　　　　　　　2013～2015 年沿海地区海洋经济规模指标相关指标排名

沿海地区	海洋产业产值			海洋产业增加值			涉海就业人员			海洋产业增加值占比			国际标准集装箱吞吐量		
	2013年	2014年	2015年	2013年	2014年	2015年	2013年	2014年	2015年	2013年	2014年	2015年	2013年	2014年	2015年
天津	7	7	7	7	7	7	8	8	8	3	2	2	6	7	7
河北	9	9	9	9	9	9	11	11	11	11	11	11	10	10	9
辽宁	8	8	8	8	8	8	5	5	5	7	7	8	3	3	3
上海	3	3	4	3	3	4	6	6	6	2	3	3	2	2	2
江苏	6	5	5	6	6	6	7	7	7	9	9	9	8	8	8
浙江	4	6	6	4	5	5	4	4	4	8	8	7	5	5	5
福建	5	4	3	5	4	3	3	3	3	4	4	4	7	6	6
山东	2	2	2	2	2	2	2	2	2	6	6	6	4	4	4
广东	1	1	1	1	1	1	1	1	1	5	5	5	1	1	1
广西	10	10	10	11	11	11	10	10	10	10	10	10	11	11	11
海南	11	11	11	10	10	10	9	9	9	1	1	1	9	9	10

数据来源:《中国海洋统计年鉴(2014、2015、2016)》《中国海洋经济统计公报》《中国沿海农村海洋能资源区划》及 908 专项"中国近海海洋能调查与研究"项目等。

　　表 1—11 中,河北与广西 2013～2015 年这五个单项指标的排名都没有太大的变化;海南省海洋规模指标中其他四项指标排名都靠后,但是产业增加值占比在沿海十一个省市区中是最高的。

表 1—12　　　　　　2013～2015 年沿海省市区海洋产业结构指标相关指标排名

沿海地区	海洋第三产业占比			海洋产业结构高度化指数		
	2013 年排名	2014 年排名	2015 年排名	2013 年排名	2014 年排名	2015 年排名
天津	11	11	11	10	8	6
河北	9	8	7	6	5	5
辽宁	6	5	6	8	6	8
上海	1	1	1	1	1	1
江苏	7	10	10	5	8	10
浙江	5	3	3	3	3	3
福建	4	4	4	4	4	4
山东	8	7	8	7	7	6
广东	3	6	5	2	2	2
广西	10	9	9	11	11	11
海南	2	2	2	9	10	9

数据来源:《中国海洋统计年鉴(2014、2015、2016)》《中国海洋经济统计公报》《中国沿海农村海洋能资源区划》、908 专项"中国近海海洋能调查与研究"项目等。

表 1-13　　　　　　　 2013～2015 年沿海省市区海洋经济效率指标相关指标排名

沿海地区	海洋产业增长速度			单位海域增加值			劳动生产率			专门化率			增加值率		
	2013年	2014年	2015年	2013年	2014年	2015年	2013年	2014年	2015年	2013年	2014年	2015年	2013年	2014年	2015年
天津	3	7	10	2	3	2	3	3	3	1	3	1	10	10	9
河北	7	2	9	4	9	10	5	5	5	11	5	10	10	10	11
辽宁	5	8	11	11	11	11	7	9	9	8	9	7	2	2	2
上海	10	11	8	1	1	1	1	1	1	2	1	4	5	7	6
江苏	11	5	7	9	8	8	2	2	2	9	7	9	8	9	9
浙江	9	9	4	5	5	4	8	8	8	7	8	8	7	5	5
福建	4	1	1	6	4	5	9	7	7	4	7	2	8	8	8
山东	6	4	5	10	10	9	4	4	4	6	4	6	6	5	6
广东	7	3	6	3	2	3	6	6	6	5	6	5	3	4	3
广西	1	6	3	8	7	7	10	10	10	10	10	11	3	3	3
海南	2	10	2	7	6	6	11	11	11	3	11	3	1	1	1

数据来源：《中国海洋统计年鉴(2014、2015、2016)》《中国海洋经济统计公报》《中国沿海农村海洋能资源区划》、908 专项"中国近海海洋能调查与研究"项目等。

表 1-14　　　　　　　 2013～2015 年沿海省市区海洋发展潜力指标相关指标排名

沿海地区	确权海域面积			海洋科研从业人员			专利总数			科教服务业占比		
	2013年	2014年	2015年	2013年	2014年	2015年	2013年	2014年	2015年	2013年	2014年	2015年
天津	10	9	10	5	5	6	7	7	7	11	10	10
河北	9	4	4	9	10	10	10	10	11	10	11	11
辽宁	1	2	1	6	6	5	2	2	2	8	7	6
上海	11	11	11	1	2	3	1	1	3	2	1	1
江苏	3	3	3	4	4	4	6	6	6	7	8	7
浙江	5	6	7	7	7	7	8	8	6	4	4	4
福建	4	7	5	8	8	8	5	5	5	6	6	8
山东	6	1	2	2	1	2	3	3	4	6	5	5
广东	2	5	8	3	3	1	4	4	1	1	2	2
广西	7	8	6	10	8	8	9	9	9	9	9	9
海南	8	10	9	11	11	11	11	10	10	3	3	3

数据来源：《中国海洋统计年鉴(2014)》《中国海洋经济统计公报》《中国沿海农村海洋能资源区划》908 专项"中国近海海洋能调查与研究"项目等。

从沿海地区海洋经济规模指标、结构指标、效率指标以及潜力指标的测量来看，广东、上海、山东三个省市的海洋经济规模指标是第一梯队，上海、广东的海洋产业结构指标是第一梯队，上海、天津的海洋经济效率指标是第一梯队，辽宁、山东、上海、广东的海洋发展潜力指标是第一梯队。

分项指标的分析结果显示,上海、广东、山东处于第一梯队,尤其是上海,各分项指标评得分都很高。上海和广东的海洋经济实力相对于其他沿海地区的优势,主要受益于其陆域经济的带动。陆域经济对海洋经济有很强的支撑和推动作用,海洋经济对陆域经济具有较强的依附性。山东得益于它广阔的海域面积,虽然经济整体实力弱于上海和广东,但山东半岛蓝色经济区的建设,推动其海洋产业发展迅速,海洋经济实力明显增强,相对于其他沿海地区优势明显,故其也处于第一梯队。

辽宁、浙江、福建、江苏、天津、海南这六个省市最明显的特征是其排名具有波动性。近年来,这六个省市的海洋经济综合实力都有明显的提高,但相对于第一梯队的三个省市还有一定的差距,而相对于河北和广西又有一定的优势,因此把它们放在第二梯队。第二梯队的六个省市虽然海洋经济综合指标在各方面有所差距,每年的排名也有一定的波动,但总体上它们的海洋经济综合实力都在快速提高。

从分析结果可以看出,河北和广西较多指标处于所有地区的末端,河北由于其对海洋经济的重视不足,海洋产业投入较少,产业结构不合理,陆域经济对海洋经济的支撑力不强,海洋产业整体规划相对滞后,因此它的海洋经济综合实力很弱。广西海洋经济还处于发展的初级阶段,海洋经济规模较小,产业结构不合理。

结合海洋经济综合指标分析来看,上海、广东、山东的海洋经济实力是最强的。

1.3　数据及计算结果

(一)原始数据

原始数据见表1-15~表1-17。

表1-15　　　　　　　　　　**2013年沿海省市区海洋产业相关指标**

沿海地区	海洋产业产值(亿元)	海洋产业增加值(亿元)	涉海就业人员(亿元)	海洋产业增加值占比(%)	海洋第三产业占比(%)	国际标准集装箱吞吐量(万吨)	海洋产业增长速度(%)	单位海域增加值(亿元/公顷)
天津	4 554.10	2 457.40	177.40	17.10	32.50	15 216.00	15.60	163.61
河北	1 741.80	938.60	96.70	3.30	43.20	2 051.00	7.40	55.18
辽宁	3 741.90	2 372.80	326.80	8.80	49.20	28 381.00	10.30	1.64
上海	6 305.70	3 757.50	212.60	17.40	63.20	34 243.00	6.00	4 756.33
江苏	4 921.20	2 820.80	194.90	4.80	46.00	5 536.00	4.20	5.51
浙江	5 257.90	3 025.90	427.50	8.10	49.90	19 659.00	6.30	41.67
福建	5 028.00	2 841.60	433.00	13.10	50.70	14 890.00	12.20	36.92
山东	9 696.20	5 726.50	533.40	10.50	45.20	22 758.00	8.10	4.52
广东	11 283.60	6 852.30	842.60	11.00	50.90	47 947.00	7.40	111.42
广西	899.40	546.30	114.90	3.80	41.00	1 703.00	18.20	11.66
海南	883.50	630.00	134.40	20.00	56.70	2 310.00	17.30	21.61

续表

沿海地区	劳动生产率（万元/人）	专门化率	增加值率	海洋科研从业人员（人）	确权海域面积（公顷）	专利总数（件）	科教服务业占比（%）	海洋产业结构高度化指数
天津	13.90	3.32	0.54	2 646.00	1 502	153	4.90	2.32
河北	9.70	0.65	0.54	555.00	1 701	8	5.00	2.39
辽宁	7.30	1.45	0.63	2 107.00	144 861	1 544	13.80	2.36
上海	17.70	3.06	0.60	4 039.00	79	1 882	22.60	2.63
江苏	14.50	0.87	0.57	2 959.00	51 205	201	15.60	2.41
浙江	7.10	1.47	0.58	1 800.00	7 262	131	18.00	2.43
福建	6.60	2.42	0.57	1 276.00	7 697	224	14.90	2.42
山东	10.70	1.85	0.59	3 864.00	126 680	678	15.40	2.38
广东	8.10	1.91	0.61	3 250.00	6 150	527	24.90	2.49
广西	4.80	0.66	0.61	460.00	4 684	36	9.40	2.24
海南	4.70	2.94	0.71	215.00	2 915	2	21.20	2.33

数据来源：1.《中国海洋统计年鉴（2014）》2.《中国海洋经济统计公报》3.《中国沿海农村海洋能资源区划》、908 专项"中国近海海洋能调查与研究"项目。

表 1—16　　　　　　　　2014 年沿海省市区海洋产业相关指标

沿海地区	海洋产业产值（亿元）	海洋产业增加值（亿元）	涉海就业人员（万人）	海洋产业增加值占比（%）	海洋第三产业占比（%）	国际标准集装箱吞吐量（万吨）	海洋产业增长速度（%）	单位海域增加值（亿元/公顷）
天津	5 032.2	2 788.8	179.4	17.73	37.6	15 904	10.50	135.31
河北	2 051.7	1 136.7	97.8	3.86	47.2	2 723	17.79	8.04
辽宁	3 917.0	2 507.2	330.5	8.76	53.3	30 834	4.68	2.43
上海	6 249.0	3 756.1	215.0	15.94	63.5	35 335	−0.90	768.12
江苏	5 590.2	3 152.0	197.1	4.84	42.6	5 074	13.59	10.92
浙江	5 437.7	3 335.8	432.3	8.30	55.3	22 224	3.42	77.65
福建	5 980.2	3 407.9	437.9	14.17	53.5	16 502	18.94	128.65
山东	11 288.0	6 832.3	539.4	11.50	47.9	24 845	16.42	3.99
广东	13 229.8	8 167.6	852.0	12.04	53.2	51 871	17.25	152.95
广西	1 021.2	639.4	116.2	4.08	46.2	1 960	13.54	24.83
海南	883.5	641.2	135.9	18.32	57.8	2 784	2.11	69.92

续表

沿海地区	劳动生产率（万元/人）	专门化率	增加值率	海洋科研从业人员（人）	确权海域面积（公顷）	专利总数（件）	科教服务业占比（%）	海洋产业结构高度化指数
天津	15.55	3.35	0.55	2 772	2 061	191	5.1	2.37
河北	11.62	0.73	0.55	547	14 139	13	4.4	2.44
辽宁	7.59	1.44	0.64	2 246	103 086	1 954	14.8	2.43
上海	17.47	2.78	0.60	3 866	489	2 224	26.8	2.64
江苏	15.99	0.9	0.56	3 161	28 874	271	15.9	2.37
浙江	7.72	1.42	0.61	1 914	4 296	124	19.7	2.48
福建	7.78	2.6	0.57	1 156	2 649	273	13.2	2.45
山东	12.67	2.0	0.61	3 922	171 262	777	17.7	2.41
广东	9.59	2.04	0.62	3 835	5 340	695	25.7	2.52
广西	5.50	0.68	0.63	1 199	2 575	51	9.8	2.29
海南	4.72	2.7	0.73	277	917	13	23.3	2.36

表 1—17   2015 年沿海省市区海洋产业相关指标

沿海地区	海洋产业产值（亿元）	海洋产业增加值（亿元）	涉海就业人员（亿元）	海洋产业增加值占比（%）	海洋第三产业占比（%）	国际标准集装箱吞吐量（万吨）	海洋产业增长速度（%）	单位海域增加值（亿元/公顷）
天津	4 923.5	2 765	181.2	16.72	42.8	15 492	−2.16	228.78
河北	2 127.7	1 174.2	98.8	3.94	50	3 588	3.70	6.10
辽宁	3 529.2	2 258.9	333.7	7.88	53.5	31 044	−9.90	2.23
上海	6 759.7	4 076.1	217.1	16.22	63.9	35 850	8.17	717.12
江苏	6 101.7	3 440.4	199	4.91	43	5 091	9.15	10.28
浙江	6 016.6	3 731.5	436.6	8.70	56.4	22 914	10.65	87.19
福建	7 075.6	4 082.4	442.2	15.71	55.6	17 754	18.32	60.90
山东	12 422.3	7 515.2	544.7	11.93	49.2	26 851	10.05	10.05
广东	14 443.1	9 085.8	860.3	12.48	55.2	53 957	9.17	213.67
广西	1 130.2	710.6	117.3	4.23	48	2 549	10.67	11.67
海南	1 004.7	714.7	137.2	19.30	58.8	2 698	13.72	42.21

续表

沿海地区	劳动生产率（万元/人）	专门化率	增加值率	海洋科研从业人员（人）	确权海域面积（公顷）	专利总数（件）	科教服务业占比（%）	海洋产业结构高度化指数
天津	15.26	3.14	0.56	2 808	1 208.6	199	6	2.43
河北	11.88	0.75	0.55	552	19 233.6	0	4.9	2.46
辽宁	6.77	1.63	0.64	3 151	101 237.1	3 093	17.7	2.42
上海	18.78	2.83	0.60	3 989	568.4	2 882	27.5	2.64
江苏	17.29	0.92	0.56	3 356	33 466.5	349	17	2.36
浙江	8.55	1.47	0.62	2 028	4 279.5	202	20.9	2.49
福建	9.23	2.86	0.58	1 189	6 702.9	106	13.6	2.48
山东	13.80	2.07	−2.16	4 108	74 743.2	1 136	18.3	2.43
广东	10.56	2.08	3.70	5 434	4 252.2	3 771	27.3	2.54
广西	6.06	0.71	−9.90	1 225	6 088.7	74	10.1	2.32
海南	5.21	2.85	8.17	265	1 693.3	8	23.9	2.37

数据来源:1.《中国海洋统计年鉴(2016)》,2.《中国海洋经济统计公报》。

（二）计算结果

计算结果见表1—18～表1—20。

表 1—18　　　　　　　　　　综合得分的计算(2013)

因子 1	因子 2	因子 3	因子 4	因子 5	方差贡献率					综合得分
−0.135 8	0.176 7	−2.190 9	1.790 5	−0.212 9	41.975	19.262	14.797	10.174	8.065	−0.18
−0.969 9	0.326 9	−0.670 2	−1.369 1	−0.762 6	41.975	19.262	14.797	10.174	8.065	−0.64
−0.273 3	−0.219 2	0.467 6	−0.294 8	2.364 9	41.975	19.262	14.797	10.174	8.065	0.07
−0.173 7	2.543 5	1.127 4	0.754 1	−0.094 5	41.975	19.262	14.797	10.174	8.065	0.65
−0.158 4	0.677 1	−0.395 0	−1.212 5	0.001 0	41.975	19.262	14.797	10.174	8.065	−0.12
0.378 9	−0.212 2	0.338 3	−0.768 3	−0.842 2	41.975	19.262	14.797	10.174	8.065	0.02
0.205 7	−0.430 0	0.031 5	0.329 0	−0.774 1	41.975	19.262	14.797	10.174	8.065	−0.02
1.148 9	−0.173 6	−0.590 3	0.036 6	1.363 3	41.975	19.262	14.797	10.174	8.065	0.48
2.213 9	−0.540 2	0.568 4	−0.088 9	−0.714 7	41.975	19.262	14.797	10.174	8.065	0.84
−1.157 3	−0.963 0	−0.196 6	−0.522 6	−0.023 0	41.975	19.262	14.797	10.174	8.065	−0.76
−1.079 0	−1.186 1	1.509 8	1.346 4	−0.305 1	41.975	19.262	14.797	10.174	8.065	−0.35

表 1—19   综合得分的计算（2014）

因子1	因子2	因子3	因子4	因子5	方差贡献率					综合得分
−0.520 5	−1.152 8	1.391 2	1.827 1	0.040 0	38.866	22.186	14.074	9.849	7.43	−0.09
−0.770 9	−0.488 9	0.683 7	−1.313 8	−0.800 1	38.866	22.186	14.074	9.849	7.43	−0.54
−0.309 9	0.700 9	−0.585 2	−0.609 5	1.646 9	38.866	22.186	14.074	9.849	7.43	0.02
−0.204 7	2.551 8	1.157 4	0.572 4	−0.217 3	38.866	22.186	14.074	9.849	7.43	0.75
−0.259 8	−0.437 9	1.011 9	−0.840 6	0.326 4	38.866	22.186	14.074	9.849	7.43	−0.12
0.196 0	0.429 6	−0.609 4	−0.590 5	−0.668 6	38.866	22.186	14.074	9.849	7.43	−0.02
0.403 9	−0.573 1	−0.136 3	0.480 8	−1.208 8	38.866	22.186	14.074	9.849	7.43	−0.03
1.113 0	−0.634 1	0.072 0	0.200 2	1.971 9	38.866	22.186	14.074	9.849	7.43	0.51
2.344 6	0.045 5	−0.420 1	−0.067 0	−0.809 2	38.866	22.186	14.074	9.849	7.43	0.86
−0.930 2	−0.554 5	−0.565 2	−1.022 8	−0.167 3	38.866	22.186	14.074	9.849	7.43	−0.73
−1.061 5	0.113 5	−2.000 0	1.363 6	−0.113 9	38.866	22.186	14.074	9.849	7.43	−0.59

表 1—20   综合得分的计算（2015）

因子1	因子2	因子3	因子4	因子5	方差贡献率					综合得分
−0.545 78	−0.741 52	−1.531 51	1.714 33	0.703 40	40.952	19.319	14.357	10.516	7.114	−0.39
−1.046 68	−0.026 38	−0.812 62	−1.225 87	−0.091 69	38.866	22.186	14.074	9.849	7.43	−0.74
−0.120 38	0.082 05	1.045 56	−0.322 06	2.587 26	38.866	22.186	14.074	9.849	7.43	0.29
−0.253 89	2.660 88	−0.734 84	0.491 04	−0.040 42	38.866	22.186	14.074	9.849	7.43	0.38
0.056 03	−0.637 14	−1.077 93	−0.977 12	−0.143 40	38.866	22.186	14.074	9.849	7.43	−0.40
0.118 48	0.318 19	0.511 14	−0.686 58	−0.804 62	38.866	22.186	14.074	9.849	7.43	0.06
0.184 18	−0.508 68	0.001 02	0.820 62	−1.219 45	38.866	22.186	14.074	9.849	7.43	−0.03
1.415 54	−1.016 27	−0.207 47	0.271 40	0.244 12	38.866	22.186	14.074	9.849	7.43	0.43
2.137 75	0.539 65	0.442 06	−0.181 27	−0.206 59	38.866	22.186	14.074	9.849	7.43	1.09
−0.899 02	−0.489 51	0.510 12	−1.177 57	−0.427 96	38.866	22.186	14.074	9.849	7.43	−0.59
−1.046 22	−0.181 27	1.854 47	1.273 08	−0.600 65	38.866	22.186	14.074	9.849	7.43	−0.11

"中国海洋经济指数"研究团队

组长：徐　旭　上海大学党委副书记，教授

执行：陈秋玲　上海大学经济学院教授

数据采集与分析：江玉琴　周　飞　张　醒　陈　洁

于丽丽　何淑芳　高　空　熊　雄

第二章 海洋科技与海洋经济

2.1 海洋科技投入与海洋经济增长

摘　要:本文主要分析中国海洋经济发展现状与中国海洋科技投入情况。首先,基于空间异质性与时间动态性两个维度,以及海洋生产规模、海洋产业结构、主要海洋产业情况、涉海就业人数等方面,对中国整体与沿海各省、市、区海洋经济的特征化事实进行描述分析。其次,基于空间异质性与时间动态性两个维度,以及海洋科技投入、海洋科技产出与海洋科技效率等方面,对中国整体与沿海各省、市、区海洋科技投入的特征化事实进行描述分析。再次,对 11 个沿海地区海洋科技投入与海洋经济进行交互分析。最后给出中国海洋经济与海洋科技发展存在的短板及对策建议。

关键词:海洋经济　海洋科技　交互分析

一、中国海洋经济发展的特征化事实

(一)中国海洋经济整体发展现状

1. 中国海洋经济总规模波动向上,增速趋缓向稳

(1)从海洋总产值上来看(见图 2—1—1):改革开放初始的 1979 年,中国海洋生产总值仅仅为 64 亿元,而到 2017 年,这一数值已经达到了 7.7 万亿元,是改革开放前的 1 200 多倍。2002~2017 年这 15 年来,海洋生产总值的复合增长率达到 13.7%,整体增速较快。近 5 年来,中国宏观经济进入"新常态"发展新阶段,中国海洋经济的增速也有所放缓,海洋经济正走向产业转型升级的新阶段。

根据产值规模大小,将 2002~2017 年这 15 年大致分为三个发展阶段。

迅速扩张期(2002~2007 年):这 5 年的中国海洋生产总值的复合增长率为 17.8%。这一阶段海洋经济总规模虽然较小,但是得到了快速扩张。

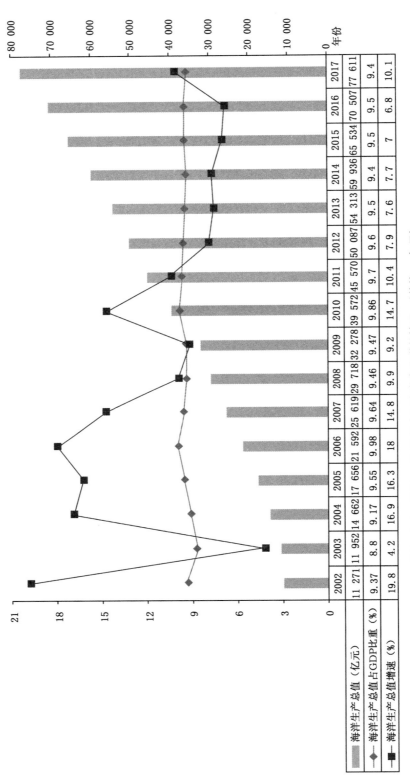

图 2-1-1 2002～2017 年中国海洋产业增长情况 (单位：亿元)

年份	2002	2003	2004	2005	2006	2007	2008	2009	2010	2011	2012	2013	2014	2015	2016	2017
海洋生产总值（亿元）	11 271	11 952	14 662	17 656	21 592	25 619	29 718	32 278	39 572	45 570	50 087	54 313	59 936	65 534	70 507	77 611
海洋生产总值占GDP比重（%）	9.37	8.8	9.17	9.55	9.98	9.64	9.46	9.47	9.86	9.7	9.6	9.5	9.4	9.5	9.5	9.4
海洋生产总值增速（%）	19.8	4.2	16.9	16.3	18	14.8	9.9	9.2	14.7	10.4	7.9	7.6	7.7	7	6.8	10.1

持续增长期(2008～2012年):这5年的中国海洋生产总值的复合增长率为11%。这一阶段海洋经济总规模在第一阶段的迅速扩张之后发展到了5万亿元的水平,增长速度依然强劲。

平稳上升期(2012～2017年):这5年的中国海洋生产总值的复合增长率为7.4%。这一阶段海洋经济总规模又发展到新的水平,虽然增速有所放缓,但是海洋经济整体发展势头依然向好,发展潜力巨大。

(2)从中国海洋经济对宏观经济的贡献率上来看(见图2-1-2):近5年来中国海洋经济对中国整体经济的贡献率在9.5%左右,海洋经济是中国宏观经济的重要组成部分。从沿海地区海洋产值对沿海地区经济贡献上来看(见图2-1-2):近5年来沿海地区的海洋经济对经济的贡献率在15%～16%,并且明显有进一步上升的趋势。沿海地区的海洋经济是它们宏观经济中更为重要的部分,且对经济的拉动作用日益突出。

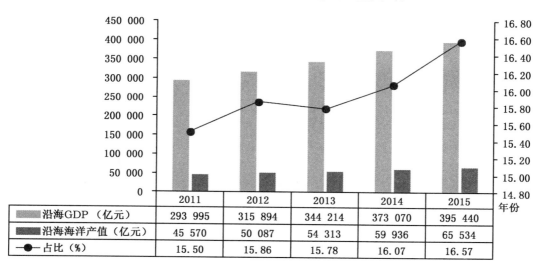

图2-1-2　沿海地区海洋经济对经济的贡献率(单位:%)

2. 中国海洋产业结构优化加快

中国海洋产业结构在21世纪初的前10年较为稳定,而近5年来产业结构的优化有加快趋势。

(1)从整体产业结构形态看(见表2-1-1):在2001～2017年的17年里,中国海洋产业结构的发展与演化总体上呈现为:第一产业比重逐渐减小,第二产业与第三产业比重逐渐增加,形成了第二产业略胜第三产业的"二三一"模式(2006年和2010年),以及以第三产业为主导的"三二一"模式(其余年份)。

表2-1-1　　2001～2017年中国海洋生产总值及构成比例

年份	海洋生产总值(单位:亿元)			海洋生产总值构成(单位:%)		
	第一产业	第二产业	第三产业	第一产业	第二产业	第三产业
2001	646.3	4 152.1	4 720.1	6.8	43.6	49.6

年份	海洋生产总值(单位:亿元)			海洋生产总值构成(单位:%)		
	第一产业	第二产业	第三产业	第一产业	第二产业	第三产业
2002	730	4 866.2	5 674.3	6.5	43.2	50.3
2003	766.2	5 367.6	5 818.5	6.4	44.9	48.7
2004	851	6 662.8	7 148.2	5.8	45.4	48.8
2005	1 008.9	8 046.9	8 599.8	5.7	45.6	48.7
2006	1 228.8	10 217.8	10 145.7	5.7	47.3	47
2007	1 395.4	12 011	12 212.3	5.4	46.9	47.7
2008	1 694.3	13 735.3	14 288.4	5.7	46.2	48.1
2009	1 857.7	14 980.3	15 439.5	5.8	46.4	47.8
2010	2 008	18 935	18 629.8	5.1	47.8	47.1
2011	2 327	21 835	21 408	5.1	47.9	47
2012	2 683	22 982	24 422	5.3	45.9	48.8
2013	2 918	24 908	26 487	5.4	45.8	48.8
2014	3 226	27 049	29 661	5.4	45.1	49.5
2015	3 292	27 492	33 885	5.1	42.5	52.4
2016	3 566	28 488	38 453	5.1	40.4	54.5
2017	3 600	30 092	43 919	4.6	38.8	56.6

(2)从三大产业的比重看:第一产业比重在降低,始终低于7%,到2017年更是低于5%。第二产业与第三产业的比重在2014年之前始终是平分秋色,而2014年之后,大有第三产业超越第二产业的趋势。到2017年,第三产业比重已经赶超第二产业比重17.8%,并且逼近60%的比重,显示出中国海洋产业结构优化进一步加快的趋势。

(3)从产业比重变化趋势看:第一产业比重变化较小,从2001年到2017年减少了约2个百分点。第三产业比重波动也很小,但是在2014年之后比重增加有所加快,并且有突破六成占比的趋势。第二产业的波动则不断经历着上升、下降交替进行的过程。具体分阶段来看:2001~2006年,海洋船舶业、海洋化工业和海洋工程建筑业的发展,促进了第二产业比重增加。2007~2009年,第三产业的发展使得第二产业比重略微下降。2009~2011年,对新兴海洋产业的重视促进了第二产业比重的增加。2011年之后,海洋服务业得到了更多关注与快速发展,从而使第二产业比重不断减小,到2017年已经降至40%以下。

(4)从海洋产业结构高度指数化①看(见图2—1—3):21世纪初的17年里,中国海洋产业的这一指数化水平在2.4~2.5。2014年之前指数化水平较为平稳,保持在2.43上下,而

① 海洋产业结构高度指数化=第一产业占比×1+第二产业占比×2+第三产业占比×3,可一定程度上反映海洋产业高级化水平。

2014 年之后指数化水平加速明显,到 2017 年已经达到 2.59,即将突破 2.6。海洋产业结构高度指数化水平这个指标从小到大依次赋权给第一、二、三产业,可以反映海洋产业结构高级化程度。这一指数水平的提高,表明中国海洋经济产业结构正在加速优化,转变为以第三产业为主导的产业结构类型,虽然整体规模增速放缓,但是海洋战略性产业、海洋高新产业、现代海洋服务业的发展将更上一层楼。

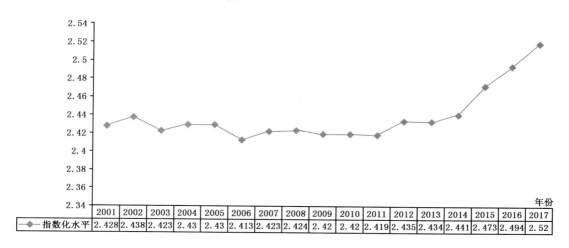

	2001	2002	2003	2004	2005	2006	2007	2008	2009	2010	2011	2012	2013	2014	2015	2016	2017
指数化水平	2.428	2.438	2.423	2.43	2.43	2.413	2.423	2.424	2.42	2.42	2.419	2.435	2.434	2.441	2.473	2.494	2.52

图 2—1—3　2001~2017 年中国海洋产业高度指数化水平

3. 中国主要海洋产业发展前景广阔

中国海洋经济主要由海洋渔业、海洋工程建筑、海洋船舶工业、海洋油气业、海洋化工业、海洋生物医药、海洋矿业、海洋盐业、滨海旅游业和海洋交通运输业这十大产业组成,各个产业有自己的行业特性,发展情况差异很大,发展前景广阔。

(1)从各个产业增加值看(见图 2—1—4):2001~2017 年,中国主要海洋产业发展稳定向好,各个产业的增加值都在稳步提高。2017 年,海洋产业增加值达到 31 733 亿元,是 2001 年 3 857 亿元的 8 倍多。其中,滨海旅游业、海洋交通运输业和海洋渔业产业增加值遥遥领先于其他产业,三者合计已经超过总增加值的 80%。

(2)从各个产业的累计增加值(见图 2—1—5)看:滨海旅游业、海洋交通运输业和海洋渔业这三大产业在 17 年里的累计增加值同样领先,达到 20.2 万亿元,占全部海洋产业累计增加值的 43.6%。滨海旅游业、海洋交通运输业和海洋渔业这三大产业已经成为中国海洋经济的三大支柱产业。

(3)从复合增长率看(见图 2—1—6):海洋电力业、海洋生物医药和海洋矿业虽然目前的发展规模虽然较小,但是复合增长率很高,速度在 30% 以上,并且作为国家的战略性新兴产业,未来的发展前景不容小觑。海洋工程建筑、海洋化工业和海洋船舶工业的发展规模处于中等,发展速度也在加快,近 20%,未来发展前景也看好。海水利用业也是国家战略性产业,一旦突破了技术难关,未来发展前景同样值得期待。海洋盐业由于具有行业特殊性,需求较稳定,规模变动小,发展速度较均衡。

4. 三大海洋经济区各有特色

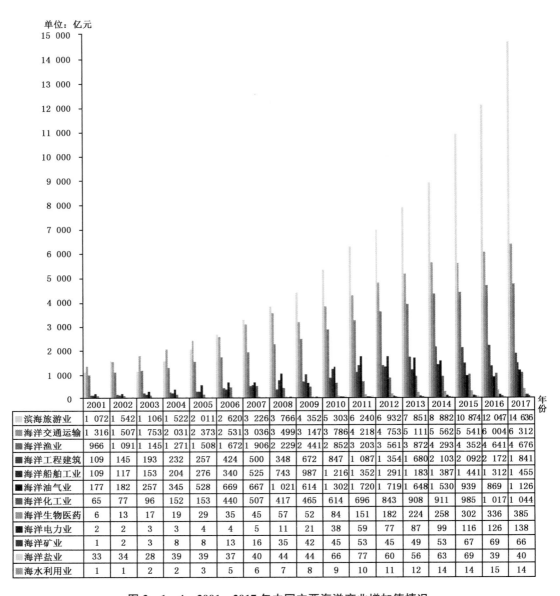

单位：亿元	2001	2002	2003	2004	2005	2006	2007	2008	2009	2010	2011	2012	2013	2014	2015	2016	2017
▓滨海旅游业	1 072	1 542	1 106	1 522	2 011	2 620	3 226	3 766	4 352	5 303	6 240	6 932	7 851	8 882	10 874	12 047	14 636
▓海洋交通运输	1 316	1 507	1 753	2 031	2 373	2 531	3 036	3 499	3 147	3 786	4 218	4 753	5 111	5 562	5 541	6 004	6 312
▓海洋渔业	966	1 091	1 145	1 271	1 508	1 672	1 906	2 229	2 441	2 852	3 203	3 561	3 872	4 293	4 352	4 641	4 676
▓海洋工程建筑	109	145	193	232	257	424	500	348	672	847	1 087	1 354	1 680	2 103	2 092	2 172	1 841
▓海洋船舶工业	109	117	153	204	276	340	525	743	987	1 216	1 352	1 291	1 183	1 387	1 441	1 312	1 455
▓海洋油气业	177	182	257	345	528	669	667	1 021	614	1 302	1 720	1 719	1 648	1 530	939	869	1 126
▓海洋化工业	65	77	96	152	153	440	507	417	465	614	696	843	908	911	985	1 017	1 044
▓海洋生物医药	6	13	17	19	29	35	45	57	52	84	151	182	224	258	302	336	385
▓海洋电力业	2	2	3	3	4	4	5	11	21	38	59	77	87	99	116	126	138
▓海洋矿业	1	2	3	8	8	13	16	35	42	45	53	45	49	53	67	69	66
▓海洋盐业	33	34	28	39	39	37	40	44	44	66	77	60	56	63	69	39	40
▓海水利用业	1	1	2	2	3	5	6	7	8	9	10	11	12	14	14	15	14

图 2－1－4　2001～2017 年中国主要海洋产业增加值情况

中国 11 个沿海省、市、区已经形成了三大主要海洋经济区,即环渤海海洋经济区、长三角海洋经济区和珠三角海洋经济区。三大海洋经济区的地理位置、社会环境差异较大,海洋经济的发展也各具特点。

（1）从海洋生产总值看（见图 2－1－7）：2003 年至 2017 年,三大海洋经济区的海洋总产值都在稳步增加。在规模上,2005 年前,长三角地区的产值大于环渤海地区,2005 年之后,环渤海地区的产值开始大于长三角地区,并且逐渐拉开距离。珠三角地区的产值规模相比环渤海地区与长三角地区一直相对落后。

（2）从区域海洋产值占全国海洋产值比重情况看（见图 2－1－8）：环渤海地区与长三角

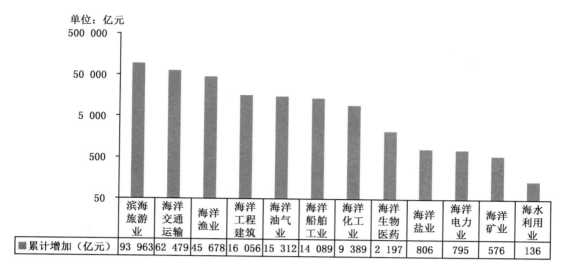

	滨海旅游业	海洋交通运输	海洋渔业	海洋工程建筑	海洋油气业	海洋船舶工业	海洋化工业	海洋生物医药	海洋盐业	海洋电力业	海洋矿业	海水利用业
累计增加（亿元）	93 963	62 479	45 678	16 056	15 312	14 089	9 389	2 197	806	795	576	136

图2—1—5 2001～2017年中国主要海洋产业累计增加

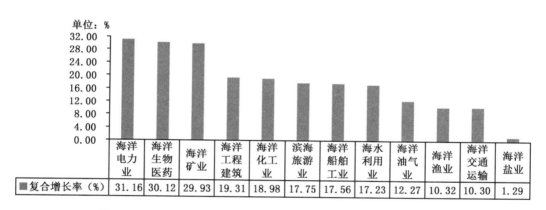

	海洋电力业	海洋生物医药	海洋矿业	海洋工程建筑	海洋化工业	滨海旅游业	海洋船舶工业	海水利用业	海洋油气业	海洋渔业	海洋交通运输	海洋盐业
复合增长率（%）	31.16	30.12	29.93	19.31	18.98	17.75	17.56	17.23	12.27	10.32	10.30	1.29

图2—1—6 2001～2017年中国主要海洋产业增加值的复合增长率

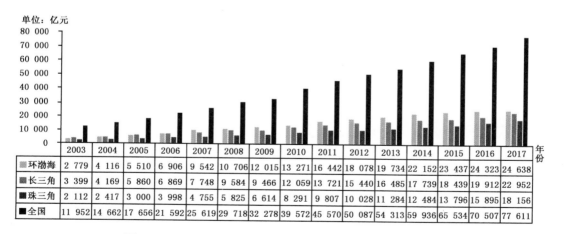

	2003	2004	2005	2006	2007	2008	2009	2010	2011	2012	2013	2014	2015	2016	2017
环渤海	2 779	4 116	5 510	6 906	9 542	10 706	12 015	13 271	16 442	18 078	19 734	22 152	23 437	24 323	24 638
长三角	3 399	4 169	5 860	6 869	7 748	9 584	9 466	12 059	13 721	15 440	16 485	17 739	18 439	19 912	22 952
珠三角	2 112	2 417	3 000	3 998	4 755	5 825	6 614	8 291	9 807	10 028	11 284	12 484	13 796	15 895	18 156
全国	11 952	14 662	17 656	21 592	25 619	29 718	32 278	39 572	45 570	50 087	54 313	59 936	65 534	70 507	77 611

图2—1—7 2003～2017年中国三大海洋经济海洋产值情况

地区的占比相对较高,在 30%左右,合计占比超过 60%,且两者相差较小。珠三角地区的占比相对较小,在 20%左右。

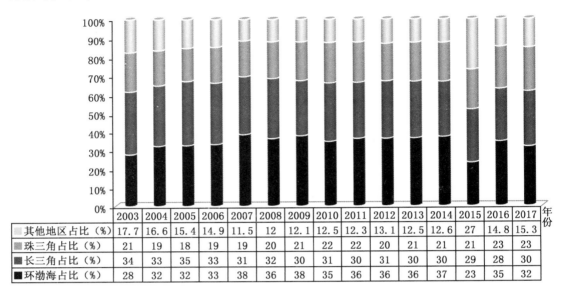

年份	2003	2004	2005	2006	2007	2008	2009	2010	2011	2012	2013	2014	2015	2016	2017
其他地区占比（%）	17.7	16.6	15.4	14.9	11.5	12	12.1	12.5	12.3	13.1	12.5	12.6	27	14.8	15.3
珠三角占比（%）	21	19	18	19	19	20	21	22	22	20	21	21	21	23	23
长三角占比（%）	34	33	35	33	31	32	30	31	30	31	30	30	29	28	30
环渤海占比（%）	28	32	32	33	38	36	38	35	36	36	36	37	23	35	32

图 2—1—8　2003～2017 年中国三大海洋经济海洋产值占比

（3）从海洋产值的环比增长速度来看(见图 2—1—9):近年来三大海洋经济区的增速都有放缓趋势,且三大区域的增速差距在逐渐缩小。具体来看,环渤海地区的增速在 2011 年之后由两位数迅速降至一位数,在 2017 年甚至只有 1.3%的增长速率。增速下降一方面是因为环渤海地区的海洋经济发展规模已经到了一定水平,产业进入新的转型升级阶段,另一方面是因为该区域近年来海洋经济在转型升级过程中出现了问题,比如创新能力不足,发展缺乏动力。长三角地区的海洋经济也发展到了一定的水平,增速同样有减缓趋势,近两年增速又回升到两位数,主要是该区域海洋经济转型升级过程中找到了新的发展动力。珠三角地区的海洋经济整体规模尚小,增速一直较高也比较稳定(除 2012 年较低),并且近年来与长三角地区的增速接近,在 15%上下。珠三角海洋经济在扩大规模的同时也需要重视产业转型升级。

5. 中国涉海就业人数缓慢上升

涉海就业人员这一概念并没有明确定义,一般认为是从事海洋产业以及相关涉海产业的就业人员。近十年来,随着整体海洋经济的发展,中国涉海就业人员的人数一直处于缓慢增长的趋势。

（1）从涉海就业人数总量看(见图 2—1—10):2008～2015 年,中国涉海就业人员数量持续增加。2015 年全国涉海就业人员近 3 600 万人,这一数值是 2001 年 2 107.6 万的 1.7 倍。从就业人数增长速度看:中国涉海就业人数在这 7 年里的复合增长率为 1.57%,环比增速在 2010 年之后有略微下降趋势。人数增速的小幅下降与产业进行技术升级、生产效率提高相关。

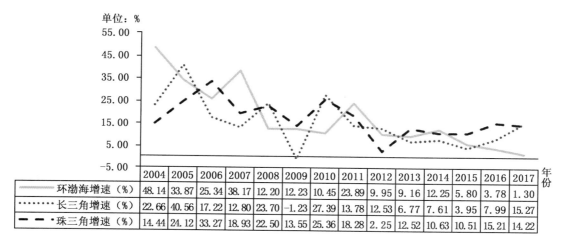

单位：%	2004	2005	2006	2007	2008	2009	2010	2011	2012	2013	2014	2015	2016	2017
环渤海增速（%）	48.14	33.87	25.34	38.17	12.20	12.23	10.45	23.89	9.95	9.16	12.25	5.80	3.78	1.30
长三角增速（%）	22.66	40.56	17.22	12.80	23.70	−1.23	27.39	13.78	12.53	6.77	7.61	3.95	7.99	15.27
珠三角增速（%）	14.44	24.12	33.27	18.93	22.50	13.55	25.36	18.28	2.25	12.52	10.63	10.51	15.21	14.22

图 2—1—9　2003～2017 年中国三大海洋经济区环比增速

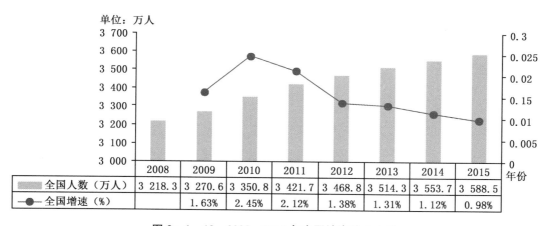

单位：万人	2008	2009	2010	2011	2012	2013	2014	2015
全国人数（万人）	3 218.3	3 270.6	3 350.8	3 421.7	3 468.8	3 514.3	3 553.7	3 588.5
全国增速（%）		1.63%	2.45%	2.12%	1.38%	1.31%	1.12%	0.98%

图 2—1—10　2008～2015 年中国涉海就业人数

（2）从涉海就业人数占总就业人数的比重看（见图 2—1—11）：2008～2015 年，这一比重较为稳定，在 10% 上下，但是相比于 2001 年的 8.1% 已经有较为明显的增长。

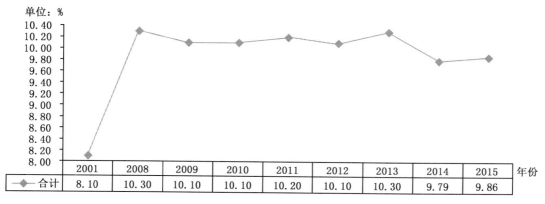

单位：%	2001	2008	2009	2010	2011	2012	2013	2014	2015
合计	8.10	10.30	10.10	10.10	10.20	10.10	10.30	9.79	9.86

图 2—1—11　中国涉海就业人数占总就业人数情况

(二)沿海各省、市、区海洋经济发展情况

中国沿海省、市、区的海洋经济发展在生产总值规模、发展速度、产业结构、涉海就业人员等方面都存在较大差异。

1. 沿海各地区的海洋经济产值规模差距较大

如图2—1—12所示,近五年来沿海各地区的海洋生产总值在逐年增加。各地的海洋产值规模差距较大,明显可见广东与山东的海洋产值规模遥遥领先,河北、广西与海南的产值规模则远远落后,其他地区的产值规模居中。2015年,广东的海洋产值是海南的近14倍。按照2011～2015年这五年的产值均值,可将11个地区大致归为三大类:产值规模大的地区(广东、山东、上海),产值规模中等的地区(福建、江苏、浙江、天津、辽宁),以及产值规模小的地区(河北、广西、海南)。

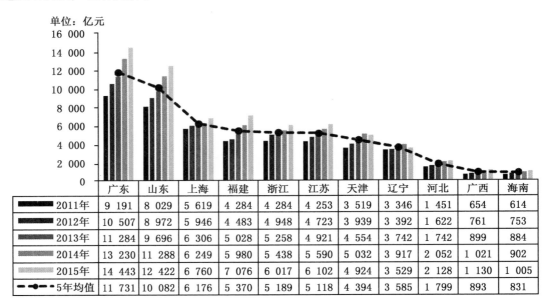

单位:亿元	广东	山东	上海	福建	浙江	江苏	天津	辽宁	河北	广西	海南
2011年	9 191	8 029	5 619	4 284	4 284	4 253	3 519	3 346	1 451	654	614
2012年	10 507	8 972	5 946	4 483	4 948	4 723	3 939	3 392	1 622	761	753
2013年	11 284	9 696	6 306	5 028	5 258	4 921	4 554	3 742	1 742	899	884
2014年	13 230	11 288	6 249	5 980	5 438	5 590	5 032	3 917	2 052	1 021	902
2015年	14 443	12 422	6 760	7 076	6 017	6 102	4 924	3 529	2 128	1 130	1 005
5年均值	11 731	10 082	6 176	5 370	5 189	5 118	4 394	3 585	1 799	893	831

图2—1—12　2011～2015年沿海省、市、区海洋生产总值

2. 沿海各地区的海洋经济增速一般性与特殊性并存

近五年来,中国沿海各省、市、区的海洋经济增速一般性与特殊性并存。一般性是指各地区的增速波动趋缓。特殊性是指各地区的增速大小、增速波动情况差异较大(见图2—1—13):从环比增速看,2012～2015年,沿海各地区的增速变化不一,部分地区的增速波动大,例如,辽宁的最高增速(2013年)与最低增速(2015年为负)相差近20个百分点。部分地区的增速波动很小,例如,福建最高增速(2014年)与最低增速(2012年)仅相差2.5个百分点。增速变动大的地区有辽宁,变动较大的地区有河北、海南、上海、天津、广西;增速变动较小的地区有广东、浙江、山东,变动小的地区有福建、江苏。

从复合增长率看,增速较快的地区为广西、福建、海南、广东、山东、河北,增速一般的地区为江苏、浙江、天津,增速较慢的地区为上海、辽宁。

3. 沿海各地区的海洋经济贡献日益凸显

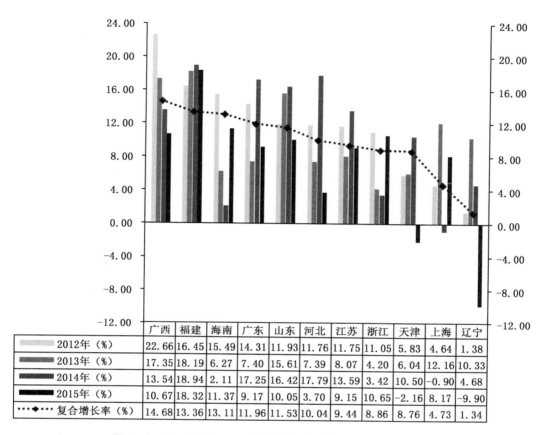

图 2—1—13　2012~2015 年沿海各地区海洋经济的增速情况

（1）各地区海洋经济贡献差距较大

见图 2—1—14：2011~2015 年，沿海各地区海洋经济贡献率在逐年增加（除河北小幅减小），体现出海洋经济对整宏观经济的意义日益重要。沿海各地区的海洋经济贡献率存在空间异质性，对该地 GDP 贡献率最大的地区为广西、广东、天津和辽宁，贡献率均值在 25% 以上，表明海洋经济是这些地区整体经济发展相当重要的组成部分，海洋经济对这些地区的意义更加突出。海南、福建、山东的贡献率次之，均值在 13%~18%，表明海洋经济对这些地区的整体经济发展也有不可忽视的意义。河北、浙江、江苏与上海的海洋经济贡献率较低，但是这些地区本身经济基础好，未来海洋经济的发展潜力可能更大。

（2）各地区对区域海洋经济贡献不一

沿海 11 个省、市、区中，辽宁、天津、河北和山东属于环渤海地区，江苏、上海和浙江属于长三角地区，广东属于珠三角地区。这几个省、市、区的海洋经济对各自所属区域的海洋经济贡献各有特点。

①环渤海地区山东贡献最大

在对环渤海地区的区域海洋经济贡献率上（见图 2—1—15）：2011~2015 年，山东省对环渤海地区的贡献最为突出，占比为 60% 左右，近年来还有增加趋势。山东的贡献率是河

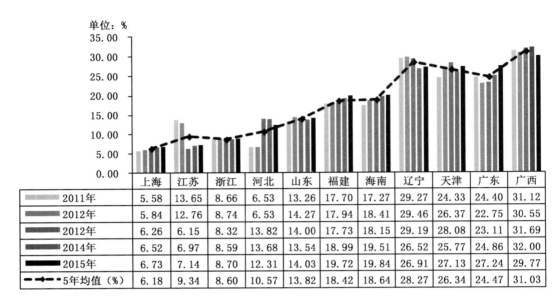

图 2-1-14 2011~2015 年沿海各地的海洋经济贡献率

	上海	江苏	浙江	河北	山东	福建	海南	辽宁	天津	广东	广西
2011年	5.58	13.65	8.66	6.53	13.26	17.70	17.27	29.27	24.33	24.40	31.12
2012年	5.84	12.76	8.74	6.53	14.27	17.94	18.41	29.46	26.37	22.75	30.55
2012年	6.26	6.15	8.32	13.82	14.00	17.73	18.15	29.19	28.08	23.11	31.69
2014年	6.52	6.97	8.59	13.68	13.54	18.99	19.51	26.52	25.77	24.86	32.00
2015年	6.73	7.14	8.70	12.31	14.03	19.72	19.84	26.91	27.13	27.24	29.77
5年均值（%）	6.18	9.34	8.60	10.57	13.82	18.42	18.64	28.27	26.34	24.47	31.03

北的近 6 倍,天津的近 3 倍,辽宁的近 3 倍。

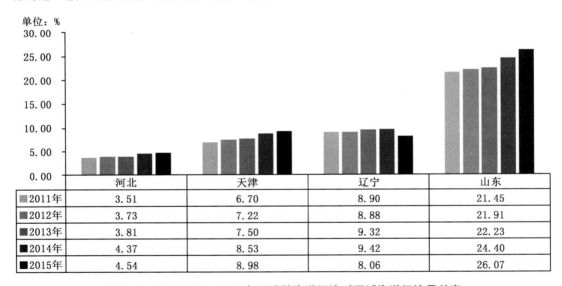

	河北	天津	辽宁	山东
2011年	3.51	6.70	8.90	21.45
2012年	3.73	7.22	8.88	21.91
2013年	3.81	7.50	9.32	22.23
2014年	4.37	8.53	9.42	24.40
2015年	4.54	8.98	8.06	26.07

图 2-1-15 2011~2015 年四地的海洋经济对区域海洋经济贡献率

②长三角地区上海贡献领先

在对长三角地区的区域海洋经济贡献率上(见图 2-1-16):上海的贡献率是浙江的近 2 倍,江苏的近 1.3 倍。上海海洋经济的发展在长三角地区处于领先地位,起到了区域海洋经济发展领头羊的作用。

③珠三角地区广东贡献最大

珠三角地区海洋经济发展以广东省为主。2012 年后(见图 2-1-17):广东省海洋经济对

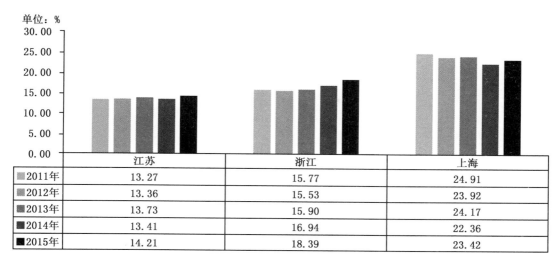

图2－1－16　2011～2015年三地海洋经济对区域海洋经济贡献率

珠三角地区的海洋经济贡献率超过了50%,在2014年后超过了55%。广东不仅是珠三角海海洋经济区最主要的部分,引领区域海洋经济发展,也是全国海洋经济发展突出的地区。

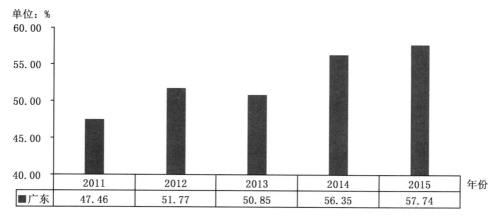

图2－1－17　2011～2015年广东海洋经济的区域海洋经济贡献率

4．沿海各地区的海洋产业结构差异化发展

（1）从整体来看（见表2－1－2）：中国沿海各省、市、区的海洋三次产业结构大致可以分为三类模式：

①"三二一"模式：上海、辽宁、浙江、福建、广东、广西

这个模式以上海最为典型,六年来其海洋第三产业的占比均超过60%,而海洋第一产业的占比仅为0.1%。可见上海海洋产业结构模式是以海洋服务业为主,海洋第二产业也是其重要支撑。

②"二三一"模式：天津、河北、江苏、山东

表 2-1-2　　　　　2010~2015 年中国沿海各省、市、区海洋生产总值构成　　　　　（单位:%）

	2010 年			2011 年			2012 年			2013 年			2014 年			2015 年		
	一	二	三	一	二	三	一	二	三	一	二	三	一	二	三	一	二	三
天津	0.2	65.5	34.3	0.2	68.5	31.3	0.2	66.7	33.1	0.2	67.3	32.5	0.3	62.1	37.6	0.3	56.9	42.8
河北	4.1	56.7	39.2	4.2	56.1	39.7	4.4	54	41.6	4.5	52.3	43.2	3.7	49.1	47.2	3.6	46.4	50
辽宁	12.1	43.4	44.5	13.1	43.2	43.7	13.2	39.5	47.3	13.4	37.5	49.2	10.7	36	53.3	11.4	35	53.5
上海	0.1	39.4	60.5	0.1	39.1	60.8	0.1	37.8	62.1	0.1	36.8	63.2	0.1	36.5	63.5	0.1	36	63.9
江苏	4.6	54.3	41.2	3.2	54	42.8	4.7	51.6	43.7	4.6	49.4	46	5.7	51.8	42.6	6.7	50.3	43
浙江	7.4	45.4	47.2	7.7	44.6	47.7	7.5	44.1	48.4	7.2	42.9	49.9	7.9	36.9	55.3	7.7	36	56.4
福建	8.6	43.5	47.9	8.4	43.6	48	9.3	40.5	50.2	9	40.3	50.7	8	38.4	53.5	7.2	37.1	55.6
山东	6.3	50.2	43.5	6.7	49.3	43.9	7.2	48.6	44.2	7.4	47.4	45.2	7	45.1	47.9	6.4	44.5	49.2
广东	2.4	47.5	50.2	2.5	46.9	50.6	1.7	48.9	49.4	1.4	47.4	50.9	1.5	45.3	53.2	1.8	43.1	55.2
广西	18.3	40.7	41	20.7	37.6	41.8	18.7	39.7	41.6	17.1	41.9	41	17.2	36.6	46.2	16.2	35.8	48
海南	23.2	20.8	56	20.2	19.9	59.9	21.6	19.4	59	23.9	19.4	56.7	22.2	20	57.8	21.4	19.7	58.8
全国	5.1	47.8	47.1	5.2	47.7	47.1	5.3	46.9	47.8	5.4	45.9	48.8	5.1	43.9	51	5.1	42.2	52.7

这个模式以天津最为典型,2010~2014 年,海洋第二产业的占比均超过 60%,2015 年依然保持在 56.9%,而海洋第一产业的占比仅为 0.2%~0.3%。天津的海岸线长度全国最低,这是其第一产业比重低的主要原因。

③"三一二"模式:海南

海南的海洋产业结构比较特殊,其海洋第三产业的占比接近 60%,而海洋第一产业与海洋第二产业的占比平分秋色。海南是中国最大的海岛,气候优势与地理条件优势使其滨海旅游业成为最主要、也最具特色的海洋产业,且海洋第一产业的占比相比其他省、市、区明显更大。

(2)图 2-1-18~图 2-1-22 是 2011~2015 年各年份沿海各地区的海洋产业结构占比情况:

①2011 年(见图 2-1-18)

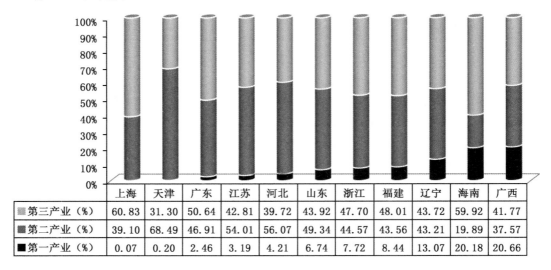

	上海	天津	广东	江苏	河北	山东	浙江	福建	辽宁	海南	广西
▨第三产业（%）	60.83	31.30	50.64	42.81	39.72	43.92	47.70	48.01	43.72	59.92	41.77
▤第二产业（%）	39.10	68.49	46.91	54.01	56.07	49.34	44.57	43.56	43.21	19.89	37.57
■第一产业（%）	0.07	0.20	2.46	3.19	4.21	6.74	7.72	8.44	13.07	20.18	20.66

图 2-1-18　2011 年沿海各省、市、区海洋三次产业占比

②2012 年(见图 2-1-19)

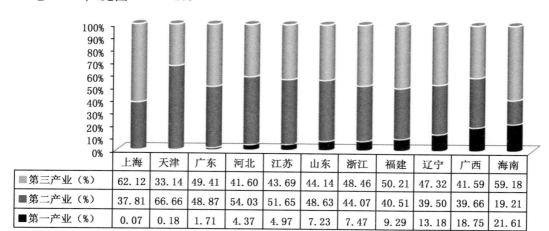

	上海	天津	广东	河北	江苏	山东	浙江	福建	辽宁	广西	海南
■ 第三产业（%）	62.12	33.14	49.41	41.60	43.69	44.14	48.46	50.21	47.32	41.59	59.18
■ 第二产业（%）	37.81	66.66	48.87	54.03	51.65	48.63	44.07	40.51	39.50	39.66	19.21
■ 第一产业（%）	0.07	0.18	1.71	4.37	4.97	7.23	7.47	9.29	13.18	18.75	21.61

图 2-1-19 2012 年沿海各省、市、区海洋三次产业占比

③2013 年(见图 2-1-20)

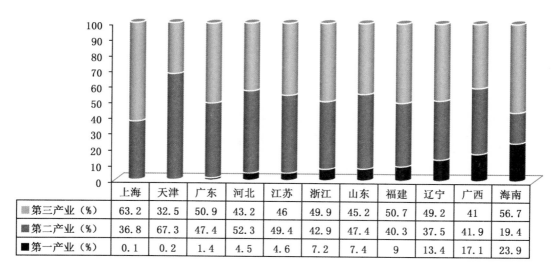

	上海	天津	广东	河北	江苏	浙江	山东	福建	辽宁	广西	海南
■ 第三产业（%）	63.2	32.5	50.9	43.2	46	49.9	45.2	50.7	49.2	41	56.7
■ 第二产业（%）	36.8	67.3	47.4	52.3	49.4	42.9	47.4	40.3	37.5	41.9	19.4
■ 第一产业（%）	0.1	0.2	1.4	4.5	4.6	7.2	7.4	9	13.4	17.1	23.9

图 2-1-20 2013 年沿海各省、市、区海洋三次产业占比

④2014 年(见图 2-1-21)

⑤2015 年(见图 2-1-22)

(3)从三次产业占比上来看

①海洋第一产业占比情况

如图 2-1-23 所示,从历年变化看,2011~2015 年,沿海各地区海洋第一产业比重时升时降,且波动幅度较小。在 2014 年后,河北、山东、浙江、福建、广西、海南的第一产业占比有小幅减小,表明这些地区的海洋产业结构正在进一步优化。广东、江苏和辽宁的海洋第一产业占比有小幅增加,上海与天津几乎没有变化。

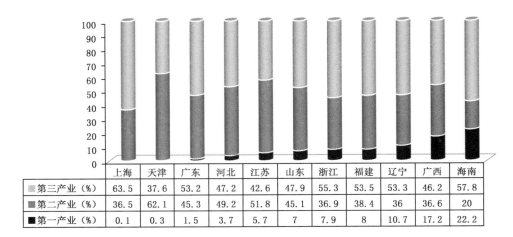

	上海	天津	广东	河北	江苏	山东	浙江	福建	辽宁	广西	海南
第三产业（%）	63.5	37.6	53.2	47.2	42.6	47.9	55.3	53.5	53.3	46.2	57.8
第二产业（%）	36.5	62.1	45.3	49.2	51.8	45.1	36.9	38.4	36	36.6	20
第一产业（%）	0.1	0.3	1.5	3.7	5.7	7	7.9	8	10.7	17.2	22.2

图 2－1－21　2014 年沿海各省、市、区海洋三次产业占比

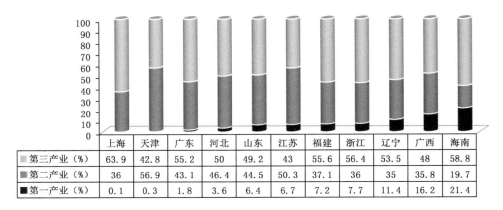

	上海	天津	广东	河北	山东	江苏	福建	浙江	辽宁	广西	海南
第三产业（%）	63.9	42.8	55.2	50	49.2	43	55.6	56.4	53.5	48	58.8
第二产业（%）	36	56.9	43.1	46.4	44.5	50.3	37.1	36	35	35.8	19.7
第一产业（%）	0.1	0.3	1.8	3.6	6.4	6.7	7.2	7.7	11.4	16.2	21.4

图 2－1－22　2015 年沿海各省、市、区海洋三次产业占比

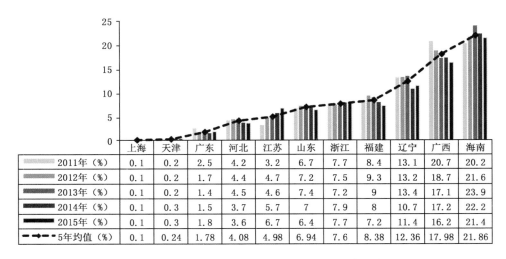

	上海	天津	广东	河北	江苏	山东	浙江	福建	辽宁	广西	海南
2011年（%）	0.1	0.2	2.5	4.2	3.2	6.7	7.7	8.4	13.1	20.7	20.2
2012年（%）	0.1	0.2	1.7	4.4	4.7	7.2	7.5	9.3	13.2	18.7	21.6
2013年（%）	0.1	0.2	1.4	4.5	4.6	7.4	7.2	9	13.4	17.1	23.9
2014年（%）	0.1	0.3	1.5	3.7	5.7	7	7.9	8	10.7	17.2	22.2
2015年（%）	0.1	0.3	1.8	3.6	6.7	6.4	7.7	7.2	11.4	16.2	21.4
5年均值（%）	0.1	0.24	1.78	4.08	4.98	6.94	7.6	8.38	12.36	17.98	21.86

图 2－1－23　2011～2015 年沿海各省、市、区海洋第一产业占比

在空间异质性上,2011～2015年,沿海各地区海洋第一产业的占比较大地区为海南和广西,达到20%左右;占比一般的地区为辽宁、福建和浙江,在6%～9%;占比较小的地区为山东、江苏、河北和广东,在2%～4%;占比很小的地区是上海和天津,不到1%。

②海洋第二产业占比情况

如图2—1—24所示,从历年变化看,2011～2015年,各地海洋第二产业占比时升时降,波动幅度较小。2014年后,各个省、市、区海洋第二产业占比都有下降趋势,海洋第一产业与海洋第二产业的占比下降则意味着海洋第三产业占比有所增加,表明沿海地区海洋产业结构正在进一步优化。

在空间异质性上,海洋第二产业占比最大地区为天津,五年均值超过了60%;占比较大地区是河北、江苏、山东、广东,在46%～51%;占比较小地区是上海、辽宁、广西、福建和浙江,在37%～40%;占比很小的地区是海南,仅在20%左右。

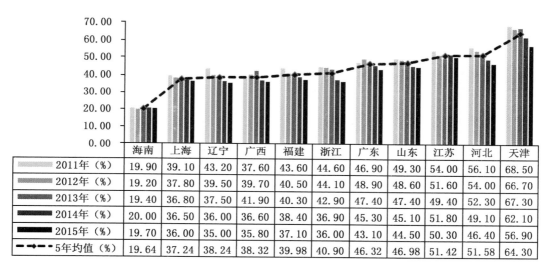

	海南	上海	辽宁	广西	福建	浙江	广东	山东	江苏	河北	天津
2011年（%）	19.90	39.10	43.20	37.60	43.60	44.60	46.90	49.30	54.00	56.10	68.50
2012年（%）	19.20	37.80	39.50	39.70	40.50	44.10	48.90	48.60	51.60	54.00	66.70
2013年（%）	19.40	36.80	37.50	41.90	40.30	42.90	47.40	47.40	49.40	52.30	67.30
2014年（%）	20.00	36.50	36.00	36.60	38.40	36.90	45.30	45.10	51.80	49.10	62.10
2015年（%）	19.70	36.00	35.00	35.80	37.10	36.00	43.10	44.50	50.30	46.40	56.90
5年均值（%）	19.64	37.24	38.24	38.32	39.98	40.90	46.32	46.98	51.42	51.58	64.30

图2—1—24 2011～2015年沿海各省、市、区海洋第二产业占比

③海洋第三产业占比情况

如图2—1—25所示,从历年变化上来看,2011～2015年,各地海洋第三产业占比逐年小幅增加。同样表明沿海地区海洋产业结构正在进一步优化。

在空间异质性上,海洋第三产业的占比较大的地区为上海与海南,前者侧重于海洋服务业,后者侧重于滨海旅游业,占比均在60%左右;占比最小的地区是天津,均值为35.5%,但是近两年已经超过了40%,且有进一步增加的趋势;其余地区的占比均值为43%～51%。

(4)从产业结构高度指数化看(见图2—1—26):2010～2015年,沿海各地的海洋产业结构高度指数化水平整体在波动增长,增长最多的地区为海南、辽宁、河北、天津和广西,表明这些地区的海洋产业结构在加速转型升级中。其中指数水平最高的是上海,2015年达到2.64,比全国的2.47高了0.17,领先最低的广西有0.32。上海的指数水平领先于全国,主要得益于其海洋第三产业占比。

5. 沿海各地的海洋三大产业发展情况

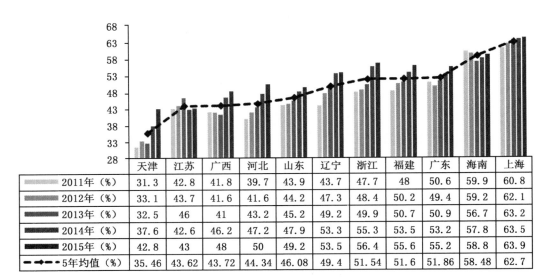

	天津	江苏	广西	河北	山东	辽宁	浙江	福建	广东	海南	上海
2011年（%）	31.3	42.8	41.8	39.7	43.9	43.7	47.7	48	50.6	59.9	60.8
2012年（%）	33.1	43.7	41.6	41.6	44.2	47.3	48.4	50.2	49.4	59.2	62.1
2013年（%）	32.5	46	41	43.2	45.2	49.2	49.9	50.7	50.9	56.7	63.2
2014年（%）	37.6	42.6	46.2	47.2	47.9	53.3	55.3	53.5	53.2	57.8	63.5
2015年（%）	42.8	43	48	50	49.2	53.5	56.4	55.6	55.2	58.8	63.9
5年均值（%）	35.46	43.62	43.72	44.34	46.08	49.4	51.54	51.6	51.86	58.48	62.7

图 2－1－25　2011～2015 年沿海各省、市、区海洋第三产业占比

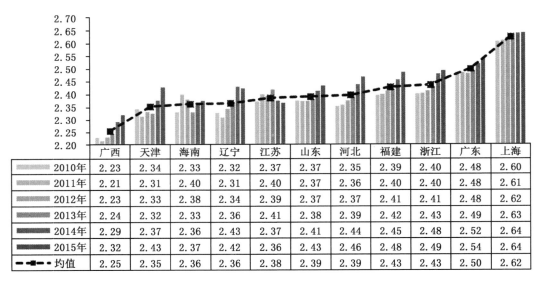

	广西	天津	海南	辽宁	江苏	山东	河北	福建	浙江	广东	上海
2010年	2.23	2.34	2.33	2.32	2.37	2.37	2.35	2.39	2.40	2.48	2.60
2011年	2.21	2.31	2.40	2.31	2.40	2.37	2.36	2.40	2.40	2.48	2.61
2012年	2.23	2.33	2.38	2.34	2.39	2.37	2.37	2.41	2.41	2.48	2.62
2013年	2.24	2.32	2.33	2.36	2.41	2.38	2.39	2.42	2.43	2.49	2.63
2014年	2.29	2.37	2.36	2.43	2.37	2.41	2.44	2.45	2.48	2.52	2.64
2015年	2.32	2.43	2.37	2.42	2.36	2.43	2.46	2.48	2.49	2.54	2.64
均值	2.25	2.35	2.36	2.36	2.38	2.39	2.39	2.43	2.43	2.50	2.62

图 2－1－26　2010～2015 年沿海各省、市、区海洋产业结构高度指数化水平

（1）各地区海洋第一产业

如图 2－1－27 所示，海洋第一产业在历年变化上，2011～2015 年，沿海各地区的海洋第一产业产值整体上在缓慢增加。各个地区的海洋第一产业产值波动幅度不同，例如，山东、江苏的产值波动大，2015 年比 2011 年高出 200 多亿元，而上海与天津的第一产业产值很小，几乎没有明显起伏。

在空间异质性上：沿海各地区的海洋第一产业产值规模相差较大，其中最大的是山东，五年的均值近 700 亿元，产值最小的是上海与天津，五年均值仅为 4 亿元和 11 亿元。

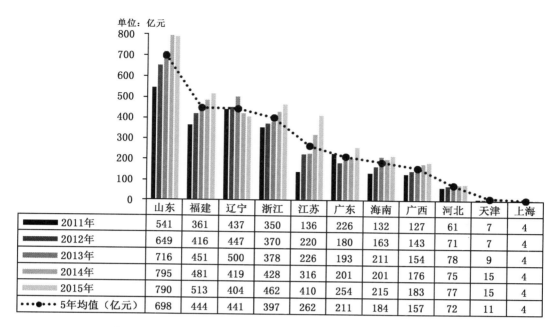

图 2－1－27　2011～2015 年沿海各省、市、区海洋第一产业产值

②各地区海洋第二产业

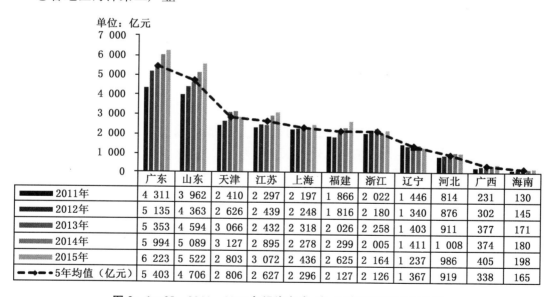

图 2－1－28　2011～2015 年沿海各省、市、区海洋第二产业产值

如图 2－1－28 所示:在历年变化上,2011～2015 年,沿海各地区的海洋第二产业产值有波动,部分地区有减少趋势(天津、浙江、辽宁、河北),部分地区有增加趋势(广东、山东、减少、上海、福建、广西、海南)。且各地区产值波动幅度差异较大,例如,广东产值波动近 2 000亿元,而海南产值波动不到 70 亿元。

在空间异质性上:沿海各地区海洋第二产业产值规模相差较大,其中产值最大的是广东和山东,五年均值分别为 5 403 亿元和 4 706 亿元,产值最小的是河北、广西和海南,五年均值均不足 1 000 亿元,海南甚至只有 165 亿元。2015 年,广东省第二产业产值是海南省的31 倍。天津、江苏、上海、福建、浙江和辽宁这些省、市、区产值居中。

③各地区海洋第三产业

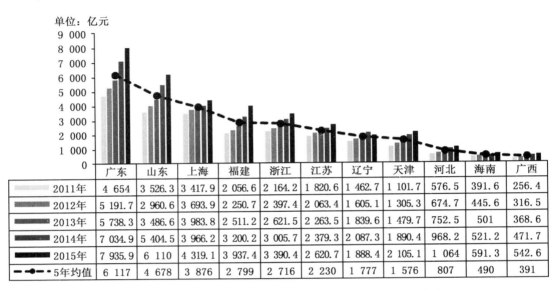

单位: 亿元

	广东	山东	上海	福建	浙江	江苏	辽宁	天津	河北	海南	广西
2011年	4 654	3 526.3	3 417.9	2 056.6	2 164.2	1 820.6	1 462.7	1 101.7	576.5	391.6	256.4
2012年	5 191.7	2 960.6	3 693.9	2 250.7	2 397.4	2 063.4	1 605.1	1 305.3	674.7	445.6	316.5
2013年	5 738.3	3 486.6	3 983.8	2 511.2	2 621.5	2 263.5	1 839.6	1 479.7	752.5	501	368.6
2014年	7 034.9	5 404.5	3 966.2	3 200.2	3 005.7	2 379.3	2 087.3	1 890.4	968.2	521.2	471.7
2015年	7 935.9	6 110	4 319.1	3 937.4	3 390.4	2 620.7	1 888.4	2 105.1	1 064	591.3	542.6
5年均值	6 117	4 678	3 876	2 799	2 716	2 230	1 777	1 576	807	490	391

图 2-1-29 2011～2015 年沿海各省、市、区海洋第三产业产值

如图 2-1-29 所示,在历年变化上,2011～2015 年,沿海各地区的海洋第三产业产值都在稳步增加,但是各地增加幅度相距较大。增幅最明显的是福建与天津,五年累计增长了近一倍,增幅较大的为广东、山东,五年内累计增长了 70% 多,增幅一般的为浙江、海南、江苏,累计增长在 50% 左右,增幅较小的是上海、辽宁与河北,上海由于第三产业占比基数高,增长不会很明显,而河北与辽宁的增长确实较为乏力。

在空间异质性上:沿海各地区海洋第三产业产值的差距在三大产业中是最明显的。2011～至 2015 年,产值最大的是广东,年均为 6 117 亿元。产值最小的是海南和广西,年均都不足 500 亿元。

6. 沿海各地的涉海人员稳步增加

(1)各地涉海人员规模

如图 2-1-30 所示,在历年变化上,2008～2015 年,沿海各地区涉海就业人员变化比较缓慢,变化幅度相差很小。

从空间分布上看,沿海各地区涉海就业人员数量相差较大。2015 年,涉海就业人数最多的(广东)是最少的(河北)的 8 倍多。根据涉海就业人数多少将沿海省、市、区归类为:涉海就业人数多的地区(广东、山东),涉海就业人数较多的地区(福建、浙江、辽宁、上海、天津),以及涉海就业人数较少的地区(河北、海南、广西)。

(2)各地涉海就业人数占就业人数比重

单位:万人

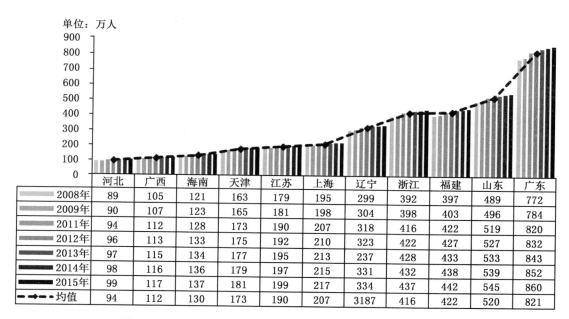

	河北	广西	海南	天津	江苏	上海	辽宁	浙江	福建	山东	广东
2008年	89	105	121	163	179	195	299	392	397	489	772
2009年	90	107	123	165	181	198	304	398	403	496	784
2011年	94	112	128	173	190	207	318	416	422	519	820
2012年	96	113	133	175	192	210	323	422	427	527	832
2013年	97	115	134	177	195	213	237	428	433	533	843
2014年	98	116	136	179	197	215	331	432	438	539	852
2015年	99	117	137	181	199	217	334	437	442	545	860
均值	94	112	130	173	190	207	3187	416	422	520	821

图 2—1—30 2008～2015 年沿海各省、市、区涉海就业人员数量

单位:%

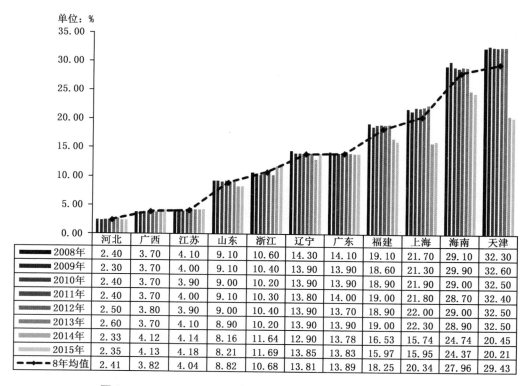

	河北	广西	江苏	山东	浙江	辽宁	广东	福建	上海	海南	天津
2008年	2.40	3.70	4.10	9.10	10.60	14.30	14.10	19.10	21.70	29.10	32.30
2009年	2.30	3.70	4.00	9.10	10.40	13.90	13.90	18.60	21.30	29.90	32.60
2010年	2.40	3.70	3.90	9.00	10.20	13.90	13.90	18.90	21.90	29.00	32.50
2011年	2.40	3.70	4.00	9.10	10.30	13.80	14.00	19.00	21.80	28.70	32.40
2012年	2.50	3.80	3.90	9.00	10.40	13.90	13.70	18.90	22.00	29.00	32.50
2013年	2.60	3.70	4.10	8.90	10.20	13.90	13.90	19.00	22.30	28.90	32.50
2014年	2.33	4.12	4.14	8.16	11.64	12.90	13.78	16.53	15.74	24.74	20.45
2015年	2.35	4.13	4.18	8.21	11.69	13.85	13.83	15.97	15.95	24.37	20.21
8年均值	2.41	3.82	4.04	8.82	10.68	13.81	13.89	18.25	20.34	27.96	29.43

图 2—1—31 2008～2015 年沿海各省、市、区涉海就业人员占比

如图 2—1—31 所示,在历年变化上,2008～2015 年,各地区涉海就业人数占比在缓慢

增加,而 2014 年开始占比明显减小。在空间异质性上,沿海各地涉海就业人数占当地就业人数的比重相差较大。根据占比大小将沿海省、市、区归类为:涉海就业人数占比高的地区(天津、海南、上海、福建),涉海就业人数占比一般的地区(广东、辽宁、浙江、山东),以及涉海就业人数占比小的地区(江苏、广西、河北)。

(3)各地涉海就业人数的环比增速

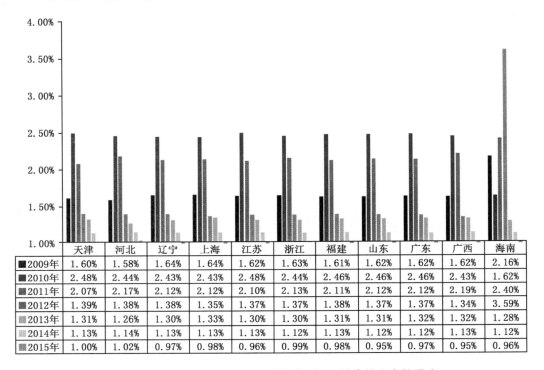

	天津	河北	辽宁	上海	江苏	浙江	福建	山东	广东	广西	海南
2009年	1.60%	1.58%	1.64%	1.64%	1.62%	1.63%	1.61%	1.62%	1.62%	1.62%	2.16%
2010年	2.48%	2.44%	2.43%	2.43%	2.48%	2.44%	2.46%	2.46%	2.46%	2.43%	1.62%
2011年	2.07%	2.17%	2.12%	2.12%	2.10%	2.13%	2.11%	2.12%	2.12%	2.19%	2.40%
2012年	1.39%	1.38%	1.38%	1.35%	1.37%	1.37%	1.38%	1.37%	1.37%	1.34%	3.59%
2013年	1.31%	1.26%	1.30%	1.33%	1.30%	1.30%	1.31%	1.31%	1.32%	1.32%	1.28%
2014年	1.13%	1.14%	1.13%	1.13%	1.13%	1.12%	1.13%	1.12%	1.12%	1.13%	1.12%
2015年	1.00%	1.02%	0.97%	0.98%	0.96%	0.99%	0.98%	0.95%	0.97%	0.95%	0.96%

图 2—1—32　2008～2015 年沿海各省、市、区涉海就业人数增速

如图 2—1—32 所示,在历年变化上,2008～2015 年,沿海各地区涉海就业人数的环比增速呈现出先升后降的趋势,即 2008～2014 年增速提高,2014 年后增速放缓。

在空间异质性上:沿海各地区涉海就业人员的增速大致接近,2009～2015 年各地(除海南外)的环比增速总趋势线比较接近,海南的涉海就业人数增速变化较其他地区明显。

二、中国海洋科技投入的特征化事实

(一)中国海洋科技整体情况

1. 中国海洋科技投入总体平稳增加

海洋科技投入主要由科研机构数量、科研经费收入[①]、从业人员与科技活动人员、科技人员中的硕博士占比、海洋课题项目等这些指标组成。这些指标都显示中国海洋科技投入总体在稳步增加。

①　在《中国海洋统计年鉴》中科研经费收入是海洋科研机构的科研收入,大部分是地方政府的科研投入,因此可以作为主要的科研经费投入(以下的科研经费收入用科研经费投入代替)。

（1）海洋科研机构数量

海洋科研机构是指长期有组织地从事海洋研究与开发活动的机构，有明确的研究方向和任务，有一定水平的学术带头人和一定数量、质量的研究人员。中国海洋科研机构可以分为综合性海洋科研机构、专业性海洋科研机构和特色性海洋科研机构三大类。

如图 2—1—33 所示，2010～2015 年，中国海洋科研机构数量变化幅度较小，呈现先减后增的趋势，2015 年机构数达到 191 个，六年均值为 180 个。在地区分布上，中国海洋科研机构主要集中在北京①、辽宁、山东、广东和浙江等省、市、区。

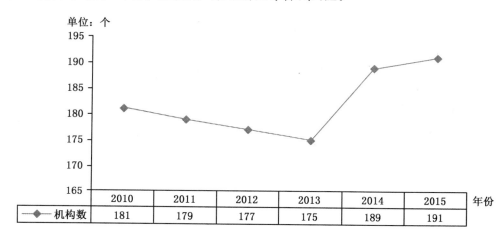

单位：个	2010	2011	2012	2013	2014	2015	年份
机构数	181	179	177	175	189	191	

图 2—1—33　2010～2015 年中国海洋科研机构数

（2）海洋科研经费投入

如图 2—1—34 所示，从历年变化上来看，2011～2015 年，中国海洋科研经费投入在逐年增加，并且增加趋势显著。2015 年中国海洋科研经费投入达到 3 333 亿元，四年间的复合增长率为 9.46%。2011～2014 年环比增速上升，最高达到 16.77%，2015 年后环比增速有所放缓。

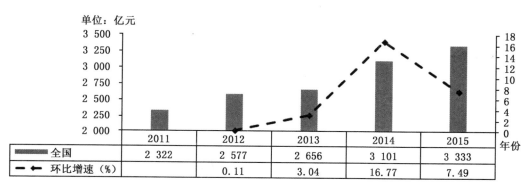

单位：亿元	2011	2012	2013	2014	2015	年份
全国	2 322	2 577	2 656	3 101	3 333	
环比增速（%）		0.11	3.04	16.77	7.49	

图 2—1—34　2011～2015 年中国海洋科研经费投入情况

---

①　北京不属于沿海 11 个省、市、区的海洋经济统计范围，但北京有海洋科研机构，所以分析中国海洋科技投入时将北京也作为分析对象。

(3)海洋科技从业人员与科技活动人员

海洋科技从业人员是指在海洋科研机构中工作的全部就职人员,而海洋科技活动人员是其中的科技管理人员、课题活动人员和科技服务人员。

如图 2-1-35 所示,在历年变化上,近五年中国海洋从业人员和科技活动人员数量在逐年增加。其中,科技活动人员占从业人员的比重逐年增加,增长比较明显,在 2015 年,科技活动人员的比重已经达到了 84.71%。

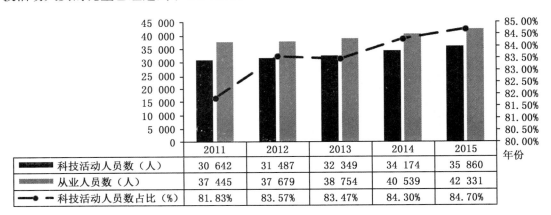

	2011	2012	2013	2014	2015
科技活动人员数(人)	30 642	31 487	32 349	34 174	35 860
从业人员数(人)	37 445	37 679	38 754	40 539	42 331
科技活动人员数占比(%)	81.83%	83.57%	83.47%	84.30%	84.70%

图 2-1-35　2011-2015 年中国海洋科技从业人员与活动人员情况

(4)海洋科技活动人员的硕博士占比情况

如图 2-1-36 所示,在历年变化上,2010~2015 年,中国海洋科技活动人员中,学历为博士毕业生和硕士毕业生的占比与两者合计占比都在同步逐年增加,并且增加趋势明显。在 2012 年之后,两者合计占比已经超过了 50%,2015 年达到 57.28%。这表明中国的海洋科研队伍建设初见成效,海洋科研人员整体水平在不断提高,对科研活动十分有利。

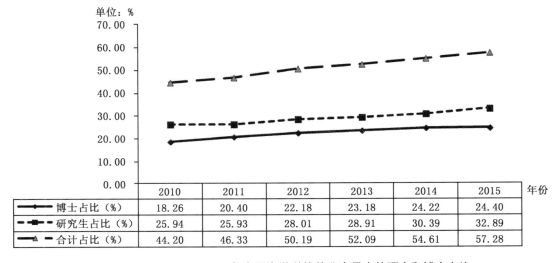

	2010	2011	2012	2013	2014	2015
博士占比(%)	18.26	20.40	22.18	23.18	24.22	24.40
研究生占比(%)	25.94	25.93	28.01	28.91	30.39	32.89
合计占比(%)	44.20	46.33	50.19	52.09	54.61	57.28

图 2-1-36　2010~2015 年中国海洋科技从业人员中的硕士和博士占比

(5)海洋科研机构科技课题项目情况

如图2—1—37所示,在历年变化上,2011~2015年,中国海洋科研的课题总数在逐年稳定增加。2015年海洋课题项目数为18 810项,比2011年增长了31.97%,四年间的复合增长率达到7.18%,每年环比增长率在6%~8%,表明中国海洋课题数量增长较快,海洋科研项目日益受到重视。

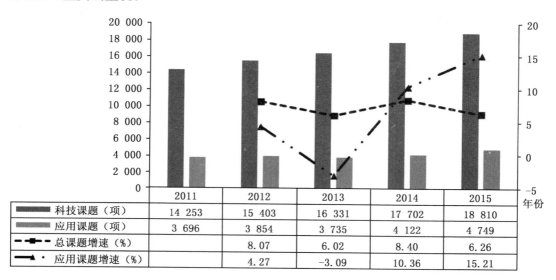

	2011	2012	2013	2014	2015
■ 科技课题（项）	14 253	15 403	16 331	17 702	18 810
■ 应用课题（项）	3 696	3 854	3 735	4 122	4 749
---■--- 总课题增速（%）		8.07	6.02	8.40	6.26
---▲--- 应用课题增速（%）		4.27	-3.09	10.36	15.21

图2—1—37 2011年~2015年中国海洋科研课题情况

2. 中国海洋科技产出能力提高

海洋科技产出主要由海洋科技论文发表情况、海洋科技著作情况、海洋专利授权情况等指标组成。这些指标显示中国海洋科技能力逐渐提高,并且潜力巨大。

(1)海洋科研机构的科技论文、著作情况

①科研机构的科技论文发表总数

如图2—1—38所示,2011~2015年,中国海洋科研机构的科技论文发表总量在逐年波动增长,2013年有比较明显的减少,但是总体依然呈现增长趋势。论文发表总量从2011年的15 574篇增加到2015年的17 257篇,4年间累计增长了10.8%。

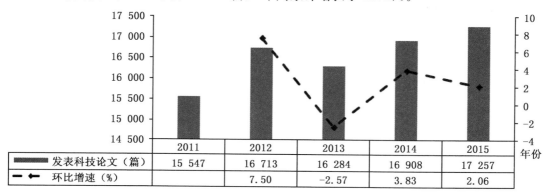

	2011	2012	2013	2014	2015
■ 发表科技论文（篇）	15 547	16 713	16 284	16 908	17 257
---◆--- 环比增速（%）		7.50	-2.57	3.83	2.06

图2—1—38 2011年~2015年中国海洋科技论文发表情况

②科技论文中的国外发表情况

如图 2—1—39 所示,2011~2015 年,中国海洋科研机构的科技论文在国外发表的数量与占比都在逐年增加,并且国外占比的增长明显。发表的国外论文数量从 2011 年的 4 169 篇增加到 2015 年的 6 779 篇,累计增长了 62.6%,四年间发表数量的复合增长率为 12.92%。国外发表的占比从 2011 年的 26% 多增加到 2015 年的近 40%,占比的复合增长率为 10%。这表明中国海洋科研论文越来越受到国际学术界的认可,中国海洋科研活动也在积极与国际合作。

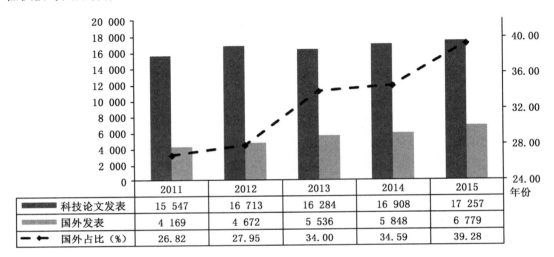

	2011	2012	2013	2014	2015
科技论文发表	15 547	16 713	16 284	16 908	17 257
国外发表	4 169	4 672	5 536	5 848	6 779
国外占比（%）	26.82	27.95	34.00	34.59	39.28

图 2—1—39　2011 年~2015 年中国海洋科技论文国外发表情况

③科研机构的著作情况

如图 2—1—40 所示,2011 年~2015 年,中国海洋科研机构的著作出版数量有起伏变化,最高达到 384 部,最低为 278 部,总体有小幅增长趋势。由于 2012~2013 年的课题数量减小,2013~2014 年著作出版量也有明显的下降。

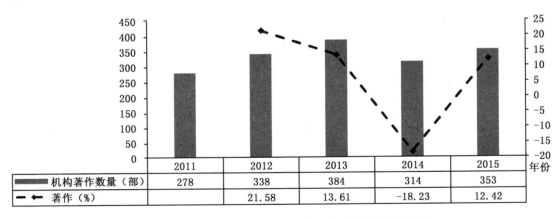

	2011	2012	2013	2014	2015
机构著作数量（部）	278	338	384	314	353
著作（%）		21.58	13.61	-18.23	12.42

图 2—1—40　2011 年~2015 年中国海洋科技著作情况

④论文发表量、国外论文发表数量与著作出版量的增速对比

如图 2—1—41 所示,从增速变化幅度上来看,三者中著作出版量的增速变动最大,最低为—18.23%,最高达到 21.58%。国外发表数量的增速变动次之,最低为 5.64%,最高达 18.49%。科技论文发表数量的增速变动最低为—2.83%,最高达 7.5%。从增速的正负来看,只有国外论文发表数量增速始终为正,即国外科技论文发表数量持续增加。从年份上来看,2011～2013 年,科技论文发表数量增速与机构著作增速同步减小,国外论文发表数量增速增加明显。2013～2014 年,机构著作增速明显下降,科技论文发表数量增速小幅增加,国外论文发表数量增速小幅减小。2014～2015 年,机构著作增速又大幅增长,国外论文发表数量增速小幅增加,而科技论文总量增速小幅下降。

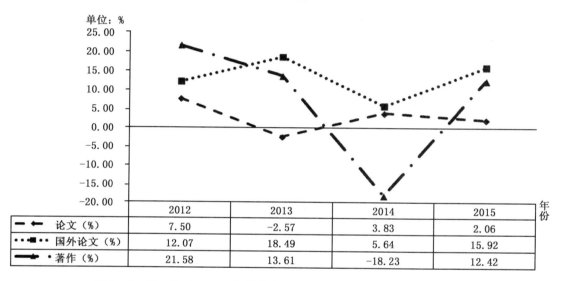

单位: %

	2012	2013	2014	2015	年份
论文（%）	7.50	-2.57	3.83	2.06	
国外论文（%）	12.07	18.49	5.64	15.92	
著作（%）	21.58	13.61	-18.23	12.42	

图 2—1—41　2012～2015 年科技论文、国外发表数量和著作出版的增速

(2)海洋科研机构专利授权情况

如图 2—1—42 所示,2011～2015 年,科研机构专利授权数量和其中的发明专利授权数量都在逐年增加。其中,专利授权总数从 2011 年的 2 034 件增加到 2015 年的 5 622 件,增加了约 2.76 倍。发明专利授权数量从 2011 年的 1 355 件增加到 2015 年的 4 111 件,增加了约 3 倍,增幅明显。并且,发明专利授权数所占的比重也在不断提高,从 2011 年的 66%增加到 2015 年的 73%。表明中国的海洋专利技术在加速进步,科技专利技术与高新海洋产业的发展直接相关。

3. 中国海洋科技效率有待提高

海洋科技效率可以用海洋科技投入产出比和海洋科技成果转化率来衡量。前者是海洋科研经费投入与海洋生产总值的比值,后者是海洋应用课题数与总课题数的比值。对这两个指标进行分析发现(见图 2—1—43 和图 2—1—44),中国海洋科技效率在 2011 年至 2015 年呈现出"M"形趋势。

(二)各地的海洋科技投入情况

1. 各地的海洋科技投入规模分布不平衡

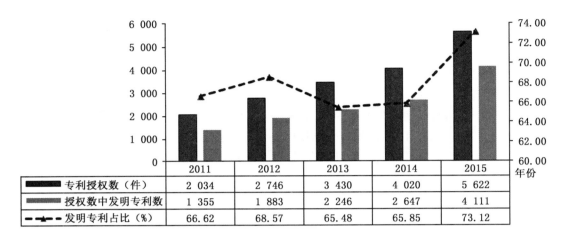

图 2－1－42　2011～2015 年海洋科研机构专利授权情况

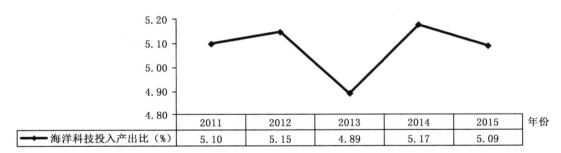

图 2－1－43　2011～2015 年海洋科技投入产出比

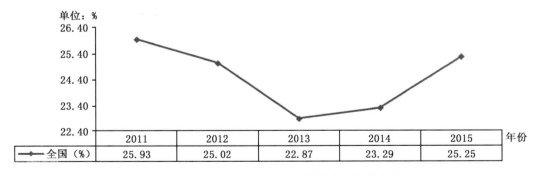

图 2－1－44　2011～2015 年海洋科技成果转化率

（1）各地海洋科研机构数量

如图 2－1－45 所示，从历年变化上看，各地海洋科研机构数量的变化极小。而在空间异质性上，科研机构主要集中在广东、北京、山东、浙江、辽宁、上海等地。科研机构集中地区与机构少的地区相差较大，例如，广东有 25 家以上科研机构，而海南只有 3 家，河北只有 5 家。科研机构的设置不合理，海南、广西、河北等海洋科研薄弱地区需要更多投入来建设更多科研机构,为海洋科研活动提供平台。

单位:家

	广东	北京	山东	浙江	辽宁	上海	天津	福建	江苏	广西	河北	海南
■2011年	25	25	22	17	17	15	14	12	11	9	5	3
■2012年	24	25	21	18	17	14	14	12	11	9	5	3
■2013年	24	24	21	18	17	14	14	12	10	9	5	3
■2014年	25	24	21	20	22	15	14	14	11	11	5	3
■2015年	26	23	22	21	22	15	16	14	10	11	5	3

图 2-1-45 2011~2015 年各地海洋科研机构数量

(2)各地海洋科研经费投入

①各地科研经费投入总规模

如图 2-1-46 所示,从历年变化看,各地区的海洋科研经费投入变化趋势不一,经费投入先增后减的地区有北京、辽宁,持续增加的地区有山东、河北、上海、天津、浙江、广西和福建,波动变化的地区为广东、江苏和海南。从累计增长率看,增加最明显的地区是广西、山东和天津。在空间异质性上,可以将这些地区分为:各地科研经费投入极多的地区(北京),经费投入较多的地区(山东、辽宁、河北、上海,天津和浙江),以及经费投入低的地区(广西、江苏、福建)。

单位:亿元

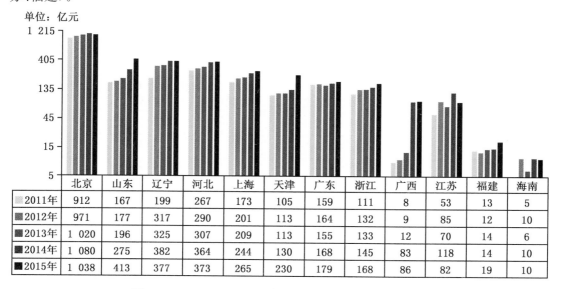

	北京	山东	辽宁	河北	上海	天津	广东	浙江	广西	江苏	福建	海南
□2011年	912	167	199	267	173	105	159	111	8	53	13	5
■2012年	971	177	317	290	201	113	164	132	9	85	12	10
■2013年	1 020	196	325	307	209	113	155	133	12	70	14	6
■2014年	1 080	275	382	364	244	130	168	145	83	118	14	10
■2015年	1 038	413	377	373	265	230	179	168	86	82	19	10

图 2-1-46 2011~2015 年各地海洋科研经费投入规模

②各地科研经费投入占比情况

如图2—1—47所示,从历年变化上看,除广西外,各地区的占比情况变动不大。广西在2013年之后的占比迅速提高,表明2013年后广西对海洋科技的重视程度迅速提高。在空间异质性上:经费投入占比最多的地区是北京、上海和山东,三地合计占比已经超过总投入一半,而广西、河北与海南三个地区的占比极低,三地合计占比不到4%。可见经费投入的地区分布不平衡。

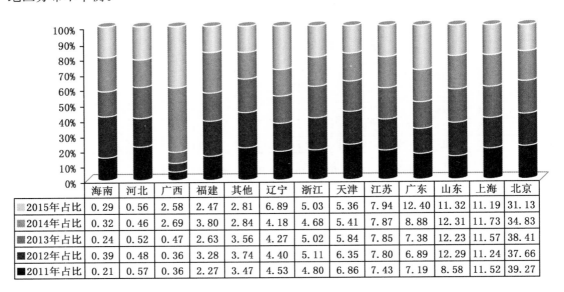

	海南	河北	广西	福建	其他	辽宁	浙江	天津	江苏	广东	山东	上海	北京
2015年占比	0.29	0.56	2.58	2.47	2.81	6.89	5.03	5.36	7.94	12.40	11.32	11.19	31.13
2014年占比	0.32	0.46	2.69	3.80	2.84	4.18	4.68	5.41	7.87	8.88	12.31	11.73	34.83
2013年占比	0.24	0.52	0.47	2.63	3.56	4.27	5.02	5.84	7.85	7.38	12.23	11.57	38.41
2012年占比	0.39	0.48	0.36	3.28	3.74	4.40	5.11	6.35	7.80	6.89	12.29	11.24	37.66
2011年占比	0.21	0.57	0.36	2.27	3.47	4.53	4.80	6.86	7.43	7.19	8.58	11.52	39.27

图2—1—47 2011~2015年各地海洋科研经费投入占比

③各地科研经费投入增速情况

表2—1—3是对各地区经费投入增速的整理。结合环比增速均值(见图2—1—48)与复合增长率(见图2—1—49)来看:增速最高的地区为广西,增速较高的地区为广东、海南、河北、上海、福建,增速较慢的地区为江苏、辽宁和浙江,增速最慢的地区为天津和北京。

表2—1—3　　　　　　　　**2011~2015年各地科研经费投入增速**　　　　　　　　(单位:%)

地区	2012年环比增速(单位:%)	2013年环比增速(单位:%)	2014年环比增速(单位:%)	2015年环比增速(单位:%)	环比增速均值(单位:%)	复合增长率(单位:%)
北京	6.45	5.09	5.90	−3.92	3.38	2.86
天津	2.74	−5.26	8.16	6.58	3.05	3.29
浙江	−5.76	11.87	3.66	30.05	9.96	8.72
上海	7.86	0.06	14.25	77.27	24.86	9.52
山东	8.34	6.02	18.41	2.54	8.83	10.92
江苏	16.42	3.75	17.06	8.37	11.40	11.25
福建	60.82	−17.35	68.46	−30.00	20.48	11.53

续表

地区	2012 年环比增速(单位:%)	2013 年环比增速(单位:%)	2014 年环比增速(单位:%)	2015 年环比增速(单位:%)	环比增速均值(单位:%)	复合增长率(单位:%)
辽宁	18.23	1.19	8.70	15.64	10.94	17.32
广西	12.45	32.09	573.95	3.40	155.47	18.02
河北	58.98	2.55	17.57	−1.14	19.49	21.66
广东	6.28	10.47	40.37	50.23	26.84	25.4
海南	99.60	−37.25	58.78	−1.95	29.79	79.41
其他	19.75	−1.83	−6.87	6.30	4.34	3.67
合计	10.98	3.04	16.77	7.49	9.57	9.46

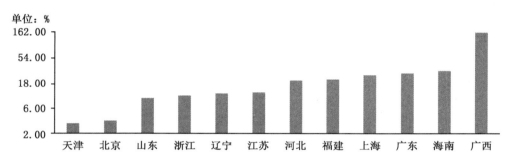

图 2−1−48　2011～2015 年各地海洋科研经费投入环比增速均值

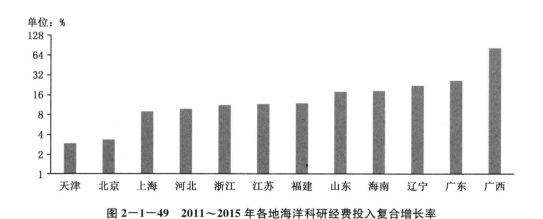

图 2−1−49　2011～2015 年各地海洋科研经费投入复合增长率

(3)海洋科技从业人员与科技活动人员

①科技从业人员与科技活动人员人数

图 2−1−50 和图 2−1−51 分别给出了各地海洋科研机构从业人员与科技活动人员的人数情况。

在历年变化上,各地科研机构的人员数量增减幅度不一,例如,北京与海南有较小幅度的减少,天津、上海、广西、浙江与江苏增加明显,5年来增加了近1倍,河北、辽宁、福建、山东有小幅增加。

在空间异质性上,各地的海洋科研机构从业人员与科技活动人员数量相差较大,其中,北京最高,广西最低。2015年,北京的海洋科技从业人员为广西的近23倍,科技活动人员为广西的近17倍。人员较多的地区为河北、天津、辽宁、江苏、上海、浙江、福建、山东与广东,人员少的是海南与广西。

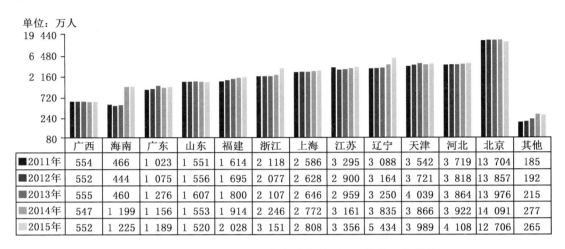

单位:万人

	广西	海南	广东	山东	福建	浙江	上海	江苏	辽宁	天津	河北	北京	其他
2011年	554	466	1 023	1 551	1 614	2 118	2 586	3 295	3 088	3 542	3 719	13 704	185
2012年	552	444	1 075	1 556	1 695	2 077	2 628	2 900	3 164	3 721	3 818	13 857	192
2013年	555	460	1 276	1 607	1 800	2 107	2 646	2 959	3 250	4 039	3 864	13 976	215
2014年	547	1 199	1 156	1 553	1 914	2 246	2 772	3 161	3 835	3 866	3 922	14 091	277
2015年	552	1 225	1 189	1 520	2 028	3 151	2 808	3 356	5 434	3 989	4 108	12 706	265

图 2—1—50　2011～2015 年各地海洋科研机构从业人员数

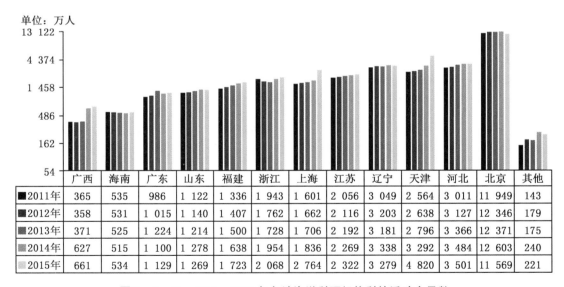

单位:万人

	广西	海南	广东	山东	福建	浙江	上海	江苏	辽宁	天津	河北	北京	其他
2011年	365	535	986	1 122	1 336	1 943	1 601	2 056	3 049	2 564	3 011	11 949	143
2012年	358	531	1 015	1 140	1 407	1 762	1 662	2 116	3 203	2 638	3 127	12 346	179
2013年	371	525	1 224	1 214	1 500	1 728	1 706	2 192	3 181	2 796	3 366	12 371	175
2014年	627	515	1 100	1 278	1 638	1 954	1 836	2 269	3 338	3 292	3 484	12 603	240
2015年	661	534	1 129	1 269	1 723	2 068	2 764	2 322	3 279	4 820	3 501	11 569	221

图 2—1—51　2011～2015 年各地海洋科研机构科技活动人员数

②科技活动人员占比情况

如图 2—1—52 所示,在历年变化上,各地科研机构的科技活动人数占比变化幅度较大的是广西、浙江、江苏、辽宁,这些地区的占比起伏大。2015 年,天津的占比增加十分明显,其余地区的变化幅度较小。在空间异质性上,2015 年,占比大的(大于 90%)有上海、河北、天津、北京,占比较大(大于 80%)的有海南、广东、福建、山东、江苏,占比较小(小于 80%)的有辽宁、浙江与广西。

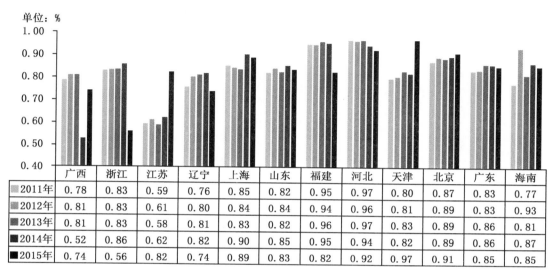

单位: %

	广西	浙江	江苏	辽宁	上海	山东	福建	河北	天津	北京	广东	海南
2011年	0.78	0.83	0.59	0.76	0.85	0.82	0.95	0.97	0.80	0.87	0.83	0.77
2012年	0.81	0.83	0.61	0.80	0.84	0.84	0.94	0.96	0.81	0.89	0.83	0.93
2013年	0.81	0.83	0.58	0.81	0.83	0.82	0.96	0.97	0.83	0.89	0.86	0.81
2014年	0.52	0.86	0.62	0.82	0.90	0.85	0.95	0.94	0.82	0.89	0.86	0.87
2015年	0.74	0.56	0.82	0.74	0.89	0.83	0.82	0.92	0.97	0.91	0.85	0.85

图 2—1—52 2011~2015 年各地海洋科研机构科技活动人员数占比

③科技从业人员与科技活动人员人数增速情况

表 2—1—4 给出了近五年来各地海洋从业人员与科技活动人员增速情况。结合累计增长率、环比增速均值和复合增长率上来看,从业人员增速情况:增速最快的省、市、区是广东、天津和江苏,增速次之的是福建、广西、辽宁、河北、浙江,增速较慢的是上海,负增长的是海南、山东和北京。科技活动人员的增速情况:增速最快的省、市、区为天津、广西、上海,增速次之的为福建、河北、广东、山东和江苏,增速较慢的为辽宁、浙江,负增长的是海南与北京。

表 2—1—4 2011~2015 年各地海洋科从业人员、科技活动人员增速情况 (单位:%)

	从业人员				科技活动人员		
地区	累计增长 (单位:%)	环比增速均值 (单位:%)	复合增长率 (单位:%)	地区	累计增长 (单位:%)	环比增速均值 (单位:%)	复合增长率 (单位:%)
广东	162.88	40.43	27.33	天津	87.99	18.26	17.09
天津	75.97	16.22	15.18	广西	81.10	19.03	16.00
江苏	48.77	11.60	10.44	上海	72.64	16.16	14.63
福建	25.65	5.88	5.43	福建	28.97	6.58	6.57
广西	16.23	4.31	3.83	河北	16.27	3.87	3.83
辽宁	12.62	3.12	2.21	广东	16.63	4.49	3.92
河北	10.46	2.53	2.52	山东	13.10	3.17	3.12
浙江	8.58	2.09	2.08	江苏	12.94	3.09	3.09

	从业人员				科技活动人员		
地区	累计增长 （单位：%）	环比增速均值 （单位：%）	复合增长率 （单位：%）	地区	累计增长 （单位：%）	环比增速均值 （单位：%）	复合增长率 （单位：%）
上海	1.85	0.76	0.46	辽宁	7.54	1.88	1.83
海南	−0.36	−0.09	−0.01	浙江	6.43	1.92	1.58
山东	−2.00	−0.47	−0.05	海南	−0.19	−0.02	−0.04
北京	−7.28	−1.76	−0.02	北京	−3.18	−0.70	−0.08
其他	43.24	10.07	9.40	其他	54.55	13.04	11.50
合计	13.05	3.13	3.11	合计	17.03	4.02	4.10

④科技活动人员的硕博士占比情况

图2—1—53和图2—1—54分别给出了2011～2015年各地海洋科技活动人员中的硕士和博士占比情况。

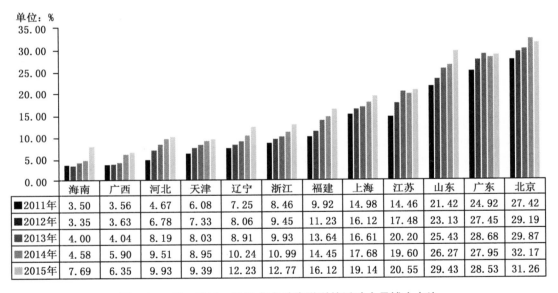

单位：%	海南	广西	河北	天津	辽宁	浙江	福建	上海	江苏	山东	广东	北京
2011年	3.50	3.56	4.67	6.08	7.25	8.46	9.92	14.98	14.46	21.42	24.92	27.42
2012年	3.35	3.63	6.78	7.33	8.06	9.45	11.23	16.12	17.48	23.13	27.45	29.19
2013年	4.00	4.04	8.19	8.03	8.91	9.93	13.64	16.61	20.20	25.43	28.68	29.87
2014年	4.58	5.90	9.51	8.95	10.24	10.99	14.45	17.68	19.60	26.27	27.95	32.17
2015年	7.69	6.35	9.93	9.39	12.23	12.77	16.12	19.14	20.55	29.43	28.53	31.26

图2—1—53　2011～2015年各地海洋科技活动人员博士占比

博士占比情况：从历年变化上来看，各地博士占比都在逐年缓慢增加。硕士占比各地情况不同，有波动的为广东、浙江和上海，持续增加的为江苏、海南、天津、山东、辽宁和广西，先增后减的为河北、北京和福建，且占比波动幅度都较小。

在空间异质性上，各地博士占比相差较大，北京、广东、山东与江苏的占比高，为20%～30%；上海、福建、浙江与辽宁占比次之，为12%～20%；天津、河北、广西与海南的占比较低，为6%～9%。硕士占比情况：各地硕士占比情况相差较小。2015年，硕士占比最大的为广东（44%），最小的为河北（25%）。

如图2—1—55所示，从历年变化上看，2011～2015年，各地博士与硕士的两者合计占比在

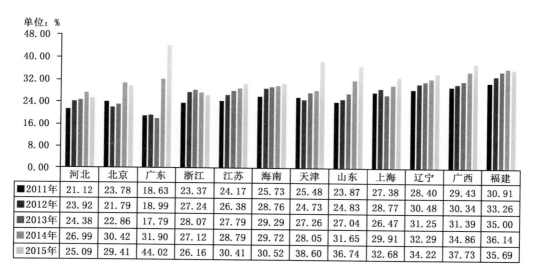

图 2-1-54 2011~2015 年各地海洋科技活动人员硕士占比

都逐年递增。在空间异质性上,占比高(大于 60%)的为北京、广东、山东,占比较高(大于 40%)的为江苏、上海、福建、浙江、辽宁,占比较小(小于 40%)的为天津、河北、广西与海南。

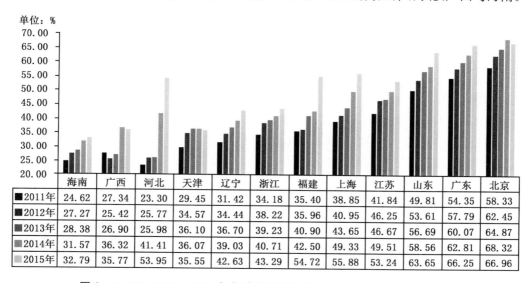

图 2-1-55 2011~2015 年各地海洋科技活动人员硕士、博士合计占比

(4)海洋科研机构课题项目情况

①课题总量

如图 2-1-56 所示,从历年变化上来看,各地课题量增减趋势不一。课题量波动起伏的为广西、福建与广东,持续增加的为辽宁、天津、浙江与北京,先减后增的为海南、上海、江苏,先增后减的为河北、山东。增加幅度上,辽宁格外明显。在空间异质性上,课题量极多(大于 6 000 项)的为北京,课题量较多(大于 1 000 项)为广东、江苏、山东与上海,课题量较

少(大于 600 项)的为天津、福建、浙江、辽宁,课题量少(小于 130 项)为河北、广西和海南。

	海南	河北	广西	辽宁	浙江	福建	天津	上海	山东	江苏	广东	北京
2011年	84	67	104	290	440	627	536	1 094	1 477	1 718	1 929	4 897
2012年	46	78	106	337	494	591	668	996	1 550	851	2 190	5 412
2013年	47	94	86	339	588	632	723	1 127	1 681	1 889	1 864	6 045
2014年	10	90	101	391	619	608	751	1 131	1 633	2 202	2 140	6 655
2015年	25	77	125	685	645	618	790	1 166	1 637	2 187	2 653	6 740

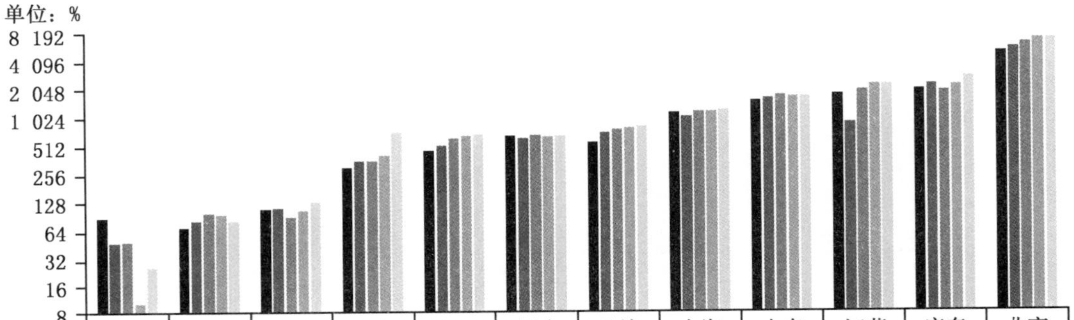

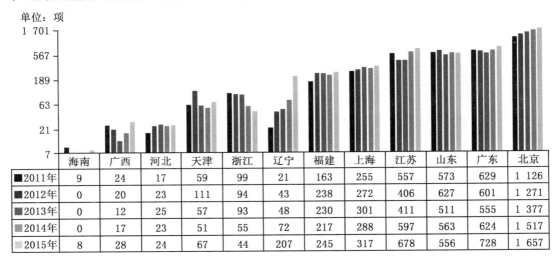

图 2—1—56　2011～2015 年各地海洋课题总量

②各地应用课题量

如图 2—1—57 所示,从历年变化上来看,各地应用课题量同样增减趋势不一。课题量波动的为福建、上海、山东,持续增加的为辽宁、北京,持续减少的为浙江,先减后增的为海南、广西、江苏,先增后减的为河北、天津、广东。其中,辽宁应用课题量增加十分明显,而浙江的应用课题量减少较多。在空间异质性上,应用课题量最多的为北京(大于 1 600 项),课题量较多的(大于 600 项)为广东、江苏、山东,课题量一般的为上海、福建、辽宁(大于 200 项),课题量较少的(大于 20 项)为天津、浙江、河北、广西,极少的为海南,不足 10 项。2015 年,北京的应用课题量是海南的 200 多倍。

	海南	广西	河北	天津	浙江	辽宁	福建	上海	江苏	山东	广东	北京
2011年	9	24	17	59	99	21	163	255	557	573	629	1 126
2012年	0	20	23	111	94	43	238	272	406	627	601	1 271
2013年	0	12	25	57	93	48	230	301	411	511	555	1 377
2014年	0	17	23	51	55	72	217	288	597	563	624	1 517
2015年	8	28	24	67	44	207	245	317	678	556	728	1 657

图 2—1—57　2011～2015 年各地海洋课题中应用课题数量

③各地课题增速情况

表2-1-5给出了2011~2015年各地课题量的增速情况。结合累计增长率、环比增速均值和复合增长率看,科技课题总量增速情况:增速最快的是辽宁、天津、浙江,增速次之的是北京、江苏、广西,增速较慢的是河北、山东、上海,负增长的是福建、海南。应用课题的增速情况:增速最快的是河北、浙江、海南、天津,增速次之的是辽宁、上海、广东、山东、北京,负增长的是福建、广西和江苏。

表2-1-5　　　　　　　2011~2015年各地海洋科技课题与应用课题增速情况

科技课题			应用课题			
地区	累计增长 (单位:%)	环比增速均值 (单位:%)	复合增长率 (单位:%)	地区	累计增长 (单位:%)	环比增速均值 (单位:%)	复合增长率 (单位:%)
辽宁	136.21	26.83	23.97	河北	885.71	88.47	77.19
天津	47.39	10.48	10.18	浙江	50.31	12.48	10.72
浙江	46.59	10.19	10.03	海南	47.16	10.15	10.16
广东	37.53	9.36	8.29	天津	41.18	10.08	9.00
北京	37.66	8.40	8.32	辽宁	24.31	5.77	5.60
江苏	27.30	21.85	6.22	上海	21.72	8.24	5.04
广西	20.19	6.06	4.71	广东	16.67	12.43	3.93
河北	14.93	4.56	3.54	山东	15.74	4.25	3.72
山东	10.83	2.70	2.6	北京	13.56	15.08	3.23
上海	6.58	1.91	1.6	福建	-2.97	-0.04	-0.75
福建	-1.44	-0.24	-0.36	广西	-11.11	-100.00	-2.90
海南	-70.24	7.05	-26.3	江苏	-55.56	-16.74	-18.35
其他	47.58	10.25	8.48	其他	15.85	11.76	3.75

2. 各地的海洋科技产出差异较大

(1)海洋科研机构的科技论文、著作情况

①科技论文发表总量

如图2-1-58所示,从历年变化上来看,2011~2015年,各地海洋科技论文发表量波动变化的是广东、江苏、浙江和广西,先增后减的是北京、山东、上海、天津、福建,持续增加的是辽宁与海南,先减后增的是河北。其中,辽宁、广东与海南的变化相对明显。在空间异质性上,各地海洋科研机构发表的科技论文总量相差较大。论文发表量极多的为北京,发表量最多的为广东、山东、江苏,发表量一般的为上海、天津、浙江、辽宁,发表量较少的为河北、福建、广西,发表量最少的为海南。2015年,北京的论文发表量是海南的58倍。

②各地海洋科技论文国外发表数量情况

如图2-1-59所示,从历年变化上来看,2011~2015年,各地海洋科技论文国外发表量增减变化同样不一:波动起伏变化的是河北、海南、天津,先增后减的是广西、浙江、上海、北京,持续增加的是辽宁、江苏、山东、广东,先减后增的是福建。其中,辽宁、广东与广西的增长相对明显。在空间异质性上,各地海洋科研机构科技论文的国外发表量同样相差较大。发表量极多(大于2 000篇)的为北京与广东,发表量较多(大于400篇)的为山东、江苏、辽宁,发表量一般(大于100篇)的为上海、福建、浙江、天津,发表量少的为河北、海南、广西。

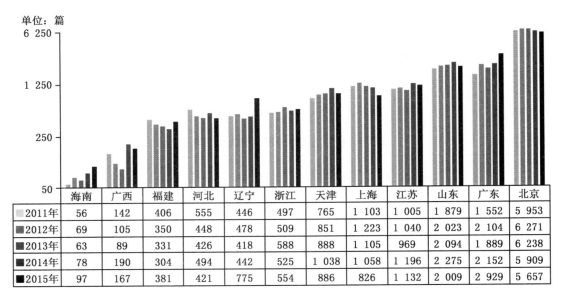

单位：篇

	海南	广西	福建	河北	辽宁	浙江	天津	上海	江苏	山东	广东	北京
2011年	56	142	406	555	446	497	765	1 103	1 005	1 879	1 552	5 953
2012年	69	105	350	448	478	509	851	1 223	1 040	2 023	2 104	6 271
2013年	63	89	331	426	418	588	888	1 105	969	2 094	1 889	6 238
2014年	78	190	304	494	442	525	1 038	1 058	1 196	2 275	2 152	5 909
2015年	97	167	381	421	775	554	886	826	1 132	2 009	2 929	5 657

图2—1—58 2011～2015年各地海洋科技论文发表数量

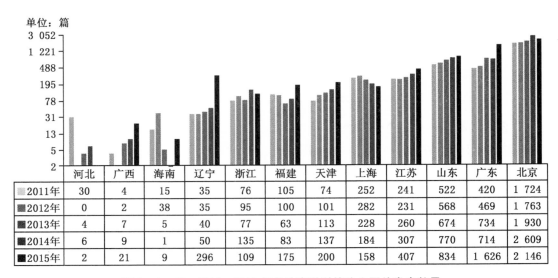

单位：篇

	河北	广西	海南	辽宁	浙江	福建	天津	上海	江苏	山东	广东	北京
2011年	30	4	15	35	76	105	74	252	241	522	420	1 724
2012年	0	2	38	35	95	100	101	282	231	568	469	1 763
2013年	4	7	5	40	77	63	113	228	260	674	734	1 930
2014年	6	9	1	50	135	83	137	184	307	770	714	2 609
2015年	2	21	9	296	109	175	200	158	407	834	1 626	2 146

图2—1—59 2011～2015年各地海洋科技论文国外发表数量

③各地海洋科技论文国外发表数量占比情况

如图2—1—60所示,从历年变化上来看,各地占比的增减变化不一:波动起伏变化的是河北、浙江、福建,先增后减的是广西,先减后增的是山东、上海、海南、天津,持续增加的为北京、辽宁、广东、江苏。其中,福建、辽宁和北京增长相对较多,而山东下降十分明显。2011～2015年,各地海洋科研机构科技论文国外发表数量的占比差异悬殊。

空间分布上,占比较大的为福建、天津、江苏、广东、海南,占比一般的为上海、浙江、辽宁,占比较小的为河北、山东,广西的占比极小。

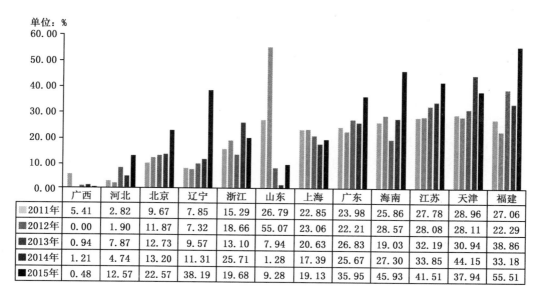

图 2－1－60　2011～2015 年各地海洋科技论文国外发表占比

④各地著作出版情况

如图 2－1－61 所示,从历年变化上来看,各地科技著作出版量增减变化不一:波动起伏变化的是福建、江苏、北京,先增后减的是海南、浙江、上海、天津,持续增加的是辽宁、山东、河北、广东,先减后增的是广西。其中,辽宁、广东与浙江的增长相对明显。在空间异质性上,各地海洋科研机构著作出版量同样相差较大。出版量极多(大于 120 部)的为北京,发表量较多(大于 15 部)的为河北、广东、山东、江苏、天津、浙江,发表量一般的为上海、福建、辽宁,出版量较少的为海南和广西。

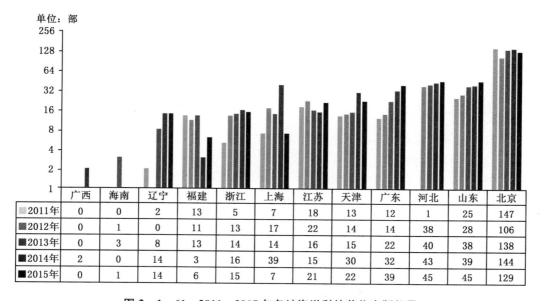

图 2－1－61　2011～2015 年各地海洋科技著作出版数量

⑤论文、著作增速情况

表2-1-6给出了2011～2015年各地科研机构发表的论文与著作数量的增速情况。结合累计增长率、环比增速均值和复合增长率上来看,科技论文总量增速情况:增速最快的省、市、区是广东、辽宁与海南,增速次之的是广西、江苏、天津、浙江与山东,有负增长的是福建、北京、河北、上海。科技论文国外发表总量增速情况:增速最快的省、市、区是广东、辽宁、广西、天津,增速次之的是江苏、福建、浙江、山东、北京,有负增长的是河北、上海与海南。著作出版总量增速情况:增速最快的省、市、区是河北、辽宁、广东、浙江,增速次之的是山东、天津、江苏、上海,有负增长的是福建、广西、海南。

表2-1-6　　　　　　2011～2015年各地海洋科技论文、著作增速情况

科技论文				国外发表				机构著作			
地区	累计增长率(单位:%)	环比增长率均值(单位:%)	复合增长率(单位:%)	地区	累计增长率(单位:%)	环比增长率均值(单位:%)	复合增长率(单位:%)	地区	累计增长率(单位:%)	环比增长率均值(单位:%)	复合增长率(单位:%)
广东	89	19	17	辽宁	746	133	71	河北	4 400	929	159
辽宁	74	19	15	广西	425	90	51	辽宁	600		63
海南	73	16	15	广东	287	48	40	广东	225	35	34
广西	18	15	4	天津	170	29	28	浙江	200	44	32
天津	16	4	4	江苏	69	15	14	山东	80	16	16
江苏	13	4	3	福建	67	25	14	天津	69	22	14
浙江	11	3	3	山东	60	13	12	江苏	17	7	4
山东	7	2	2	浙江	43	16	9	上海	0	55	
北京	−5	−1	−1	北京	24	7	6	北京	−12	−1	−3
福建	−6	−1	−2	上海	−37	−10	−11	福建	−54	6	−18
河北	−24	−6	−7	海南	−40	197	−12	广西		−100	
上海	−25	−6	−7	河北	−93	−39	−49	海南			
其他	20	5	5	其他	112	22	21	其他	−18	5	−5
全国	11	3	3	全国	75	15	15	全国	39	9	9

(2)海洋科研机构专利授权情况

①各地专利授权数量

如图2-1-62所示,从历年变化上看,2011～2015年,各地专利授权数增减变化不一:波动变化的是福建、江苏、广东、北京,先增后减的是河北、浙江,持续增加的是广西、天津、辽宁、山东、上海,先减后增的是海南。其中,广东、浙江与辽宁的增长最为明显。在空间异质性上,各地海洋专利授权量同样相差较大,授权量极多的为北京,较多的为上海、辽宁、广东、山东,授权量一般的为江苏、天津、浙江、福建、广西,授权量较少的为河北、海南。

②各地发明专利数量

如图2-1-63所示,从历年变化上来看,各地发明专利授权数增减变化不一:波动变化

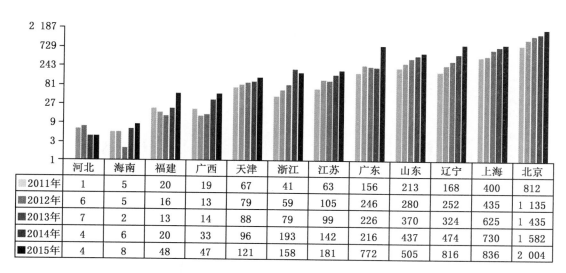

图 2—1—62 2011~2015 年各地海洋科技专利授权总数

	河北	海南	福建	广西	天津	浙江	江苏	广东	山东	辽宁	上海	北京
2011年	1	5	20	19	67	41	63	156	213	168	400	812
2012年	6	5	16	13	79	59	105	246	280	252	435	1 135
2013年	7	2	13	14	88	79	99	226	370	324	625	1 435
2014年	4	6	20	33	96	193	142	216	437	474	730	1 582
2015年	4	8	48	47	121	158	181	772	505	816	836	2 004

的是天津、海南、浙江,先减后增的是河北、广西、福建,持续增加的是江苏、山东、辽宁、上海、北京,先减后增的是广东。其中,广东、北京、辽宁、江苏的增长最为明显。2011~2015 年,各地海洋专利授权数中的发明专利授权数量同样相差较大。在空间异质性上,授权量极多的为北京,较多的为上海、辽宁、广东、山东,授权量一般的为江苏、天津、浙江、福建,授权量较少的为河北、广西、海南。

单位:件

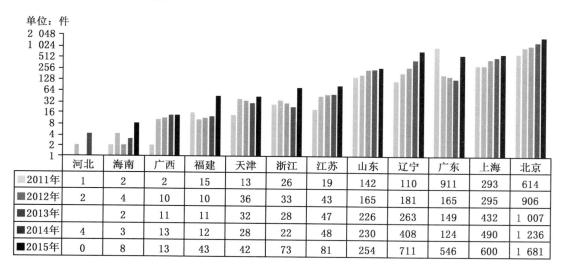

	河北	海南	广西	福建	天津	浙江	江苏	山东	辽宁	广东	上海	北京
2011年	1	2	2	15	13	26	19	142	110	911	293	614
2012年	2	4	10	10	36	33	43	165	181	165	295	906
2013年		2	11	11	32	28	47	226	263	149	432	1 007
2014年	4	3	13	12	28	22	48	230	408	124	490	1 236
2015年	0	8	13	43	42	73	81	254	711	546	600	1 681

图 2—1—63 2011~2015 年各地海洋科技发明专利授权数

③各地发明专利授权数占比

如图 2—1—64 所示,从历年变化上看,2011~2015 年,各地发明专利授权数量占比的增减变化不一。结合表 2—1—7 可以看出:增减变化大的有海南、河北广西、浙江,增减变化一般的有福建、广东、江苏、天津,增减变化小的有辽宁、北京、上海、山东。在空间异质性上,各地海洋专利授权数中的发明专利授权数量的占比同样相差较大。占比大的省、市、区为辽宁、北京、福建、河北、海南,占比较大的为上海、广东、山东、浙江,占比较小的为天津、江苏。

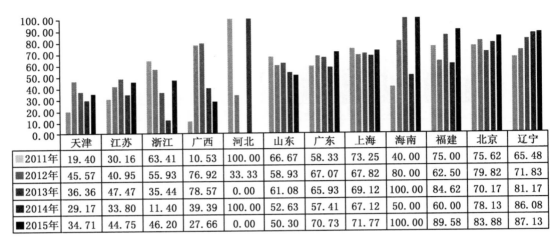

	天津	江苏	浙江	广西	河北	山东	广东	上海	海南	福建	北京	辽宁
2011年	19.40	30.16	63.41	10.53	100.00	66.67	58.33	73.25	40.00	75.00	75.62	65.48
2012年	45.57	40.95	55.93	76.92	33.33	58.93	67.07	67.82	80.00	62.50	79.82	71.83
2013年	36.36	47.47	35.44	78.57	0.00	61.08	65.93	69.12	100.00	84.62	70.17	81.17
2014年	29.17	33.80	11.40	39.39	100.00	52.63	57.41	67.12	50.00	60.00	78.13	86.08
2015年	34.71	44.75	46.20	27.66	0.00	50.30	70.73	71.77	100.00	89.58	83.88	87.13

图2－1－64　2011～2015年各地海洋科技发明专利授权数占比

表2－1－7　　　　　　　2011～2015年各地海洋科技专利授权数增速情况

	专利授权数				发明专利		
地区	环比增速均值(单位:%)	累计增长率(单位:%)	复合增长率(单位:%)	地区	环比增速均值(单位:%)	累计增长率(单位:%)	复合增长率(单位:%)
河北	118.45	300.00	41.42	广西	142.73	550.00	59.67
广东	75.64	394.87	49.15	广东	98.79	500.00	56.51
浙江	50.99	285.37	40.11	海南	66.67	300.00	41.42
辽宁	49.25	385.71	48.46	福建	61.02	186.67	30.12
海南	43.33	60.00	12.47	辽宁	59.81	546.36	59.45
广西	38.56	147.37	25.41	浙江	55.54	180.77	29.45
江苏	32.96	187.30	30.19	天津	50.83	223.08	34.07
福建	38.77	140.00	24.47	江苏	51.62	326.32	43.69
北京	25.78	146.80	25.34	北京	29.36	173.78	28.63
山东	24.32	137.09	24.09	上海	20.75	104.78	19.62
上海	20.94	109.00	20.24	山东	16.34	78.87	15.65
天津	16.11	80.60	15.93	河北	−33.33	−100.00	—
其他	23.59	76.81	15.31	其他	29.28	118.52	21.58
合计	29.24	176.40	28.94	合计	32.85	203.39	31.98

3. 各地的海洋科技效率缓慢提升

(1)各地海洋科技投入产出比

如图2－1－65所示,在历年变化上,上海、天津、浙江、山东的科技投入产出比在逐年缓慢增长,河北、广西、江苏、广东、海南与福建在2014年之前递增,在2015年有小幅下降。近两年来产出比水平较高的为河北、辽宁、广西、天津与上海,次之的为浙江、山东、江苏、广东,海南与福建的产出比较低。

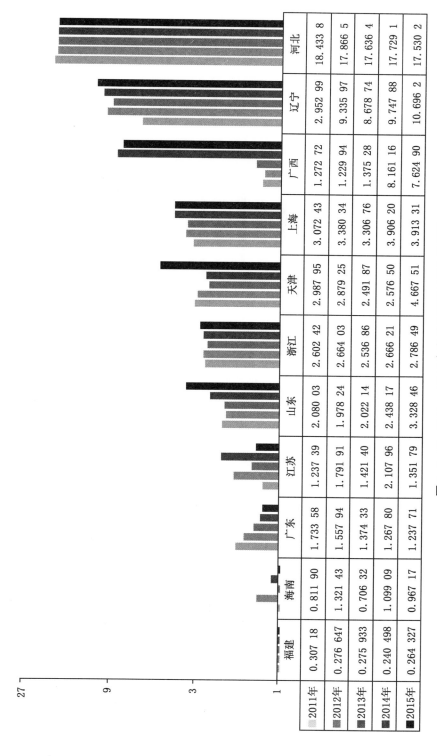

	福建	海南	广东	江苏	山东	浙江	天津	上海	广西	辽宁	河北
2011年	0.307 18	0.811 90	1.733 58	1.237 39	2.080 03	2.602 42	2.987 95	3.072 43	1.272 72	2.952 99	18.433 8
2012年	0.276 647	1.321 43	1.557 94	1.791 91	1.978 24	2.664 03	2.879 25	3.380 34	1.229 94	9.335 97	17.866 5
2013年	0.275 933	0.706 32	1.374 33	1.421 40	2.022 14	2.536 86	2.491 87	3.306 76	1.375 28	8.678 74	17.636 4
2014年	0.240 498	1.099 09	1.267 80	2.107 96	2.438 17	2.666 21	2.576 50	3.906 20	8.161 16	9.747 88	17.729 1
2015年	0.264 327	0.967 17	1.237 71	1.351 79	3.328 46	2.786 49	4.667 51	3.913 31	7.624 90	10.696 2	17.530 2

图2-1-65　2011～2015年各地海洋科技投入产出比

（2）海洋科技成果转化率

如图2－1－66所示，在历年变化上，福建、江苏、河北、上海、北京、广西的科技成果转化率在逐年缓慢增长，广东、山东有小幅降低，浙江与天津有明显的减少趋势。在空间异质性上，近两年来科技成果转化率较高的为山东、福建、江苏、河北与辽宁，次之的为广东、上海、北京、广西，较低的为浙江、天津。

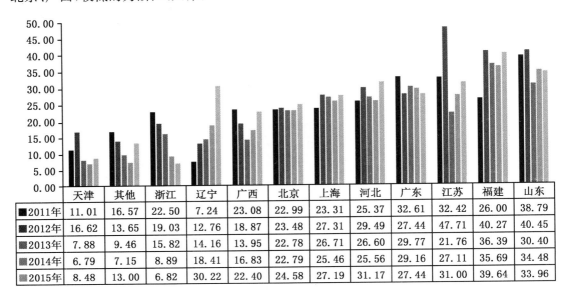

	天津	其他	浙江	辽宁	广西	北京	上海	河北	广东	江苏	福建	山东
2011年	11.01	16.57	22.50	7.24	23.08	22.99	23.31	25.37	32.61	32.42	26.00	38.79
2012年	16.62	13.65	19.03	12.76	18.87	23.48	27.31	29.49	27.44	47.71	40.27	40.45
2013年	7.88	9.46	15.82	14.16	13.95	22.78	26.71	26.60	29.77	21.76	36.39	30.40
2014年	6.79	7.15	8.89	18.41	16.83	22.79	25.46	25.56	29.16	27.11	35.69	34.48
2015年	8.48	13.00	6.82	30.22	22.40	24.58	27.19	31.17	27.44	31.00	39.64	33.96

图2－1－66　2011～2015年各地海洋科技成果转化率

三、中国海洋经济与海洋科技投入的交互分析

结合各地实际情况，包括海洋科技投入与海洋经济规模、海洋经济增长速度、海洋产业结构的关系，对沿海各地区进行聚类分析。

（一）海洋科技投入与海洋经济规模

图2－1－67给出了2015年的沿海各地的海洋科技投入与海洋经济规模的矩阵结果。横轴表示海洋经济规模，纵轴表示海洋科技投入费用，结果显示出各地区海洋经济发展水平与海洋科技投入状况：

①高投入－高产值（广东、山东）：图2－1－67的A区。广东与山东的海洋经济规模大，海洋科技投入高，海洋产业发展处于全国领先地位，未来前景应当依靠科技创新来进一步带动海洋产业的升级，生产效率的提升。

②高投入－中产值（上海）：图2－1－67的B区。上海的海洋经济规模处于中等水平，但是上海海洋产业结构合理，以第三产业为主，海洋科技投入较大，未来的海洋经济发展潜力。

③中投入－中产值（辽宁、江苏、天津、浙江）：图2－1－67的C区。这四个地区的海洋经济规模与科技投入都是处于中等水平，经济基础较好，如果加大海洋科技投入，为海洋经济带来更大的创新动力，海洋经济规模与质量都有进一步提升的可能性。

④低投入－中产值（福建）：图2－1－67的E区。福建的海洋经济规模中等，海洋科技

投入与其他同样处于中等水平的地区相比略显不足。

　　⑤低投入－低产值（河北、广西、海南）：图2－1－67的D区。这三个地区的海洋经济规模小，海洋科技投入不足。应当制定合理可行的海洋经济发展规划，增加科技创新动力，发挥地区海洋资源优势，更进一步发展海洋经济，并带动本身整体经济发展。

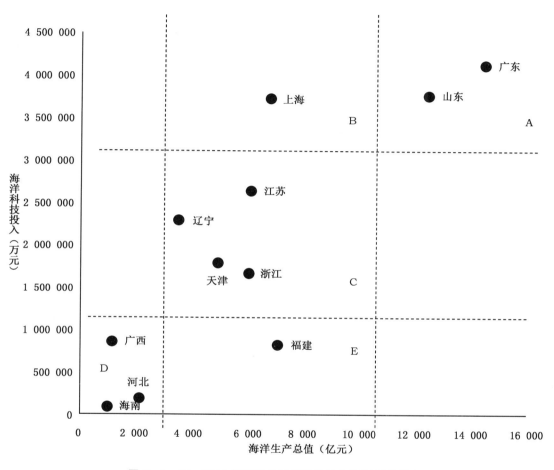

图2－1－67　2015年沿海各地海洋经济与海洋科技投入

（二）海洋科技投入与海洋经济增速

　　图2－1－68给出了2015年沿海各地的海洋科技投入与海洋经济增速的矩阵结果。纵轴表示海洋经济增速，横轴表示海洋科技投入，结果显示出各地海洋科技投入对海洋经济的拉动作用：

　　①高投入－中高增速（广东、山东）：图2－1－68的A区。广东与山东的海洋科技投入最高，近年来海洋经济的增速处于中高水平，表明海洋科技投入对两地海洋经济的拉动作用明显。

　　②中投入－中高增速（江苏、浙江）：图2－1－68的B区。近年来浙江与江苏海洋经济增速处于中高水平，海洋经济规模有明显增加趋势，这与较高的科技投入密切相关。两地近

年来都注重海洋科技创新,基于基础优势与地方特色来发展海洋经济。

③低投入－中高增速(福建、广西、海南):图2－1－68的C区。近年来三地的海洋经济增长明显,与本身海洋经济规模较小有关,但是海洋科技投入略显不足,对未来发展高效率高附加值的海洋高新产业支撑不够。

④低投入－低增速(河北):图2－1－68的D区。河北的海洋经济规模小,增速慢,海洋科技投入不足,海洋科技对海洋经济的支撑不够。

⑤中投入－负增速(天津、辽宁):图2－1－68的E区天津与辽宁的海洋科技投入没有发挥对海洋经济的拉动作用,近年来海洋经济处于负增长状态。应当提高对海洋科技的利用效率,发挥好海洋科技创新能力。

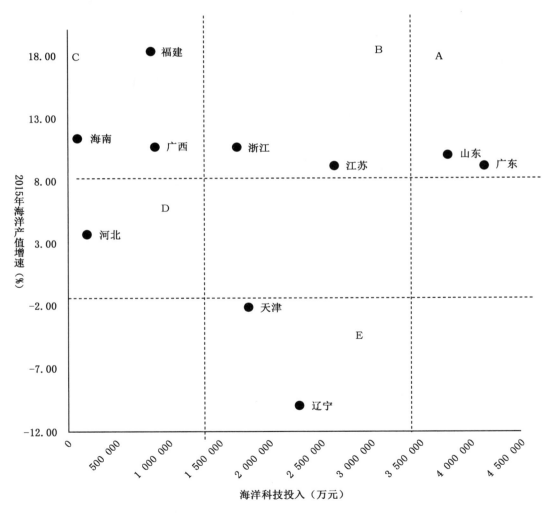

图2－1－68   2015年沿海各地海洋经济增速与海洋科技投入

(三)海洋科技投入与海洋产业结构

图2－1－69给出了2015年沿海各地区的海洋科技投入与海洋产业结构高级化程度的

矩阵结果 2。横轴表示海洋科技投入,纵轴表示海洋产业结构高级化指数,结果显示出各地区海洋科技投入对海洋产业结构优化的影响

①高投入－高级化(上海):图 2－1－69 的 A 区。上海的海洋科技投入高,海洋经济以海洋第三产业为主,海洋产业结构高级化指数达到 2.64,处于全国领先水平。可见上海的海洋科技投入对产业结构优化有明显的推动作用。

②高投入－较高级化(广东。山东):图 2－1－69 的 B 区。广东与山东的海洋经济规模大,以海洋第二产业为主,产业结构高级化水平处于中等。海洋科技投入高,对产业结构的优化发挥了有力的推动作用,为未来两地发展海洋高新产业提供创新动力支持。

③中投入－较高级化(浙江、天津、辽宁):图 2－1－69 的 C 区。三地近年来的海洋经济规模与科技投入都处于中等水平,海洋经济仍然以海洋第二产业为主,未能来发挥海洋科技的创新作用,应提高海洋第三产业比重,并积极发展海洋高新产业,促进海洋经济更高质量更高效率地发展。

④中投入－较高级化(河北、福建):图 2－1－69 的 D 区。两地的海洋经济规模较小,海洋科技投入也略显不足,难以发挥对产业结构优化的有力推动作用。

⑤中投入－低高级化(江苏)与低投入－低高级化(海南、广西):图 2－1－69 的 E 区与 F 区。海洋科技投入没有为这些地区的产业结构优化发挥有效的正向作用。

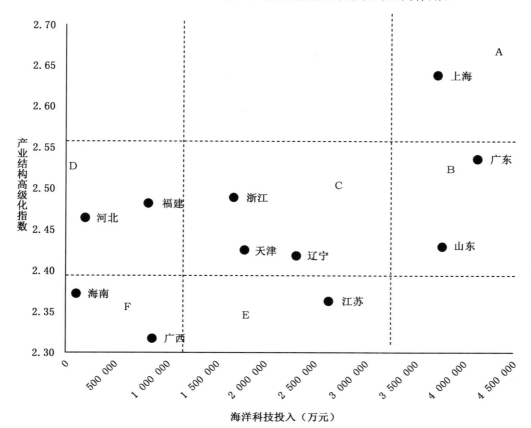

图 2－1－69　2015 年沿海各地海洋产业结构与海洋科技投入

四、短板与对策

海洋科技投入日益成为推动中国海洋经济发展与转型升级的关键动力。前文的特征化事实描述发现，沿海各地区的海洋经济与科技投入在规模、速度、效率等指标上都存在较大异质性，将各地区的差异对比和归类，概括为如下几方面短板与相应建议。

(一)对依靠科技支撑海洋经济的观念不强，要强化科技兴海理念

从实证结论可以发现，中国海洋经济增长依然靠资本拉动为主，科技投入的作用已经十分接近资本拉动的作用。但是，对于如何科学发展海洋经济依然认识不足。

必须强化"陆海统筹"原则，实施"科技兴海"战略。实施以科技推动海洋经济可持续发展的海洋战略，改变过去粗放型发展模式，积极发展资源节约型绿色海洋经济，注重海洋生态环境保护，发展海洋高新技术产业，建设具有各地特色的海洋高新技术产业园区等。

(二)贡献与投入不相匹配，要提升科技投入与海洋经济贡献的匹配度

广西、海南等部分地区的海洋经济规模尚小，但是海洋经济对当地整体经济的贡献率在20%以上，部分地区已经达到30%以上。然而，这些地区的科技投入却相对落后，在科研机构数量、科研经费投入、科研课题数量，以及科技人才（硕士、博士比例）上都远远落后于科技投入量大的地区。科技投入的不足也使得这些地区的海洋产业结构主要以劳动密集型的海洋渔业、低端海洋制造业为主。同时，广西、海南等地的海洋经济增速较快，显示出当地对发展海洋经济的重视与他们的不懈努力，这也更加凸显出提高海洋科技投入的迫切需要。

地方政府要发挥科技投入的引导作用，规范海洋科技资金向高新技术产业、海洋战略性新兴产业投放；出台切实有效的政策培养、吸引并引导海洋科技人才流动；增加海洋科研机构并提高机构管理水平，增加科研产出效率。

(三)科技效率较低，要提高海洋科技的转化能力和效率

近年来部分海洋规模中等的省、市、区存在科技效率较低的情况，不利于海洋产业的顺利转型升级。浙江、天津的海洋成果转化率较低，表明他们海洋科研转化为实践的能力相对不足。福建、海南、山东、江苏、上海等地的海洋投入产出比较低，表明他们的科研产出能力较低。科技效率低会造成科技投入的浪费，使得资本、人才等资源利用不合理，也拖慢了当地海洋经济的发展节奏。提高海洋科技效率是这些省、市、区当下需要奋斗的紧要目标。

建立地方特色的高新科研园区，与海洋产业相结合，增强与当地海洋产业的协调，集中资源优势，建立产学研一体化的科研产出模式。规范当地科研机构的体制建设与科研队伍建设，培养复合型科研人才，精简机构，提高科研效率。

(四)海洋强省遇发展瓶颈，要尽快构建海洋产业新体系

辽宁、天津等海洋强省近年来出现增速放缓甚至出现负增长现象，这些地区在海洋经济发展到一定阶段的当下，需要进一步转型升级为现代化的海洋经济体，但是出现动力不足的难题，这是因为一方面涉海劳动人员工资上涨，另一方面产业本身亟待升级为高精专海洋产业体系，出现了资金困境与技术难关。

当地政府要积极规划整体的海洋经济发展战略，结合地区特色，明确未来发展目标。另一方面各地也要积极寻求新的创新动力来突破发展瓶颈期。抓住国家"一带一路"战略中关于建设高科技海洋产业的发展机遇，构建海洋产业新型体系。加强资金流的有效流动，加快与科研机构的合作,攻克技术难关,创造属于自己的海洋专利技术,培养高、新、尖海洋人才。培育一批具有创新研发能力与生产组织能力的海洋高新企业,在技术水平与管理水平上向国际先进的海洋强国靠拢。利用当地优良的对外开放优势,积极寻求海外合作时机。

(执笔:陈秋玲　陈　洁　张　醒)

2.2　海洋科技创新与海洋经济的耦合关系

摘　要:在中国提出科技兴海的战略背景下,本文通过对海洋科技创新与海洋经济之间的耦合机理分析,深入探寻两系统间的相互影响关系,并通过构建海洋科技创新系统与海洋经济系统各自的综合评价指标体系,引入物理学中的耦合模型,直观反映两系统之间的耦合程度及耦合协调度。通过对耦合结果的时序分析及空间差异分析,发现中国海洋科技创新系统的发展水平滞后于海洋经济的发展水平,两系统之间的耦合程度不存在明显的空间分布,但系统间耦合协调度存在空间差异。最后提出相应的政策建议。

关键词:海洋科技创新　海洋经济耦合　时序分析　空间差异

一、引言

(一)研究背景

改革开放以来,中国海洋经济保持着较快的增长速度,但并非是由海洋科技创新引起的内涵式增长,而是依靠规模化投资及资源大量投入所形成的粗放式增长,这种粗放式增长在海洋经济发展到一定阶段时将不能继续维持高的增长率,同时随着世界对资源和环境的保护,以及生产方式向集约化方向转变,中国海洋经济的发展急需寻求新的增长动力。

创新是驱动发展的根本动力,拓展新型资源和保证海洋经济发展的资源、环境和生态基础,促进资源循环利用和提高资源利用效率,发展新兴产业和优化海洋经济产业结构及壮大海洋经济规模,都需要海洋科技创新的支撑和引领。习近平总书记提出“创新、协调、绿色、开放、共享”五大发展理念,指明了中国发展路径的总方向。中国国家海洋局也于2016年12月13日对外公布《全国科技兴海规划(2016~2020年)》。到2020年,形成有利于创新驱动发展的科技兴海长效机制。海洋科技创新是国家创新的重要组成部分,是实现海洋强国战略的动力源泉,也是中国21世纪海洋发展的必经之路。

(二)研究目的和意义

海洋科技创新系统与海洋经济系统是海洋大系统下的两个子系统,可两个系统之间并不是创新导致发展的简单线性因果关系,而是通过两个系统内部的各种要素相互作用,相互影响,相互制约,形成互为因果,共同进步的复杂非线性关系,本文希望借助物理中的耦合模型,挖掘海洋科技创新系统与海洋经济系统之间深层的耦合机理,了解两系统间的耦合路径,深度剖析两系统间的相互作用关系。通过对中国11个沿海地区的海洋科技创新系统与海洋经济系统之间耦合度及耦合协调度的测算,直观观测出两系统之间耦合关系的程度与空间分布差异,并通过时间维度的观察,描绘两系统之间的耦合程度的变化,对政策实施具有指导意义。

(三)研究框架

本文在第一部分引言中明确了文章的研究目的和意义;第二部分通过国内外对海洋经济海洋科技创新的文献对本文的研究领域现状做出整体综述;第三部分深入挖掘海洋科技创新系统与海洋经济系统之间的耦合机理;第四部分建立指标体系,运用耦合模型实证分析我国沿海地区的海洋科技创新和海洋经济之间的耦合关系;第五部分从时序变化和空间分布两个角度分析海洋科技创新系统与海洋经济系统之间的耦合强度;第六部分结合前面的研究与分析,提出相应的政策建议。

二、国内外文献综述

国外学者对海洋经济方面的研究开始得比较早,N. Rorholm(1967)研究了不同海洋产业部门对英国南部地区经济的影响,并明确提出海洋经济需要可持续发展。J. F. Brun,J. L. Combes, M. F. Renard(2002)对中国的沿海地区和非沿海地区的技术创新进行了比较,并分析了沿海地区的技术溢出效应。[1]Allen Consulting(2009)基于经济发展和海洋环境的关系对海洋产业进行分类,计算出各产业对海洋经济的贡献程度。[2]Y. Shields(2005)从海洋服务、海洋制造、海洋资源、海洋教育和科研等方面出发,分析爱尔兰的海洋经济现状,深入探讨了知识、科技与创新对海洋经济的重要影响。[3]可见,国外学者对海洋经济的研究主要集中在海洋经济可持续发展、海洋产业、海洋经济对国民经济的贡献程度、海洋经济的影响因素等方面,对海洋科技创新与海洋经济关系方面的研究比较少。

我国学者在海洋经济研究方面起步相对较晚。伍业锋、施平(2006)对中国沿海11个省市地区的科技竞争力进行了评价与比较分析。[4]李百齐(2007)从调整海洋产业结构,发展高新技术产业和新兴海洋产业,发展循环经济,不断实现海洋资源的深度开发和可持续利用等几个方面阐述了如何建设和谐海洋。[5]赵昕、孙瑞杰(2009)基于自组织理论对海陆产业系统演化及变化趋势进行了分析,发现在海陆产业系统的演化过程中,通过竞争产生了外生性与内生性演化,使海陆产业子系统的关联关系逐步加强,其一体化进程将日益加速,海陆产业系统的有序程度也将逐步提高。[6]于丽丽(2016)建立中国海陆一体化耦合模型,从时间和空间的双重维度深入剖析中国海陆产业之间的耦合关系。[7]

国内学者近几年开始关注科技对海洋经济的影响,如殷克东、王伟等(2009)构建了海洋科学技术和海洋经济可持续发展的协调关系模型,研究结果表明,海洋科学技术与海洋经济可持续发展存在内在关联性和互动关系。[8]同年殷克东、卫梦星(2009)采用肯德尔(Kendall)和模糊聚类法对2002~2006年中国沿海地区海洋科技实力的测度结果进行了分析,探明了中国海洋科技发展变迁的关键因素及其内在关联效应。[9]王泽宇、刘凤朝(2011)等构建了海洋科技竞争力的评价指标体系,并运用协调度模型对海洋科技创新能力与海洋经济发展的协调度进行了度量,发现沿海地区省际协调发展度差异明显,多数为海洋科技滞后型。[10]郭宝贵(2012)认为制约海洋科技发展的因素主要有经济因素、体制因素、人才因素和政策因素,认为海洋经济欠发达直接导致海洋科技创新能力不足。[11]谢子远(2014)对我国沿海 11 个省市的海洋科技发展水平进行了评价,并通过秩相关分析发现,海洋科技可以显著提高海洋劳动生产率,且有利于降低海洋第一产业的比重,提升海洋第二、第三产业比重,从而推动海洋产业结构升级,同时发现,海洋科技与海洋经济发展之间的联系正变得越来越紧密。[12]翟仁祥(2014)根据海洋经济双对数生产函数模型,对我国 11 个沿海地区 2001～2011 年海洋经济面板数据的计量分析表明,海洋资本对海洋经济增长的贡献度最大,而海洋科技的经济增长贡献度最小,我国沿海地区海洋经济增长仍然表现为资本、劳动力双要素投入驱动型。[13]

目前国内外对于海洋经济的研究虽然比较多,但研究主要基于静态的分析,对于科技与海洋经济之间的动态变化及它们之间的互动关系几乎没有深入研究,且大多数文献注重定性分析,实证研究较为缺乏。本文在分析海洋科技创新与海洋经济间耦合机理的基础上,利用 2006～2014 年中国 11 个主要沿海省市的面板数据,引入物理中的耦合模型,通过对系统间耦合度和耦合协调度的测算,希望可以直观反映出海洋科技创新与海洋经济的互动关系,并试图从动态的角度全面系统地分析中国不同地域的海洋经济与科技间的耦合程度,以期为中国沿海地区促进海洋科技创新与海洋经济协调发展提供参考。

三、海洋科技创新与海洋经济的耦合机理

(一)海洋科技创新系统与海洋经济系统之间的关系分析

海洋科技创新系统与海洋经济系统可以看作海洋大系统中的两个子系统,它们相互依存、相互影响、互为因果。

海洋科技创新系统与海洋经济系统不只受到彼此的影响,还受到外界的影响。就海洋科技创新系统而言,它不仅受到海洋经济系统的资金要素的支持,它还受到政策导向的影响,当政府出台支持海洋科技创新的政策时,相关企业及资金会受到政策的导向作用而偏向于海洋科技创新活动;海洋科技创新系统还受到人们对知识的兴趣的影响,社会上的一些标志性大事件会引导人们对新的领域产生兴趣,比如激动人心的中国首艘自制航母下海,在媒体的广泛传播下让更多的人了解到海洋设备,对儿童的影响更为显著,也给有敏锐观察力的商业提供了一个新的发展点;海洋科技创新系统还受到创新这个大系统的影响,中国乃至世界的创新水平的提升必然带动海洋科技创新的发展,同时,海洋科技创新系统也对创新大系统贡献着自己的力量;另一方面,海洋科技创新也不单单对海洋经济系统有促进发展的动力作用,还对整个人类的进步,对海洋空间和海洋环境的科学认识有积极意义,海洋科技创新对国家海域竞争力的提升有着决定性的作用。就海洋经济而言,海洋科技创新水平的高低推动与制约着海洋经济的发展,但除此之外,海洋经济系统还受到国家政策、海洋资源环境、资本投入、劳动力投入、社会的稳定程度等内容的影响,所以,中国在改革开放初期,海洋科技创新能力不高,但海洋经济却有一个高速的增长,那段时间海洋科技以一种粗放型的方式发展,海洋经济的增长是建立在牺牲了大量的海洋资源与环境的基础上的,而现在面对海洋资源的稀缺性以及生产方式向集约型环保型转变的要求下,创新成为海洋经济发展的主动力,同时海洋经济系统与陆域经济系统之间也存在着一种耦合关系,海洋系统为陆域系统提供资源和空间,陆域经济系统为海洋经济系统提供资金和劳动力支持,海陆两个系统共同促进国家宏观经济的发展。

综上所述,海洋科技创新系统与海洋经济系统之间存在着某种复杂的非线性关系,它们是两个开放的系统,不只受到彼此的影响,还受到外界众多因素的影响,而在现代海洋的发展中,海洋科技创新是作为海洋经济的主动力,海洋经济又是海洋科技创新的主要支撑平台,两个系统之间存在错综复杂的相互关系。

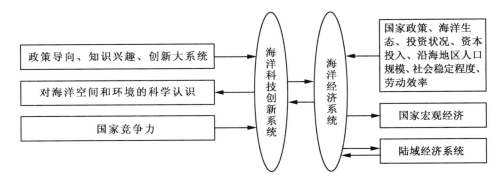

图 2—2—1　海洋科技创新系统与海洋经济系统关系

(二)海洋科技创新系统与海洋经济系统的耦合机理

1. 海洋科技创新系统的构建

本文根据区域创新系统理论和协同创新理论将区域创新系统的核心要素定为创新主体、创新环境和主体间联系(见图 2—2—1),其中,创新主体的行为又包括创新投入和创新产出两个方面,考虑到与陆域经济不同,海洋科技创新对海洋经济有根本上的制约作用,海洋科技创新的成果转化与否对海洋经济的影响有很大的差别,所以又把海洋科技创新产出分为海洋创新知识产出与海洋创新经济产出。海洋科技创新投入的数量和质量决定了海洋创新的知识产出,海洋创新知识产出又可以再作为投入要素参与下一轮的海洋科技创新。海洋创新的知识产出通过将科技成果转化,影响海洋创新的经济产出。海洋科技创新环境作为海洋科技创新的活动平台,为海洋科技创新提供了良好的创新环境及政策保障。

2. 海洋经济系统的构建

依照海洋科技创新系统的构建,结合目前已经比较成熟的对于经济系统的构建,本文将海洋经济系统分为海洋经济投入、海洋经济产出、海洋经济结构和海洋经济环境四个维度。海洋经济投入直接作用与反作用于海洋经济产出,同时海洋经济投入在产业结构中的配比会影响海洋经济结构,又进一步影响海洋经济产出。一系列海洋经济活动会对海洋经济环境起到保护与破坏的作用,海洋经济环境则支撑着一切的海洋经济活动。

3. 海洋科技创新系统与海洋经济系统的耦合机理

海洋科技创新系统与海洋经济系统是海洋大系统下的两个开放的子系统,它们除了内部存在协同关系,与外界的因素也存在协同关系,这也是这两个系统之间存在耦合关系的前提条件。

首先,海洋科技创新活动需要大量的资金支持,资金投入大都来自海洋经济产出的直接投入,与此同时,海洋经济产出的快速增长表明海洋经济的快速发展,它对海洋科技创新有很大的需求,为海洋科技创新提供了运行的动力和意义,投资公司看到了海洋科技创新的高回报率之后也会加入到科技兴海的队伍中来。有了物质保障及其他要素的投入,海洋创新活动进行之后,会有海洋创新的经济产出,它又可以作为要素再投入到海洋经济活动中。其次海洋科技创新经济产出的种类会对海洋经济结构产生导向作用,海洋创新的经济产出还会创造出节能环保的海洋生产方式,对海洋经济环境起到保护作用。海洋经济结构的转型和升级需要相应的海洋创新产出,以需求导向的形式作用于海洋创新的知识产出,进而再通过经济产出反馈给海洋经济结构的转变。

综上所述,海洋科技创新系统与海洋经济系统之间有着错综复杂的直接与间接联系,通过两系统之间的耦合通道,使得两个系统之间实现良性互动,相互依存,共同发展的耦合效应,使海洋科技创新促进海洋经济的发展,同时海洋经济又带动海洋科技创新能力的提升,如图2—2—2所示。

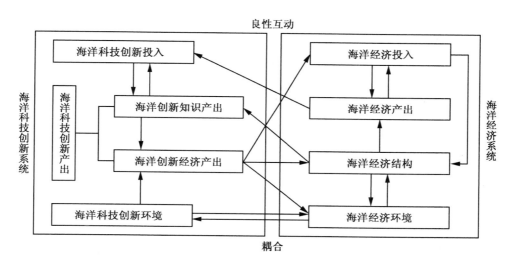

图2—2—2　海洋科技创新系统与海洋经济系统的耦合机理

四、实证研究

(一)方法与模型

1. 研究方法

本文引入物理上的耦合模型,旨在从整体上测度海洋科技创新系统与海洋经济系统之间的关联程度。耦合在物理学中是指两个或两个以上的电路元件或电网络等的输入与输出之间存在紧密配合与相互影响,并通过相互作用从一侧向另一侧传输能量的现象。运用耦合模型有如下几个好处:首先,海洋科技创新系统与海洋经济系统之间的复杂关系可类比为物理中的耦合关系,所以借用耦合模型将无形的关联化为有形的测度,更直观地展现两系统之间的关联关系;第二,可以通过耦合模型看到海洋科技创新系统与海洋经济系统在不同时间段的耦合强度,解释经济现象,针对低效发展提出根本的解决措施;第三,可以通过耦合模型观测不同地区海洋科技创新系统与海洋经济系统之间的耦合强度,找到薄弱地区,高效实施科技兴海战略;第四,运用耦合模型,克服了过去传统的层次分析法的主观性,灰色关联分析法的时间局限性,以及投入产出分析法的复杂性,是以一种新的方法来研判海洋科技创新系统与海洋经济系统之间的关联关系,为其他领域的研究提供一个思路。

2. 耦合模型

(1)耦合度模型

海洋科技创新系统与海洋经济系统之间由无序状态转变为有序耦合的关键在于系统间耦合因素的相互作用,本文将耦合度定义为海洋科技创新系统与海洋经济系统相互影响的程度,是对相互作用的度量。通过借鉴物理学中容量耦合概念及容量耦合系数模型,建立多个系统相互作用的耦合度模型,即:

$$C = n\{(S_1 \times S_2 \times \cdots \times S_n) / [\prod(S_i + S_j)]1/n\} \qquad (2.1.1)$$

将(2.1.1)式应用在海洋科技创新系统与海洋经济系统中,耦合度模型变形为:

$$C = 2\{(S_1 \times S_2) / [(S_1 + S_2)(S_1 + S_2)]1/2\} \qquad (2.1.2)$$

(2.1.2)式中,S_1 和 S_2 分别表示海洋科技创新系统与海洋经济系统的综合发展水平。耦合度 $C \in [0,1]$,C 越大,表明系统之间的耦合程度越大,系统之间的相互作用、相互影响的程度越高;反之亦然。当 $C = 0$ 时,说明海洋科技创新系统和海洋经济系统的耦合度最小,处于无关的无序发展状态;当 $C = 1$ 时,说明海洋科技创新系统和海洋经济系统的耦合度最大,处于良性耦合并趋于新的有序状态。

根据耦合理论将耦合划分为四种类型:①当 $C \in [0,0.3)$ 时,海洋科技创新系统和海洋经济系统处于低强度耦合阶段;②当 $C \in [0.3,0.5)$ 时,海洋科技创新系统和海洋经济系统进入中等强度耦合阶段;③当 $C \in [0.5,0.7)$ 时,海洋科技创新系统和海洋经济系统进入高强度耦合阶段;④当 $C \in [0.7,1]$ 时,海洋科技创新系统和海洋经济系统处于极高强度耦合阶段。

(2)耦合协调度模型

从协同学的角度看,耦合作用及其协调程度决定了系统在达到临界区域时走向何种秩序与结构,即决定了系统由无序走向有序的趋势。耦合度主要用来判别海洋科技创新系统和海洋经济系统耦合作用的强度及作用的时间区间,预警二者发展的秩序,具有重要的作用,但是,在有些情况下很难反映出海洋科技创新系统和海洋经济系统的整体功效与协同效应,特别是在多个区域对比研究的情况下,单纯依靠耦合度辨别可能产生误导,因为每个地区的海洋科技创新系统和海洋经济系统的发展都具有交错、动态和不平衡的特性。单纯依靠耦合度来分析判别海洋科技创新系统和海洋经济系统相互影响的程度,可能出现所得结论与实际情况不相符的情况,比如当海洋科技创新系统和海洋经济系统发展水平都很低时,两者的协调度却很高,这显然不合需求。简言之,耦合度指双方相互作用强弱的程度,不分利弊,而耦合协调度反映相互作用中良性耦合程度的大小,体现系统由无序走向有序的趋势。因此,需要将耦合度与耦合协调度结合起来,反映海洋科技创新系统和海洋经济系统相互作用的真实水平。耦合协调度 D 的算法为:

$$D = \sqrt{C \times T} \qquad (2.1.3)$$

$$T = aS_1 + bS \qquad (2.1.4)$$

式(2.1.4)中,T 为海洋科技创新系统和海洋经济系统的综合评价指数,反映两者整体发展水平对协调度的贡献;a、b 为贡献程度的待定系数。由于没有权威的对于海洋科技创新系统和海洋经济系统重要性的评估,也希望测度在平等条件下两个系统之间的促进与制约作用,所以这里海洋科技创新系统和海洋经济系统具有同等的重要性,因此,应该将 a 和 b 均赋值为 0.5 进行简化计算。

t 年度时间段内两个系统之间的耦合协调度为:

$$D = 1/t \sum_{k=1}^{t} D_k \tag{2.1.5}$$

(2.1.5)式中,D_k 代表第 k 年海洋科技创新系统和海洋经济系统的耦合协调度。

耦合协调度 $D \in [0,1]$,D 值越接近 1,海洋科技创新系统和海洋经济系统的整体功效和耦合协调发展水平越高;D 值越接近 0,海洋科技创新系统和海洋经济系统的整体功效和耦合协调发展水平越低。

为了更加清楚地反映各沿海地区海洋科技创新系统和海洋经济系统耦合关联的整体功效和良性关联水平的差异,将耦合协调度 D 按由低到高进行划分:①当 $D \in [0,0.3)$ 时,海洋科技创新系统和海洋经济系统处于低水平协调阶段;②当 $D \in [0.3,0.5)$ 时,海洋科技创新系统和海洋经济系统进入中度协调阶段;③当 $D \in [0.5,0.7)$ 时,海洋科技创新系统和海洋经济系统进入高度协调阶段;④当 $D \in [0.7,1]$ 时,海洋科技创新系统和海洋经济系统处于极高度协调阶段。

(二)指标及数据

在耦合模型中,需要对海洋科技创新系统与海洋经济系统的综合水平进行评价,结合对两个系统之间耦合机理的分析,借鉴现有的指标体系,遵循可得性、全面性、系统性、完整性、代表性等原则,确立适合本文研究的指标体系。

1. 系统指标体系构建

依据第三章对海洋科技创新系统的构建,海洋创新产出分为海洋知识创新与海洋经济创新,有如下三个原因:第一,知识创新无法直接带来经济效益,而经济产出则与海洋经济密切相关,第二,海洋经济与海洋经济创新直接相关,但是海洋经济创新是受到海洋知识创新的推动和制约的,所以不能只考虑经济创新而忽视知识创新,第三,从知识创新到经济创新存在一个科技成果转化率,这个转化率的高低也会间接影响海洋科技创新对海洋经济的作用,所以有必要将海洋知识创新与海洋经济创新分割开来。海洋知识创新的主体主要是高校和科研机构,海洋经济创新的主体主要是企业,但是在指标选取过程中,海洋企业层面的统计数据尚未完善,若只考虑上市公司的数据又可能会高估实际值,而海洋知识创新对海洋经济创新有直接影响,所以本文暂时舍弃海洋经济创新,选取海洋知识创新的相关指标来衡量海洋创新产出。结合目前学术研究中常用的创新系统指标体系,将海洋创新投入、海洋创新产出、海洋科技创新环境作为准则层,在准则层之下又选择 12 个指标层,如表 2-2-1。

目前学术界对海洋经济系统的指标体系建立得相对更加完善,本文在第三章对海洋经济系统构建的基础上,借鉴现有的海洋经济系统指标体系,将准则层定为海洋经济投入、海洋经济产出、海洋经济结构、海洋经济环境,准则层下面又包含了 14 个指标,如表 2-2-2。

表 2—2—1   海洋科技创新系统指标体系

目标层	准则层	指标层
海洋创新系统（S_1）	海洋创新投入（B_1）	研究与开发经费投入强度（D_1）
		海洋科研机构数量（D_2）
		科技活动人员中高级职称所占比重（D_3）
		科技活动人员占海洋科研机构从业人员的比重（D_4）
		承担课题数（D_5）
	海洋创新产出	专利申请受理量（D_6）
		发明专利授权数（D_7）
		本年出版科技著作（D_8）
		科研人员发表的科技论文数（D_9）
		国外发表的论文数占总论文数的比重（D_{10}）
	海洋创新环境（B）	海洋科研机构科技经费筹集额中政府资金所占比重（D_{11}）
		海洋专业大专及以上应届毕业生人数（D_{12}）

表 2—2—2   海洋经济系统指标体系

目标层	准则层	指标层
海洋经济系统（S_2）	海洋经济投入（N_1）	涉海就业人数（Z_1）
		海洋资源投入量（Z_2）
		海洋资本投入量（Z_3）
		海洋科技投入（Z_4）
	海洋经济产出（N_2）	海洋生产总值（Z_5）
		海洋劳动生产率（Z_6）
		海洋产业增加值（Z_7）
		海岸线经济密度（Z_8）
	海洋经济结构（N_3）	海洋第一产业占比（Z_9）
		海洋第二产业占比（Z_{10}）
		海洋第三产业占比（Z_{11}）
		海洋产业结构高度化指数（Z_{12}）
	海洋经济环境（N_4）	沿海地区生产总值（Z_{13}）
		海洋自然保护区面积（Z_{14}）

2. 数据处理

由于有些数据是从 2006 年才开始统计的，所以本文选取中国 2006～2014 年的数据，数据来自《中国统计年鉴》《中国海洋统计年鉴》《中国科技统计年鉴》及一些公开出版物。

（1）原始数据标准化处理

由于各指标的量纲不同，无法进行直接比较，本文通过离差标准化法对数量级差距悬殊的原始数据进行无量纲处理，对于任何指标都有

$$r_{ij} = \frac{r'_{ij} - \min\{r'_{ij}\}}{\max\{r'_{ij}\} - \min\{r'_{ij}\}}, (i=1,2,\cdots,m; j=1,2,\cdots,n) \qquad (2.1.6)$$

r_{ij} 为标准化处理过的第 i 个系统的第 j 个指标；r'_{ij} 为原始指标，$r_{ij} \in [0,1]$ 为由公式转化来的评价值。

（2）熵值赋权确定指标权重

在对系统评价指标进行赋权时,对比了层次分析法(AHP)、主成分分析法、变异系数法、熵值法等赋权方法,认为熵值法与耦合模型的融合性较好,客观赋权避免了主观因素的影响,熵值法赋权的步骤如下:

第一,对指标做比重变换,计算第 i 项指标下第 j 个对象的指标值的比重 P_{ij}

$$P_{ij} = \frac{r_{ij}}{\sum_{j=1}^{n} r_{ij}}, (i=1,2,\cdots,m;j=1,2,\cdots,n) \tag{2.1.7}$$

第二,确定指标熵值,计算第 i 个指标的熵值 S_i

$$S_i = -k \sum_{j=1}^{n} P_{ij} \ln P_{ij}, , (i=1,2,\cdots,m;j=1,2,\cdots,n) \tag{2.1.8}$$

式 2.1.8 中,令 $k=1/\ln n$,当 $P_{ij}=0$ 时,$P_{ij}\ln P_{ij} ln=0$。

第三,计算指标权重,计算第 i 个指标的熵权,确定该指标的客观权重 W_i。

$$W_i = \frac{1-S_i}{\sum_{i=1}^{m}(1-S_i)} = \frac{1-S_i}{m-\sum_{i=1}^{m}S_i}, (i=1,2,\cdots,m;j=1,2,\cdots,n) \tag{2.1.9}$$

通过线性加权法可以得到海洋科技创新与海洋经济各自的综合发展水平 S_1 和 S_2:

$$S_{1,2} = \sum_{j=1}^{n} w_{ij} r_{ij}, \sum_{j=1}^{n} W_j = 1 \tag{2.1.10}$$

五、实证结果分析

根据本文制定的海洋科技创新系统和海洋经济系统的指标体系,对两个系统的综合水平进行评估,带入到耦合模型中可以得到中国 2006~2014 年海洋科技创新系统与海洋经济系统的耦合度,如表 2—2—3 所示,及中国 2006~2014 年海洋科技创新系统与海洋经济系统的耦合协调度,如表 2—2—4 所示。

表 2—2—3　2006~2014 年中国海洋科技创新系统与海洋经济系统的耦合度

年份	天津	河北	辽宁	上海	江苏	浙江	福建	山东	广东	广西	海南
2006	0.459	0.483	0.493	0.499	0.484	0.490	0.499	0.449	0.488	0.450	0.339
2007	0.448	0.500	0.498	0.495	0.492	0.496	0.498	0.449	0.486	0.420	0.321
2008	0.415	0.500	0.498	0.491	0.490	0.493	0.499	0.460	0.480	0.421	0.322
2009	0.401	0.494	0.463	0.469	0.496	0.499	0.492	0.474	0.490	0.484	0.395
2010	0.418	0.499	0.469	0.469	0.483	0.497	0.500	0.481	0.491	0.447	0.400
2011	0.420	0.492	0.480	0.457	0.493	0.500	0.494	0.474	0.494	0.460	0.440
2012	0.418	0.498	0.465	0.469	0.499	0.500	0.492	0.475	0.486	0.474	0.481
2013	0.404	0.499	0.465	0.460	0.494	0.499	0.500	0.476	0.491	0.489	0.282
2014	0.390	0.500	0.452	0.453	0.494	0.498	0.500	0.483	0.495	0.497	0.241
年均	0.419	0.496	0.476	0.474	0.492	0.497	0.497	0.469	0.489	0.460	0.358

表 2—2—4　　　　2006～2014 年中国海洋科技创新系统与海洋经济系统的耦合协调度

年份	天津	河北	辽宁	上海	江苏	浙江	福建	山东	广东	广西	海南
2006	0.309	0.133	0.133	0.271	0.199	0.186	0.173	0.265	0.263	0.080	0.125
2007	0.303	0.145	0.140	0.276	0.195	0.177	0.174	0.266	0.259	0.076	0.127
2008	0.282	0.146	0.143	0.281	0.197	0.179	0.178	0.260	0.266	0.077	0.125
2009	0.279	0.138	0.196	0.267	0.193	0.170	0.160	0.257	0.249	0.101	0.153
2010	0.293	0.133	0.191	0.261	0.211	0.163	0.171	0.253	0.245	0.091	0.154
2011	0.297	0.147	0.187	0.260	0.200	0.168	0.158	0.257	0.235	0.098	0.168
2012	0.296	0.130	0.193	0.251	0.191	0.169	0.156	0.260	0.248	0.098	0.187
2013	0.288	0.132	0.194	0.258	0.201	0.176	0.172	0.259	0.243	0.102	0.120
2014	0.280	0.135	0.197	0.251	0.196	0.180	0.176	0.255	0.243	0.123	0.109
年均	0.292	0.138	0.175	0.264	0.198	0.174	0.169	0.259	0.250	0.094	0.141

(一)时序变化分析

根据表 2—2—3 对 2006～2014 年中国海洋科技创新系统与海洋经济系统耦合度的测度来看,两系统基本上处于中等强度的耦合阶段,只有河北的 2007 年、2008 年和 2014 年,浙江的 2011 年和 2012 年,福建的 2010 年、2013 年和 2014 年耦合度达到了 0.5 之外,除海南省外其他省市的耦合度都处于 0.4～0.5,在 2006～2014 年这 9 年,中国海洋科技创新系统与海洋经济系统的耦合度并没有明显的提升,尽管有从中等强度耦合向高强度耦合的上升趋势,但是进程极为缓慢,而且一些省份的耦合度存在波动。

根据表 2—2—4 对 2006～2014 年中国海洋科技创新系统与海洋经济创新系统的耦合协调度的测度,可以看出两系统的耦合协调度一直处于低协调的阶段,虽然整体呈现上升的趋势,但上升速度十分缓慢,而且是在不停的波动中缓慢上升,说明我国海洋科技创新系统与海洋经济系统之间的良性协调关系还不稳固,还处于海洋科技创新系统与海洋经济系统协调关系建立的初期,需要不断探索两系统内部的耦合机理,早日建立海洋科技创新系统与海洋经济系统之间的良性耦合关系。

海洋科技创新系统与海洋经济系统之间的耦合协调关系在时序上可能因为两系统发展水平的不同而存在一方滞后的现象,导致系统之间的耦合关系提升缓慢,耦合协调度始终处于低协调阶段且状态不稳定,为了探究海洋科技创新系统与海洋经济系统中哪个系统发展水平领先,哪个系统发展水平滞后,本文对两个系统的综合评价指数进行比较,用海洋经济系统综合指数 S_2 比海洋科技创新系统综合指数 S_1,若 S_2/S_1 大于 1,这说明海洋经济系统的发展水平高于海洋科技创新系统的发展水平,若 S_2/S_1 小于 1,则相反,说明海洋科技创新系统领先,海洋经济系统落后。其结果见图 2—2—3。

由图 2—2—3 可以看出,S_2/S_1 的值始终大于 1,说明中国的海洋经济系统发展水平比海洋科技创新系统的发展水平更高,海洋科技创新尚未完全满足海洋经济系统发展的需要,在发展程度不能相匹配时,两个系统之间的耦合程度自然无法有效提升,所以提升两系统之间耦合关系的首要任务就是加快海洋科技创新系统的发展。从图 2—2—3 中还可以看出,

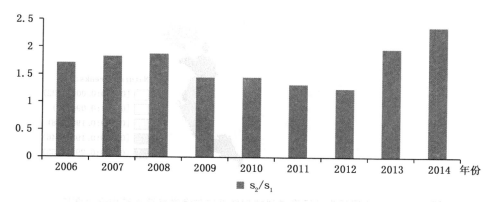

图 2—2—3　中国海洋科技创新系统与海洋经济系统的综合发展水平比较

S_2/S_1 的值在 2006～2008 年处于上升趋势,说明海洋经济系统与海洋科技创新系统之间的差距在不断加大,2009～2012 年,可能是由于受到金融危机的影响,海洋经济系统发展进程缓慢,一定程度上缩小了与海洋科技创新系统之间的差距,而 2013～2014 年,两系统的发展水平再次拉大,达到峰值,说明海洋科技创新系统严重滞后于海洋经济系统,而海洋经济系统又急需科技创新系统作为发展的根本动力,可见两系统从无序走向有序的道路依然严峻。

(二)空间差异分析

　　由表 2—2—3 可以看出,除河北、浙江、福建的个别年份海洋科技创新系统与海洋经济系统的耦合度达到了 0.5 之外,其他的都保持在 0.4～0.5,只有海南海洋科技创新系统与海洋经济系统的耦合度较低,在 0.2～0.5,说明中国沿海 11 个省份海洋科技创新系统与海洋经济系统之间的耦合度较平均,空间差异不大,只考虑空间差异的话,除海南之外的 10 个沿海地区的海洋科技创新系统与海洋经济系统之间的相互作用和相互关联的差异较小,虽然各地区海洋经济的规模和发展水平差异较大,但在两系统之间的耦合度却不存在明显的空间差异。海南省的海洋科技创新系统与海洋经济系统的耦合度相对落后,可能是由于海南省在地域上没有直接相邻的地区,而是孤立的岛屿,在海洋科技创新方面缺少创新人才和资本的投入,创新能力相对落后,而由于海南省海洋资源丰富,发展空间巨大,其海洋经济占全省 GDP 的 30%,但海洋科技创新水平低下,不能适应海洋经济的发展进程,所以海南的海洋科技创新系统与海洋经济系统之间的耦合度低于其他沿海地区的平均水平。

　　由表 2—2—4 来看,中国 11 个沿海地区的海洋科技创新系统与海洋经济系统之间的耦合协调度存在差异,通过 Arcgis10.1 与 GeoDa,根据表 2—2—4 中各省市的耦合协调度平均值绘出图 2—2—4,图中颜色越深代表海洋科技创新系统与海洋经济系统的耦合协调度越高,颜色越浅则耦合协调度越低,空白区域为非沿海地区,不具有可比性,这里不予考虑。由图 2—2—4 中可以看出天津市、山东省、上海市、广东省的海洋科技创新系统与海洋经济系统耦合协调度处于第一梯度,天津与北京地理上系统临近,可以充分利用北京优质的创新人才;山东省海洋科研机构及海洋专业高校数量多,重视对海洋科技的发展;上海市和广东省创新创业环境良好,有大量的创新人才集聚,也有相应的政策支持,其海洋科技创新水平相对其他地区水平较高。辽宁、江苏、浙江、福建的系统耦合协调度处于第二梯度,其海洋科

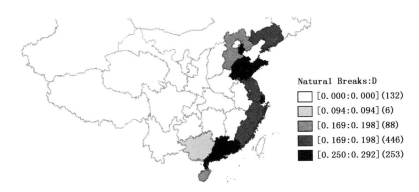

图 2—2—4　中国沿海地区海洋科技创新系统与海洋经济系统耦合协调度

技创新发展水平属于中等程度,与海洋经济系统之间处于初级接触阶段,尚未形成良性共振的形式;河北、广西、海南的系统耦合协调度处于第三梯度,其海洋科技创新能力严重不足,与海洋经济系统之间的耦合作用处于无序状态,在实行"科技兴海"战略的途中将面临严峻挑战。综上可见,中国海洋科技创新系统与海洋经济系统之间的耦合协调度整体处于低水平协调阶段,中国国家海洋局 12 月 13 日对外公布《全国科技兴海规划(2016～2020 年)》,提出到 2020 年,形成有利于创新驱动发展的科技兴海长效机制,为中国海洋经济发展提供了指导方向。

六、政策建议

(一)实施差异化的科技发展策略

中国已经认识到海洋科技创新对海洋经济的强大推动力,由于中国 11 个沿海省份的海洋科技创新系统与海洋经济系统发展水平存在较大差异,且两系统之间的耦合协调度也存在明显的空间差异,所以在制定海洋科技发展策略的时候应精准施策,结合地区的发展现状及存在的问题,实施方向和程度不同的发展策略。例如,海南省海洋科技创新发展水平较低,在制定适合海洋创新初期的机制和目标时应区别于上海、山东等科技创新领先的地区,而上海、山东等地应该加强对其他沿海省区的带动作用,同时必须认识到自己仍处于海洋科技创新系统与海洋经济系统中等程度耦合的阶段,仍需有效调节两系统之间的耦合机制,形成良性共振。这些建议并不是存在地域歧视,而是结合当地的海洋科技创新系统与海洋经济系统的发展关系和发展阶段,制定相应的目标和措施,早日构建良性互动的海洋科技创新与海洋经济发展体制。

(二)保证海洋科技投入不断增长

海洋科技创新系统与海洋经济系统尚未形成稳定的相互促进的良性耦合关系,有一个很重要的原因就是海洋科技创新系统的发展水平严重滞后,不能有效带动海洋经济系统的快速发展,尚未形成海洋经济发展的主要动力,海洋科技创新的前期投入资金巨大,但是创新初期只表现为海洋知识的创新,在未经过成果转化之前不能表现出对海洋经济发展的直接作用,就会出现海洋科技创新前期投入不足的情况,应有效提高海洋科技创新的成果转化率,将科技研发的成果迅速产业化,尽快投入到市场中去。

　　海洋科技创新的前期投入量巨大，仅仅依靠政府是远远不够的，以税收优惠、财政配套支持等多种形式，引导国内外企事业单位、社会团体和个人参与海洋科技创新投资。鼓励大企业、大集团与科研部门、高等院校联合共建海洋科技孵化器、共性技术研发平台、海洋工程实验室。提高海洋企业对科技创新的重视程度，加强与高校和科研机构的合作创新，调动企业参与科技研发的积极性，吸引民间资本的进入，同时建立海洋科技创新的风险分散扶持机制，合力提升海洋科技创新的发展水平，促进海洋科技创新系统与海洋经济系统之间良性耦合作用的提升。

（三）构建政府调控机制，加强宏观管理和协调

　　目前，中国海洋经济市场的运行还处于初级阶段，尚未形成良性循环的经济模式，容易形成生产方式的低效，创新前期投入不足，科技成果转化率低等现象，而中国海洋科研机构整体协同性差，缺乏有效的协作，各自为政，导致重复开发时有发生，造成人力、财力大量浪费，无法形成竞争优势。这就需要政府这只手来进行整体层面上的调控，构建全面的政府调控网络，加强宏观的管理和协调，对全国海洋科研力量布局进行统筹规划与建设，统一负责，统一协调，为海洋科技创新提供良好的发展环境和政策保障，完善"科技兴海"的运行机制，促进海洋科技创新系统与海洋经济系统的良性耦合。

（四）军民融合

　　中国为了提高在海洋上的竞争力，在海洋军事方面投入大量人力和财力，2017年中国首艘自主研发的航母下海，引起举国关注，除军事核心技术之外，在提升海洋军事装备的同时应将部分可用于海洋经济工程设备的科技成果进行共享，将军用与民用高效融合，扩大科技成果的利用效率。已经退役的军事设备可以及时转化到海洋经济的生产过程中，以减少资源浪费。

参考文献：

　　[1]J. F. Brun, J. L. Combes, M. F. Renard. Are there spillovereffect between coastal and noncoastal regions in China[J]. *China Economic Review*,2002,13：161—169.

　　[2]Allen Consulting. The economic contribution of australia's marine industries 1995—1996 to 2002—2003：a report preparedfor the national oceans advisory group[R]. The Allen Consulting Group Pty Ltd, Australia,2004.

　　[3]Y. Shields, J O'Connor. Implementing integrated oceansmanagement：Australia's south east regional marine plan and Canada's eastern scotia shelf integrated management initiative[J]. *Marine Policy*,2005,29(5)：391—405.

　　[4]伍业锋,施平. 中国沿海地区海洋科技竞争力分析与排名[J]. 上海经济研究,2006,(02):26—33.

　　[5]李百齐. 建设和谐海洋,实现海洋经济又好又快地发展[J]. 管理世界,2007,(11):154—155.

　　[6]赵昕,孙瑞杰. 基于自组织理论的海陆产业系统演化研究综述与趋势分析[J]. 经济学动态,2009,(06):94—97.

　　[7]于丽丽. 中国海陆经济一体化及其驱动机理研究[D]. 上海大学,2016.

　　[8]殷克东,卫梦星. 中国海洋科技发展水平动态变迁测度研究[J]. 中国软科学,2009,(08):144—154.

　　[9]殷克东,王伟,冯晓波. 海洋科技与海洋经济的协调发展关系研究[J]. 海洋开发与管理,2009,

(02):107－112.

[10]王泽宇,刘凤朝. 我国海洋科技创新能力与海洋经济发展的协调性分析[J]. 科学学与科学技术管理,2011,(05):42－47.

[11]郭宝贵,刘兆征. 我国海洋经济科技创新的思考[J]. 宏观经济管理,2012,(05):70－72.

[12]谢子远. 沿海省市海洋科技创新水平差异及其对海洋经济发展的影响[J]. 科学管理研究,2014,(03):76－79.

[13]翟仁祥. 海洋科技投入与海洋经济增长:中国沿海地区面板数据实证研究[J]. 数学的实践与认识,2014,(04):75－80.

(执笔:吕凡)

2.3　上海市海洋经济与海洋科技耦合分析

摘　要:21世纪是人类开发海洋、发展海洋经济的新时代,世界经济发展重心逐渐向海洋经济转移,海洋经济的重心逐渐向高科技海洋产业转移。本文采用定性与定量相结合的方法,通过构建海洋经济与海洋科技的耦合度模型,测算上海市海洋经济与海洋科技的耦合度和耦合协调度,分析上海市海洋经济与海洋科技耦合结果,并就分析结果提出一系列促进上海市海洋经济与海洋科技协调发展的对策建议。

关键词:海洋经济　海洋科技　耦合模型　综合评价模型

一、研究意义

近年来,我国海洋经济发展迅猛,海洋经济总值增速飞快,海洋经济在我国经济中的占比不断增加,然而伴随着这些高速增长,海洋经济发展也出现了大量的问题,其中一个比较明显的问题就是海洋经济与海洋科技协调发展程度较低,存在"两张皮"的现象。为了准确地分析这一现象,了解这一现象背后的原因,以及制定可行的解决方案,本文选取上海市作为分析对象。

上海作为中国的经济、金融、贸易和航运中心,是中国最大的港口城市,地理区位优越,具有海洋经济基础良好以及海洋科技教育和人才资源丰富的优势,国家对上海发展海洋经济与科技给予了高度的期望,从国家层面作出了各种战略部署支持上海海洋经济的发展。"海洋强国战略""具有全球影响力的上海科创中心建设""长江经济带""一带一路"等一系列战略的实施为上海市海洋经济与海洋科技发展提供了良好的政策支持。其中,上海市浦东新区作为上海市海洋经济发展的先行先试的实验区,为在解决海洋经济与海洋科技"两张皮"现象的问题方面,成立了浦东新区科技与经济委员会,在打破海洋经济与海洋科技之间的制度阻碍方面起到示范带头作用。

近年来,上海市海洋经济稳步提升,增速保持在5.9%左右,但上海市海洋经济生产总值占上海市生产总值的比重以及占全国海洋经济生产总值的比重整体上都呈现下降趋势

（见图2-3-1）。经过研究发现上海市海洋产业结构严重失调,海洋第三产业占比过高,海洋第二产业占比过低（见图2-3-2）。海洋第一、二、三产业的发展须有适当比例,海洋第三产业的快速发展如果脱离海洋实体产业的支撑,有可能造成海洋产业空洞化,导致海洋经济发展乏力。受全球经济低迷大环境的影响,上海市海洋第三产业中的支柱产业海洋交通运输业和滨海旅游业增速持续走低,能为上海市海洋经济带来高速经济增长的海洋高技术产业占比不断走低,远低于全国平均水平,并且海洋生物医药业、海洋电力业等海洋战略性新兴产业的增加值在全国的比重明显偏低,这可能是导致上海市海洋经济增速放缓的主要原因。

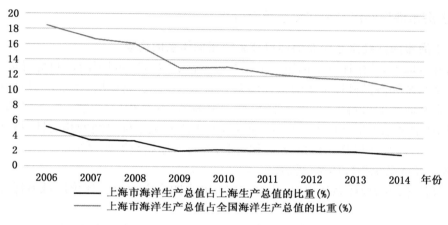

图2-3-1　上海市海洋生产总值占比变化

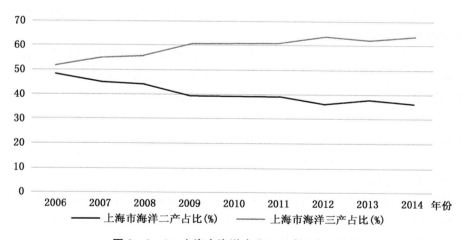

图2-3-2　上海市海洋产业二三产业占比变化

不仅如此,上海市对海洋科技的投入也明显不足。在科研资金方面,2014年,上海市海洋科研资金投入仅占上海市R&D投入的4.2%,占上海市海洋经济生产总值的5.8%,而上海市海洋经济生产总值却占上海市GDP的26.5%;在科研人员投入,从事海洋科技活动的人员占上海科技人员比重不到1%;在科技成果转化方面,上海的海洋科技成果转化率在

25％左右，相对于国家海洋局在 2016 年的全国海洋科技创新大会发布的《全国科技兴海规划（2016－2020 年）》中提出了到 2020 年完成海洋科技成果转化率超过 55％，与发达国家80％的海洋科技成果转化率更是相距甚远。

根据上海"十三五"规划要求，到 2020 年，上海市海洋生产总值达到上海生产总值的30％左右，在深潜、深钻、深探方面关键技术取得突破，要实现这一目标，上海市必须加快海洋科技的发展，提高科技渗透率，重点发展海洋战略性新兴产业，推进海洋经济与海洋科技耦合协调发展。因此，探究上海市海洋经济与海洋科技耦合情况，分析上海市海洋经济与海洋科技的协调关系和耦合机制，了解两者耦合背后的问题和机理尤为重要。

二、上海市海洋经济与海洋科技耦合分析

（一）上海市海洋经济系统与海洋科技系统指标体系的构建

在指标选取上，遵循评价指标体系构建的科学性、层次性、可操作性、目标导向等原则，将海洋经济系统和海洋科技系统的指标体系分为 3 个层次：总体层、系统层、指标层，综合考虑指标资料收集的可得性，分别选取了 17 个指标和 16 个指标（见表 2－3－1 和表 2－3－2），指标选取考虑了指标包含信息的全面性，但无法避免指标之间的相关性，指标部分直接使用《中国海洋统计年鉴》中的原始数据，部分经过对原始数据处理获得。

1. 海洋经济系统指标体系（见表 2－3－1）

海洋经济系统指标体系从规模、结构、效率、潜力四个方面综合评价区域海洋经济发展水平。

其中，规模指标反映区域海洋产业总量和水平，选用海洋生产总值、海洋生产总值占沿海地区 GDP 的比重、海洋产业增加值、涉海就业人员、集装箱吞吐量以及海洋产业增加值占比，来测量区域海洋经济的总体规模、海洋产业在地区中的规模、总体增长规模、海洋经济就业人员规模以及货运规模。

结构指标反映各海洋产业的构成以及各海洋产业之间的联系和比例关系。各海洋产业部门的构成及相互之间的联系、比例关系不同，对海洋经济发展的贡献大小也不同。该分项指数包括海洋第二产业、第三产业占比和海洋产业结构高级化指数，反映的是区域海洋产业结构的优劣。

效率指标反映区域海洋产业对资源的利用效率，能够反映区域海洋产业的资源配置能力。该分项指标包括海洋产业增长速度、海洋产业强度、劳动生产率、专门化率、海岸线经济密度以及增加值率分析。

潜力指标是可持续发展指数，能够反映区域海洋产业的发展程度和产业多元化发展方向，可以从海洋科技创新水平和海洋资源两方面来测量。海洋科技创新水平通过海洋科技服务业占比来测量；海洋资源包括累计确权海域面积和人均海岸线长度。

2. 海洋科技系统指标体系（见表 2－3－2）

海洋科技系统指标体系从海洋科技潜力、投入、产出、效率四个方面来综合反映区域海洋科技的综合实力。

其中，潜力指标是反映支撑区域海洋科技发展的基础水平情况，选用海洋科研机构数、海洋科研机构从业人员数和海洋专业在校人数占地区高等院校在校人数的比重、承担海洋

科研课题数来测量。

表 2—3—1   **海洋经济系统指标体系**

总体层	系统层	指标层	指标含义	计算公式
海洋经济系统	规模指标	海洋生产总值 X1(亿元)	反映海洋产业总体规模	—
		海洋生产总值占沿海地区GDP的比重 X2(%)	反映海洋产业在地区经济中的规模	地区海洋生产总值/地区GDP
		海洋产业增加值 X3(亿元)	反映海洋产业总体增长规模	—
		海洋从业人员规模 X4(万人)	涉海就业人员	—
		集装箱吞吐量 X5(万吨)	国际标准集装箱吞吐量	—
	结构指标	海洋第二产业占比 X6(%)	反映海洋第二产业在整体产业中的规模	海洋第二产业产值/海洋产业总产值×100
		海洋第三产业占比 X7(%)	反映海洋第三产业在整体产业中的规模	海洋第三产业产值/海洋产业总产值×100
		海洋产业结构高度指数化 X8	反映海洋产业结构高级化水平	海洋第一产业占比×1＋海洋第二产业占比×2＋海洋第三产业占比×3
	效率指标	海洋产业增长速度 X9(%)	反映海洋产业规模增长速度	—
		海洋产业强度 X10(亿元/公顷)	单位海域面积增加值	海洋产业增加值/确权海域面积
		劳动生产率 X11(万元/人)	反映海洋产业生产效率,即为劳均增加值	海洋产业增加值/涉海就业人员
		专门化率 X12(区位熵)	反映地区海洋产业专业化程度	地区海洋产业产值占GDP的比重/中国海洋产业产值占全国GDP的比重
		海岸线经济密度 X13(亿元/公里)	反映地区单位海岸线产生的海洋经济总值	海洋经济总值/海岸线长度
		增加值率 X14	反映海洋产业增加值占海洋产业总规模的比率	海洋产业增加值/海洋产业总产值
	潜力指标	累计确权海域面积 X15(公顷)	反映海洋资源基础	确权海域面积的累积值
		海洋科教服务业占比 X16(%)	反映海洋科研教育对海洋产业的支持力度	—
		人均海岸线长度 X17(千米/万人)	反映地区人均拥有海岸线的长度	海岸线长度/地区人数

投入指标反映区域海洋科技的投入情况,可以从海洋科技人力投入和海洋科技资金投入两个方面来测量,其中海洋科技人力投入使用海洋科技活动人员数、海洋科技活动人员中高级职称占比、海洋科技活动人员中硕博学历占比来测量;海洋科技资金投入使用海洋科研

机构经费投入总额、海洋科研经费占地区 R&D 经费的比重来测量。

产出指标是海洋科技活动的直接产出情况,包括论文、著作和专利的产出情况,用海洋科技论文发表数、国外发表数量占比、海洋科技著作数、海洋科技专利授权数、海洋科技发明专利授权数占海洋科技专利授权数比重来测量。

效率指标反映的是区域海洋科技的产出效率,包括海洋科技成果转化率、海洋科技投入产出比两个指标。

表 2—3—2　　　　　　　　　　海洋科技系统指标体系

总体层	系统层	指标层	指标含义	计算公式
海洋科技系统	潜力指标	海洋科研机构数 Y1(个)	反映海洋科研机构规模	—
		海洋科研机构从业人员 Y2(人)	反映海洋科研机构人员规模	—
		海洋专业在校人数占地区高等院校在校人数的比重 Y3(%)	反映海洋人才供给情况	海洋专业在校生人数/地区高等院校在校生人数×100
		承担海洋科研课题数 Y4(个)	反映海洋科研活动规模	—
	投入指标	海洋科技活动人员数 Y5(个)	反映从事科技研究人员规模	—
		海洋科技活动人员中高级职称占比 Y6(%)	反映高级科研人才情况	高级职称人数/海洋科技活动人员数
		海洋科技活动人员中硕博学历占比 Y7(%)	反映高学历科研人才情况	硕博学历人数/海洋科技活动人员
		海洋科研机构经费投入总额 Y8(万元)	反映海洋科研经费投入情况	—
		海洋科研经费投入占地区 R&D 经费的比重 Y9(%)	反映对海洋科研的重视度	海洋科研经费投入总额/地区 R&D 经费×100
	产出指标	海洋科技论文发表数 Y10(篇)	反映海洋科研成果情况	—
		在国外发表论文占比 Y11(%)	反映海洋科研国外影响情况	在国外发表论文数/海洋科技论文发表总数×100
		海洋科技著作数 Y12(本)	反映海洋科研成果情况	—
		海洋科技专利授权数 Y13(件)	反映海洋科研技术情况	—
		海洋科技发明专利授权数占海洋科技专利授权数比重 Y14(%)	反映海洋科研成果情况	海洋科技发明专利授权数/海洋科技专利授权数×100
	效率指标	海洋科技成果转化率 Y15(%)	反映海洋科技成果转化效率	海洋成果应用课题数/海洋总课题数×100
		海洋科技投入产出比 Y16(%)	反映海洋科技投入产出效率	海洋科研经费收入/海洋生产总值×100

(二)海洋经济系统和海洋科技系统耦合模型

1. 耦合度模型

本文借鉴物理学容量耦合协调模型,建立区域海洋经济系统和海洋科技系统之间耦合度模型,即 $C = \sqrt{\dfrac{S_1^* + S_2}{(S_1 + S_2)^2}}$

其中,S_1,S_2 分别表示区域海洋经济系统和海洋科技系统的综合发展水平,通过线性加权法得到区域海洋经济系统和海洋科技系统的综合发展水平 S_1,S_2 为:

$$S_{1,2} = \sum_{i=1}^{m} w_{ij} s_{ij}, \sum_{i=1}^{m} w_{ij} = 1, (i = 1, 2 \cdots, m; j = 1, 2 \cdots, n)$$

其中,w_{ij} 表示第 i 个指标下第 j 个对象的权重,使用熵值赋权法确定 s_{ij} 表示第 i 个指标下第 j 个对象的标准化值,通过极值法进行标准化确定。

耦合度是用来描述系统或系统内部要素之间相互作用、彼此影响的程度,突出的是系统或系统内部要素之间相互作用程度的强弱,不分利弊。耦合度 $C \in [0,1]$,C 越大,表明系统之间的耦合程度越大,系统之间的相互作用、相互影响的程度越高,反之亦然。当 $C = 0$ 时,说明区域海洋经济系统和海洋科技系统的耦合度最小,处于无关的无序发展状态;当 $C = 1$ 时,说明区域海洋经济系统和海洋科技系统的耦合度最大,处于良性耦合并趋于新的有序状态。

根据耦合理论将区域海洋经济系统和海洋科技系统耦合划分为四种类型:①当 $C \in (0, 0.3)$ 时,海洋经济系统与海洋科技系统处于低强度耦合阶段;②当 $C \in (0.3, 0.5)$ 时,海洋经济系统与海洋科技系统进入中等强度耦合阶段;③当 $C \in (0.5, 0.7)$ 时,海洋经济系统与海洋科技系统进入高强度耦合阶段;④当 $C \in (0.7, 1)$ 时,海洋经济系统与海洋科技系统处于极高强度耦合阶段。

2. 耦合协调度模型

耦合度只能说明各子系统相互作用程度的强弱,却无法反映协调发展水平的高低。因此,引入耦合协调度模型,以便分析海洋经济与海洋科技两大子系统交互耦合的协调程度,计算公式为:

$$D = \sqrt{C \times T}$$

其中,$T = aS_1 + bS_2$

其中,T 为海洋经济系统和海洋科技系统综合评价指数,反映两者整体发展水平对协调度的贡献;a、b 为海洋经济系统和海洋科技系统的贡献系数的待定系数。一般认为海洋经济系统和海洋科技系统具有同等的重要性,因此,应该将 a 和 b 均赋值于 0.5 进行简化计算。

耦合协调度是度量系统或系统内部要素之间在发展过程中彼此和谐一致的程度,体现了系统由无序走向有序的趋势,强调的是系统或系统内部要素相互作用中耦合程度的大小,体现了协调状况好坏程度。耦合协调度 $D \in [0,1]$,D 值越接近 1,海洋经济系统与海洋科技系统的整体功效和耦合协调发展水平越高,D 值趋近 0,海洋经济系统与海洋科技系统的整体功效和耦合协调发展水平越低。

为了更加清楚地反映各沿海地区海洋经济系统与海洋科技系统耦合关联的整体功效和

良性关联水平的差异,将耦合协调度 D 按由低到高进行划分:①当 $D \in (0,0.3)$ 时,海洋经济系统与海洋科技系统处于低水平协调阶段;②当 $D \in (0.3,0.5)$ 时,海洋经济系统与海洋科技系统进入中度协调阶段;③当 $D \in (0.5,0.7)$ 时,海洋经济系统与海洋科技系统进入高度协调阶段;④当 $D \in (0.7,1)$ 时,海洋经济系统与海洋科技系统处于极高度协调阶段。

（三）上海市海洋经济与海洋科技耦合的实证分析

本文运用上述研究方法,根据《中国海洋统计年鉴(2007～2015)》《上海统计年鉴(2007～2015)》《中国海洋统计公报(2006～2014)》《中国科技统计年鉴(2007～2015)》等中的相关数据,计算得出上海市海洋经济系统与海洋科技系统的耦合度 C 及耦合协调度 Dk(以表2—3—3)。

表 2—3—3　　　　　　上海市海洋经济系统与海洋科技系统耦合度与耦合协调度

年份	耦合度 C	耦合协调度 Dk
2006	0.450	0.315
2007	0.462	0.378
2008	0.458	0.415
2009	0.490	0.467
2010	0.493	0.471
2011	0.484	0.504
2012	0.493	0.515
2013	0.491	0.537
2014	0.471	0.565

根据上表的数据,描绘出上海市海洋经济系统和海洋科技系统耦合度和耦合协调度的变化情况(见图 2—3—3)。

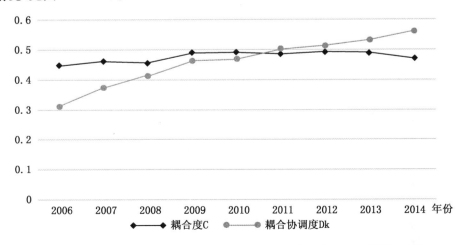

图 2—3—3　上海市海洋经济系统和海洋科技系统耦合度和耦合协调度情况

从图 2-3-3 来看,基于上海市海洋经济系统与海洋科技系统系统耦合的研究,从时间序列上来看,上海市海洋经济系统与海洋科技系统处于中强度高协调的缓慢增长态势,说明上海市海洋经济系统和海洋科技系统相互促进程度不高,但是协调发展的态势良好。具体结论如下:

一是 2006~2014 年,上海市海洋经济系统和海洋科技系统的耦合度一直处于中等强度耦合阶段,从整体趋势上看,正在从中等强度耦合向高等强度转变,但转变速度极为缓慢,其中 2011 年、2013 年、2014 年还略有下降,说明上海市海洋经济系统和海洋科技系统的耦合水平处于中等强度顶峰,两个系统之间相互作用的程度一般,且相互作用提升的速度缓慢。

二是 2006~2014 年,上海市海洋经济系统和海洋科技系统的耦合协调度一直处于快速增长状态,从中等强度耦合转变为高等强度耦合,增速明显,从 2006 年的 0.315 提高到 2014 年的 0.565,说明上海市海洋经济系统与海洋科技系统正处于不断协调发展的态势。

从上述结论可以看出,上海市海洋经济系统与海洋科技系统的耦合协调度较高,且一直呈现上涨的趋势,而耦合度却一直不高,且未呈现出上涨的趋势。这一现象表明,上海市海洋经济系统与海洋科技系统的相互作用程度不高,相互之间的影响不足,而两者之间的协调发展水平较高,且一直向更好转变。因此,为了更好地了解这一现象可能的原因,需要在下一章对上海市海洋经济系统和海洋科技系统耦合协调度和耦合度的情况进一步分析。

三、上海市海洋经济与海洋科技协调关系分析

海洋经济与海洋科技的耦合协调度是度量海洋经济系统和海洋科技系统之间在发展过程中彼此和谐一致的程度,反映的是海洋经济系统与海洋科技系统的整体功效和协同功效水平,强调的是良好发展水平下的协调状况程度。因此,要分析上海市海洋经济系统与海洋科技系统的协调关系,首先需要对上海市海洋经济与海洋科技的发展水平进行综合评价,了解时间序列下二者的发展水平及其协调发展情况。

(一)上海市海洋经济与海洋科技的综合评价

从以往的相关学术成果来看,国内外学者对区域经济或科技综合评价的方法大体上可以分为两类:一是数学公式法,二是指标体系法。由于海洋经济系统和海洋科技系统综合评价往往涉及系统的多方面、多因素问题,因此,我们使用指标体系法来进行区域海洋经济系统和海洋科技系统的综合评价。而按照赋权方法的不同,可以将指标体系法分为主观赋权评价法和客观赋权评价法。前者多是采取定性的方法,由专家根据经验进行主观判断而得到权数,如层次分析法、模糊综合评判法等;后者根据指标之间的相关关系或各项指标的变异系数来确定权数,如因子分析法、灰色关联度法、主成分分析法等。为了避免主观赋权产生的人为偏差,在这里将使用主成分分析法来对系统进行综合评价测度(见表 2-3-4)。

表 2-3-4　　　　　　　　　　　综合评价方法对比

评价方法	特　点	优　点	缺　点
数学公式法	高度抽象化、指标较少	形式简单、操作方便	1. 指标过少、难以反映整体情况 2. 公式模型与实际情况难以高度拟合 3. 部分因素难以度量、不具有可比性

续表

评价方法	特　点	优　点	缺　点
指标体系法	多元统计分析、指标较多	1. 能比较全面的反映整体情况 2. 评价的经验性和规范性	难以避免主观因素对评价结果的影响

　　根据表2-3-1和表2-3-2的指标体系,按照主成分分析法的步骤,运用spss软件对上海市2006~2014年的海洋指标数据①进行主成分分析。

　　首先,运用spss软件对原始数据进行标准化处理,得到上海市海洋经济指标和海洋科技指标的相关系数矩阵;其次运用spss软件的降维—因子分析得到上海市海洋经济系统和海洋科技系统各指标的主成分,对应的特征值及方差贡献率;再次,根据主成分分析法的基本原理,确定主成分法的个数;最后,把各主成分得分及相应的方差贡献率带入计算公式后,即可计算出上海市海洋经济系统和海洋科技系统每个年份的综合评价函数得分(见表2-3-5和表2-3-6)。综合评价函数值越大,综合经济效益越好。

表2-3-5　　　　　　　　　　海洋经济主成分得分及综合得分

年份	fac1	fac2	fac3	综合得分
2006	−1.718	0.408	−0.368	−1.336
2007	−1.117	−0.699	−1.114	−1.061
2008	−0.587	1.211	2.000	−0.160
2009	−0.245	−2.071	1.055	−0.395
2010	0.179	0.934	−0.996	0.195
2011	0.469	0.073	−0.694	0.332
2012	0.759	0.422	0.172	0.672
2013	1.046	0.357	0.010	0.879
2014	1.214	−0.636	−0.065	0.875

表2-3-6　　　　　　　　　　海洋科技主成分得分及综合得分

年份	fac1	fac2	fac3	fac4	综合得分
2006	−1.635	1.698	0.239	0.011	−0.792
2007	−1.120	−0.453	−0.456	−0.213	−0.872
2008	−0.972	−1.194	0.104	1.323	−0.697
2009	0.326	−1.511	0.029	0.084	0.007
2010	0.157	−0.134	0.670	−1.960	0.038
2011	0.564	−0.203	0.493	−0.823	0.349

　　① 数据来源:《中国海洋统计年鉴(2007~2015)》《上海统计年鉴(2007~2015)》《中国海洋统计公报(2006~2014)》《中国科技统计年鉴(2007~2015)》等。

续表

年份	fac1	fac2	fac3	fac4	综合得分
2012	0.515	0.450	−0.115	0.226	0.400
2013	0.892	0.551	−2.292	0.082	0.353
2014	1.272	0.797	1.329	1.273	1.213

(二)上海市海洋经济与海洋科技综合评价分析

根据表 2−3−5 和表 2−3−6 的综合得分,在一张图中描绘出海洋经济综合得分和海洋科技综合得分的变化情况(见图 2−3−4)。

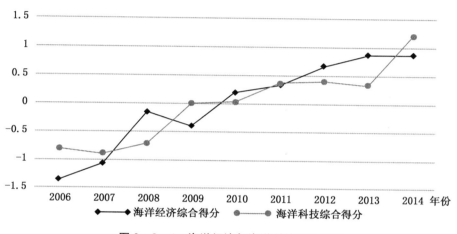

图 2−3−4　海洋经济与海洋科技综合得分

从图 2−3−4 中可以看出,上海市海洋经济与海洋科技整体都呈现上升的趋势,表明随着时间的推进,上海市海洋经济和海洋科技整体上都发展得越来越好。上海市海洋经济与海洋科技都大致在一条线上来回波动,整体呈现趋同性,局部呈现差异性,表明上海市海洋经济与海洋科技整体上是协调发展的,局部时间上海洋经济和海洋科技都出现过滞后性。

为了直观考察区域海洋经济和海洋科技的水平,对综合得分进行百分制转换[①],公式为:

$$Y = \frac{score}{score_{max} - score_{min}} \times 40 + 60$$

其中,Y 代表区域海洋经济或海洋科技的百分制得分,$score_{max}$ 代表区域海洋经济或海洋科技综合得分研究时序的最大值,$score_{min}$ 代表区域海洋经济或海洋科技综合得分研究时序的最小值。依据 Y 值,可以判断区域海洋经济或海洋科技的发展水平,当 $0 < Y \leqslant 40$ 时,区域海洋经济或海洋科技的发展水平低,当 $40 < Y \leqslant 60$,表明区域海洋经济或海洋科技的发展水平较低,当 $60 < Y \leqslant 80$,表明区域海洋经济或海洋科技的发展水平较高,当 $80 < Y \leqslant 100$,表明区域海洋经济或海洋科技的发展水平高.

---

①　张乐勤、陈素平、陈保平、张勇. 城镇化与土地集约利用耦合协调度测度——以安徽省为例[J]. 城市问题,2014,(02):75−82.

将表2—3—5和表2—3—6的综合得分数据带入上式,得到上海市海洋经济和海洋科技的百分制得分(见表2—3—7)。

表2—3—7   上海市海洋经济和海洋科技的百分制得分

年　份	海洋经济百分制得分	海洋科技百分制得分
2006	35.825	44.197
2007	40.803	42.609
2008	57.097	46.090
2009	52.849	60.149
2010	63.531	60.766
2011	66.012	66.964
2012	72.155	67.981
2013	75.904	67.046
2014	75.825	84.197

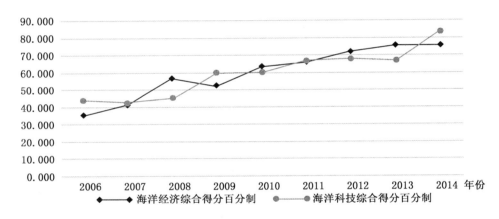

图2—3—5　海洋经济和海洋科技百分制得分

从图2—3—6可以看出,关于上海市海洋经济和海洋科技综合评价等级评判方面,就上海市海经济变化而言,2006~2007年上海市海洋经济处于低水平,2008~2009年上海市海洋经济仍处于较低水平,2010~2014年,上海市海洋经济已经发展到较高水平的状态;就上海市海洋科技变化而言,2006~2008年上海市海洋科技处于较低水平,2009~2013年上海市海洋科技发展到较高水平的状态,2014年上海市海洋科技已经发展到高水平的状态。

以往学者对科技与经济关系的研究发现,一是相对于经济发展,科技发展具有明显的滞后性特点,二是科技进步与经济发展具有非线性相关的特点。根据这两点推测,海洋科技相对于海洋经济的发展应该也具有显著的滞后性,因此,对海洋科技综合评价得分向右进行平移,使得海洋科技综合评价得分线与海洋经济综合评价得分线的变化趋势尽可能相同,得到图2—3—6。从图中可以看出,上海市海洋经济与海洋科技具有明显的非线性正相关关系,且上海市海洋科技进步相对于海洋经济的发展表现出滞后两期的现象。

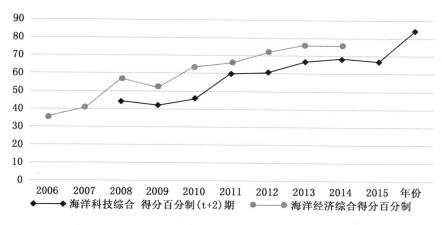

图 2—3—6　t 期海洋经济和(t＋2)期海洋科技百分制得分

因此,可以得出以下结论,上海市海洋经济与海洋科技的发展水平高,且增速明显;上海市海洋经济与滞后两期的海洋科技的非线性呈正相关关系,为上海市海洋经济与海洋科技协调发展提供了基础。

(三)上海市海洋经济与海洋科技协调关系分析

上海市海洋经济与海洋科技的高水平以及两者之间的非线性正相关关系是上海市海洋经济系统和海洋科技系统高耦合协调度的基础,那么,上海市海洋经济系统和海洋科技系统之间这种良好的协调性是否会更好地促进上海市海洋经济或海洋科技发展呢?我们需要通过相关性分析来了解这一情况。

这里本文选取上海市海洋经济综合评价得分 $score_E$、海洋科技综合评价得分 $score_T$ 以及上海市海洋经济与海洋科技综合评价得分均值 $score_M$ 分别作为被解释变量;选取上海市海洋经济系统与海洋科技系统的耦合协调度 Cou 做解释变量。首先,我们分别做出上海市海洋经济综合评价得分与上海市海洋经济系统与海洋科技系统的耦合协调度的散点图(见图 2—3—7)和上海市海洋科技综合评价得分与上海市海洋经济系统与海洋科技系统的耦合协调度的散点图(见图 2—3—8)以及上海市海洋经济与海洋科技综合评价得分均值与上海市海洋经济系统与海洋科技系统的耦合协调度的散点图(见图 2—3—9)。

从图 2—3—7~2—3—9 可以看出,上海市海洋经济综合评价得分和海洋科技综合评价得分以及海洋经济与海洋科技综合评价得分均值与上海市海洋经济系统与海洋科技系统的耦合协调度都具有较为明显的线性关系。其中,从图 2—3—7 和图 2—3—8 可以看出,除去第一点,其他数据线性拟合更好,而第一年数据偏差是由于标准化处理产生的偏差,因此我们分别做它们的相关回归,得到回归结果如下:

$$Cou = -4.446 + 9.626\ score_E \quad R^2 = 0.917 \quad F = 165.02$$
$$(-11.95) \quad (12.85)$$
$$(***) \quad (***)$$

$$Cou = -3.669 + 7.927\ score_T \quad R^2 = 0.867 \quad F = 23.22$$
$$(-4.7) \quad (4.82)$$
$$(***) \quad (***)$$

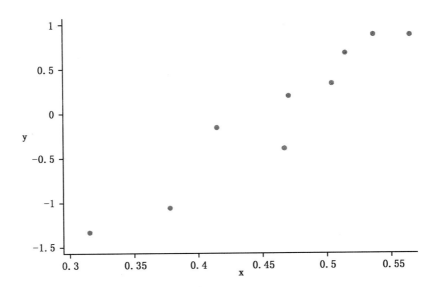

图2—3—7   海洋科技系统与海洋经济系统耦合协调度对海洋经济综合评价得分的影响

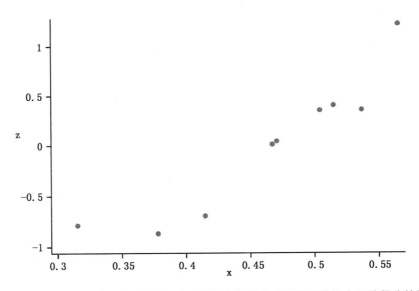

图2—3—8   海洋科技系统与海洋经济系统耦合协调度对海洋科技综合评价得分的影响

$$\text{Cou}' = -4.831 + 10.243\text{score}'_{T} \quad R^2 = 0.937 \quad F = 64.28$$
$$\quad\quad (-8.44) \quad (8.02)$$
$$\quad\quad (***) \quad (***)$$
$$\text{Cou} = -4.063 + 8.776\,\text{score}_{M} \quad R^2 = 0.955 \quad F = 90.20$$
$$\quad\quad (-8.88) \quad (9.50)$$
$$\quad\quad (***) \quad (***)$$

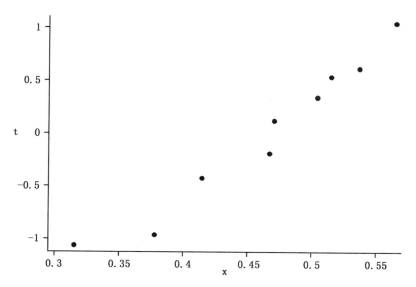

图 2—3—9　海洋科技系统与海洋经济系统耦合协调度对海洋经济与海洋科技综合评价得分均值的影响

$$\text{Cou}' = -4.775 + 10.196\,\text{score}'_M \quad R^2 = 0.975 \quad F = 416.12$$
$$(-18.76) \quad (20.40)$$
$$(\ast\ast\ast) \quad (\ast\ast\ast)$$

从上面几个公式的回归结果可以看出，三个回归 R^2 的分别为 0.917、0.867、0.937、0.955、0.975，且式 4.1，式 4.3、式 4.4、式 4.5 的 p 值都为 0.000，表明上海市海洋经济系统与海洋科技系统的耦合协调度与上海市海洋经济综合实力以及上海市海洋科技综合实力拟合良好，两个回归方程中耦合协调度的系数均大于 0，表明耦合协调度对于海洋经济以及海洋科技的发展具有显著的正相关关系，且耦合协调度与上海市海洋经济与海洋科技实力均值的相关性最好。所以上海市海洋经济系统与海洋科技系统耦合协调度越高，其海洋经济与海洋科技发展越好。

四、上海市海洋经济与海洋科技耦合机制分析

上海市海洋经济与海洋科技的耦合度是用来描述海洋经济系统和海洋科技系统之间相互作用、彼此影响的程度，强调的是两个系统之间的互动情况。因此，为了分析上海市海洋经济与海洋科技的耦合机制，必须先了解海洋经济与海洋科技之间的互动机制，然后分别从上海市海洋科技对海洋经济的贡献作用以及上海市海洋经济对海洋科技的促进作用两个方面进行分析。

(一)海洋经济与海洋科技的互动关系

海洋科技进步与海洋经济发展是相互依存、相互促进的有机整体，两者的相互作用和发展演化推进了海洋产业的发展。因此，从理论上认识和把握这两者协调发展的互动关系和演化进程具有重要意义。

1. 海洋经济发展促进海洋科技进步

从国际经验来看,一个国家或地区的海洋科技进步能力与其海洋经济发展水平呈正相关,海洋经济发展水平越高,对海洋科技创新的支撑能力越强。具体来说,海洋经济发展对海洋科技进步的促进作用主要表现在以下三个方面。

一是海洋经济发展的需求不断推动海洋科技的进步。海洋经济的发展会带来更大的市场空间,创造出更多的海洋产品需求,这就必然激励厂商去生产出更多合乎需求的海洋新产品,获取更多的利润。这些新产品,有些用现有的海洋工艺和技术就可以生产,但是有些海洋产品用现有的技术无法生产,必须在现有技术的基础上进行技术创新和工艺改进,这必然导致发明创造和海洋技术进步的出现;还有一些海洋产品的生产,用现有的海洋技术已经完全无能为力,只能借助全新的海洋科学技术才能解决问题,为此,许多的厂商需要进行R&D投资,从海洋基础科学和应用科学两方面来研究问题,这样就促进了海洋科学技术的进步,进而又促进海洋技术创新及新的发明和专利的产生,最终生产出新的海洋产品。

二是海洋经济发展为海洋科技进步提供有力的资本保障。资本投入是实现科技创新的首要条件,同时,由于海洋科技创新对于海洋经济发展促进的时滞效应,充足的资本投入是海洋科技得以进步的关键之一,而海洋经济的发展能为政府和涉海企业带来充足的闲置资金去进行海洋科技创新。

三是海洋经济发展为海洋科技进步提供必要的人才供给。海洋科研成果的出现离不开大量相关人才,而随着海洋经济的不断发展,海洋科学和教育事业必然会得到大力发展,海洋科研人员的数目及其知识水平必然会不断提高,从而会增加海洋科技成果的供给。

2. 海洋科技进步对海洋经济发展的促进

科技创新、资本积累、劳动力投入是经济发展的主要因素,其中科技创新是首要因素。从国际经验来看,欧美、日韩等国海洋经济发展水平高也得之于他们强大的海洋科技创新能力。具体来说,海洋科技进步对海洋经济发展的促进作用主要表现在两个方面:

一是海洋科技进步为海洋经济发展提供动力支撑。在海洋经济发展过程中,海洋科技创新处于主导地位,是海洋经济发展的根本动力。无论是拓展新型资源、保护海洋环境,还是促进资源循环利用、提高资源利用效率,抑或是发展新兴产业、优化蓝色经济产业结构、壮大蓝色经济规模,都需要海洋科技创新的支撑和引领。

二是海洋科技进步提高海洋产业的投入产出效应。海洋科技促进海洋产业的优化升级,提升海洋产业的产出效率,海洋科技在对传统海洋产业的技术改造、新兴海洋产业的生长壮大以及为未来产业作技术储备等不同层次上都发挥着关键作用,并促进海洋产业结构新格局的形成。

(二)上海市海洋经济与海洋科技耦合机制分析

从上文结论来看,上海市海洋经济系统与海洋科技系统的耦合问题主要是两个方面:一是两个系统之间的耦合度一直处于0.4～0.5,耦合程度较低,相互促进作用不明显;二是两个系统之间耦合向高水平耦合转变的速度缓慢,且近几年有向更低水平耦合转变的趋势。因此,为了揭示造成这一现象可能的原因,本文从以下两个方面去分析,一是从上海市海洋科技对海洋经济的贡献率方面分析,二是从上海市海洋经济对海洋科技的促进作用分析。

1. 上海市海洋科技对海洋经济贡献率分析

海洋科技进步贡献率,是指人类开发海洋资源,利用海洋空间,进行海洋生产活动时,除去资本、劳动力投入的作用,其他所有要素对海洋经济增长的贡献。这些其他要素包含了海洋技术创新等纯技术、硬技术,也包括了海洋管理创新,组织创新,海洋产业调整及优化升级等软技术的影响,因而称之为"广义的科技进步贡献率"。海洋经济增长率扣除加权的要素投入增长率即为海洋科技进步增长率,海洋科技进步贡献率就是海洋科技进步增长率在海洋经济增长率中所占的份额。通过对以往学者的研究发现,我国对于海洋科技贡献率的测算方法主要有三种,指标体系法、索洛余值法以及数据包络分析法。三种方法各有优势(见表2—3—8)。

表2—3—8　　　　　　　　　　　　海洋科技贡献率测算方法比较

测算方法	方法介绍	优　点	缺　点
指标体系法	指标体系法是通过构建一系列指标来测算海洋科技进步对海洋经济发展的贡献的方法。	1. 测度方法比较规范,有固定的计算模式 2. 结果比较客观 3. 使用方便,实用性较强	1. 主观性较强,表现在指标的选取和指标权重的确定 2. 不同学者研究结论相差较大,可比性差 3. 贡献率方案的设置难以找到理论依据
索洛余值法	索洛余值法是以生产函数为基础,在此基础上直接推导出海洋科技贡献率的方法。	1. 应用指标少、可比性强 2. 存在理论依据、应用广泛	1. 假设条件苛刻 2. 在推导增长速度方程中,产出的增量用全微分代替也会造成较大的误差 3. 时间序列数据取得困难,常会出现统计口径变化
数据包络分析法(DEA)	数据包络分析法是在法雷尔技术效率评价模型基础上建立起来的线性优化模型,是一种效率评价的常用方法。	1. 测算数据的选择比较容易 2. 无须数据标准化处理,减少数据因处理发生误差的概率 3. 没有生产函数法的苛刻条件	只能针对决策单元进行,对于整体海洋经济的科技贡献率测算并不适用

综合考虑本文的需求,选取索洛余值法对上海市、山东省以及全国的海洋科技贡献率进行测算。

借鉴以往学者的研究,本文海洋科技贡献率的测算选取海洋生产总值作为产出量 Y,选取涉海就业人数作为劳动力 L,海洋资本投入因为没有具体统计数据,因此采用陆域经济数据折算而来,具体公式为海洋资本投入=社会固定资产投资×(海洋生产总值/国内生产总值),测算地区为上海市、山东省和全国,测算时间为 2006~2014 年,具体的数据见表 2—3—9。

表 2－3－9   **2006～2014 海洋科技进步贡献率测算用数据**

年份	上海市			山东省			全 国		
	海洋生产总值（亿元）	涉海就业人数（万人）	海洋资本投入（亿元）	海洋生产总值（亿元）	涉海就业人数（万人）	海洋资本投入（亿元）	海洋生产总值（亿元）	涉海就业人数（万人）	海洋资本投入（亿元）
2006	3 988.2	179.1	1 471.2	3 679.3	449.3	1 866.8	21 592.4	2 943.4	10 843.9
2007	4 321.4	190.6	1 528.9	4 477.8	478.3	2 178.0	25 618.7	3 133.3	12 989.3
2008	4 792.5	194.7	1 642.9	5 346.3	488.5	2 667.8	29 718	3 218.3	15 975.4
2009	4 204.5	197.9	1 409.4	5 820	496.4	3 268.2	32 277.6	3 270.6	20 802.1
2010	5 224.4	202.7	1 554.9	7 074.5	508.6	4 204.7	39 572.5	3 350.8	24 217.2
2011	5 618.5	207	1 452.4	8 029	519.4	4 734.7	45 570	3 421.7	29 281.7
2012	5 946.3	209.80	1 507.8	8 972.1	526.5	5 607.2	50 087	3 468.8	34 811.3
2013	6 305.7	212.60	1 632.3	9 696.2	533.4	6 458.7	54 313	3 514.3	41 054.6
2014	6 249.0	215.00	1 595.3	11 288	539.4	8 072.0	59 936	3 553.7	47 594.4

数据来源:《中国海洋统计年鉴》《中国统计年鉴》《上海统计年鉴》《山东省统计年鉴》。

根据科技进步的贡献率的公式:

$$E_a = 1 - \alpha \frac{k}{y} - \beta \frac{1}{y}$$

计算上海市、山东以及全国的海洋科技进步贡献率,如表 2－3－10 所示。

表 2－3－10   **2006～2014 年的平均海洋科技进步贡献率**

地区	年 份	资本贡献率(%)	劳动贡献率(%)	科技进步贡献率(%)
上海市	2006～2010	7.11	28.94	63.94
	2010～2014	5.01	20.84	74.15
	2006～2014	6.29	25.72	67.99
山东省	2006～2010	45.25	11.40	43.35
	2010～2014	51.02	7.68	41.29
	2006～2014	47.67	9.88	42.45
全国	2006～2010	48.57	12.95	38.48
	2010～2014	60.07	8.71	31.22
	2006～2014	53.26	11.10	35.48

从上表可以得出以下几个结论:一是 2006～2014 年全国的海洋科技贡献率为 35.48%,2006～2014 年山东省的海洋科技进步贡献率为 47.67%,高于全国平均水平,上海的贡献率最高,达到了 67.99%,远高于全国的海洋科技进步贡献率,这与王玲玲(2015)等学者的测算相符;二是上海市 2010～2014 年的海洋科技贡献率比 2006～2010 年的高,表明

上海市海洋科学技术进步明显,对海洋经济的支撑效应显著;

从以上几个结论可以发现,上海的海洋科技贡献率较高,海洋科技对海洋经济的支撑效应明显,上海市海洋科技贡献率不是上海市海洋经济系统和海洋科技系统耦合度问题的主要原因。

2. 上海市海洋经济对海洋科技促进作用分析

目前,海洋科技投入是决定海洋科技创新能力的关键,海洋科技投入不足是制约我国海洋科技创新能力提升的最重要因素。海洋经济对海洋科技的促进作用主要表现在对海洋科技的投入方面,具体包括海洋科技资金投入、海洋科技产业投入以及海洋科技人才投入三个方面。因此,分析上海市海洋经济对海洋科技的促进不足的问题主要从以下三个方面进行分析:

一是上海市海洋科技的资金投入不足。从图 2－3－10 可以看出,2006～2014 年,除 2014 年外,上海市每万元海洋生产总值的海洋科技投入几乎都低于全国平均水平。从表 2－3－10 可以看出,上海市海洋资本贡献率仅为 6.29%,远低于全国平均水平。上海市海洋科技资金投入规模和投资结构都与发达国家相差较大,海洋科技资金投入严重不足,基础科研技术较为薄弱,海洋科技资金投入来源长期依赖政府,融资渠道较为单一。

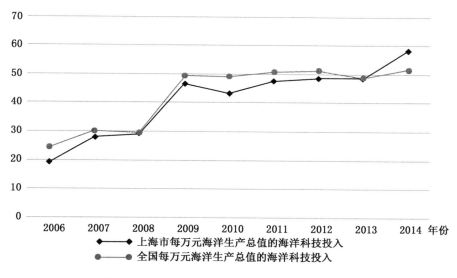

图 2－3－10 万元海洋生产总值的海洋科技投入

二是海洋高科技产业占比太低。本文的海洋高科技产业是指除海洋渔业、海洋交通运输业以及滨海旅游业以外的海洋产业。上海市海洋高科技产业占比的计算公式为:上海市海洋高科技产业占比＝上海海洋高科技产业产值/上海海洋产业产值。将相关数据代入到下图,从图 2－3－11 可以发现,上海市海洋高科技产业占比较低,且近年来,占比还在不断下降。

三是海洋科技人才队伍不强。从表 2－3－11 和图 2－3－12 可以看出,2006～2014 年,上海市海洋科技活动人员占上海科技活动人员的比重一直不到 1%,且比重处于不断下降的趋势。

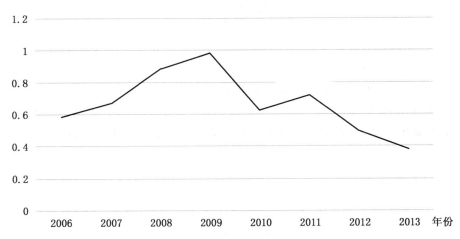

数据来源：上海市海洋十三五规划课题项目相关资料

图2—3—11　上海市海洋高科技产业占比

表2—3—11　　　　　　　　　上海市海洋科技活动人员占比

年　份	上海市海洋科技活动 人员数（个）	上海市科技活动 人员数（个）	海洋科技活动 人员占比（%）
2006	1 983	200 681	0.99
2007	2 128	227 866	0.93
2008	2 269	230 756	0.98
2009	2 906	339 027	0.86
2010	2 919	334 627	0.87
2011	3 011	375 269	0.80
2012	3 127	389 060	0.80
2013	3 366	431 593	0.78
2014	3 484	450 968	0.77

　　从以上分析可以看出，上海市海洋科技的投入不足，海洋经济对海洋科技的带动效应不显著，存在着很大的改进空间。上海市海洋科技投入不足可能是导致上海市海洋经济系统与海洋科技系统耦合度偏低的关键原因。

　　为了确定哪种海洋科技投入对海洋经济的影响最大，本文接下来通过灰色关联模型计算各种海洋科技投入与海洋经济增长的灰色关联系数，确定各种海洋科技投入与海洋经济增长的关联性，确定最能影响上海市海洋经济增长的海洋科技投入因素。

　　这里我们选取海洋生产总值来代表海洋经济增长 X_0，选取海洋科研机构经费投入作为海洋科技资金投入 X_1，选取海洋科技活动人员作为海洋科技人力投入 X_2。首先采用极值法对2006～2014年上海市的海洋相关数据进行标准化处理，得到表2—3—12。

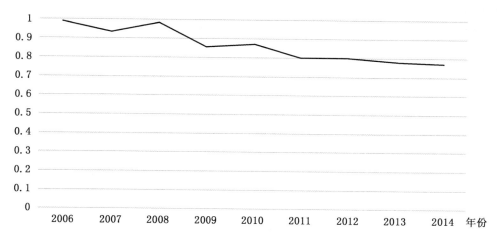

图2—3—12　上海市海洋科技活动人员占上海市科技活动人员的比重(%)

表2—3—12　　　　　　　　　　　　　　　灰色关联标准化数据

年份	X_0	X_1	X_2
2006	0.000	0.000	0.000
2007	0.144	0.156	0.097
2008	0.347	0.223	0.191
2009	0.093	0.417	0.615
2010	0.533	0.521	0.624
2011	0.703	0.665	0.685
2012	0.845	0.743	0.762
2013	1.000	0.803	0.921
2014	0.976	1.000	1.000

本文在标准化处理之后,分别计算 X_1 与 X_0,X_2 与 X_0 的离差,根据公式 $\lambda_k = \dfrac{\dfrac{1}{m}\sum\limits_{i=1}^{m}|x_0(k)-x_i(k)|}{\max\limits_{i}\max\limits_{k}|x_0(k)-xc_i(k)|}$ 计算得 λ_k 值为0.1974,小于1/3,因此,ρ 值为0.2910。根据公式 $\zeta_i(k) = \dfrac{\min\limits_{i}\min\limits_{k}|x_0(k)-x_i(k)|+\rho\max\limits_{i}\max\limits_{k}|x_0(k)-x_i(k)|}{|x_0(k)-x_i(k)|+\rho\max\limits_{i}\max\limits_{k}|x_0(k)-x_i(k)|}$,计算得到海洋科技资金投入和海洋科技人力投入与海洋经济增长的灰色关联系数,进行算术平均即可得到各自的灰色关联度(见表2—3—13)。

表 2—3—13　　　　　　　　　　　灰色关联度数据

年份	$|x_1-x_0|$	$|x_2-x_0|$	$\xi_1(k)$	$\xi_2(k)$
2006	0	0	1	1
2007	0.012	0.047	0.927	0.766
2008	0.124	0.157	0.554	0.497
2009	0.323	0.522	0.323	0.228
2010	0.012	0.090	0.928	0.632
2011	0.038	0.019	0.801	0.893
2012	0.102	0.083	0.602	0.651
2013	0.197	0.079	0.440	0.663
2014	0.024	0.024	0.863	0.863
灰色关联度			0.715	0.688

从表 2—3—13 可以得出结论,一是海洋科技资金投入和海洋科技人员投入都对海洋经济增长有着一定的正相关的关联关系,即提高海洋科技资金投入和海洋科技人员投入都能带动海洋经济的增长。

二是两者的灰色关联度不同,对海洋经济增长的带动效应也不一样。其中,海洋科技资金投入的灰色关联度 ε_1 >海洋科技人力投入的灰色关联度 ε_2,这表明海洋科技资金投入比海洋科技人员投入对海洋经济增长的带动效应更明显。

五、上海市海洋经济与海洋科技协调发展的对策建议

基于上海市海洋经济系统和海洋科技系统的耦合效应测度结果,以及两者的耦合机制和协调关系的分析,本文提出以下对策建议:

(一)加大海洋科技投入,提升海洋经济中科技含量

1. 加大海洋科技资金投入

加大上海市海洋科研经费投入,发挥上海市海洋科研机构和科研院所的研发优势,提升海洋高科技企业的研发成功率,提升海洋科技成果数量与质量,具体措施包括:(1)加大对海洋科技创新的投入力度。建立健全财政性海洋科技投入稳定增长的机制。市财政应安排海洋科技创新专项经费,用于海洋科技创新载体和平台建设,以及对经济社会带动面广的重大海洋科技项目攻关。(2)构建海洋科技创新投资机制。实行"谁投资、谁受益"原则,鼓励市内外企事业单位和个人,特别是大企业、大集团参与海洋科技创新投资,与科研部门、高等院校联合共建海洋科技孵化器、共性技术研发平台、海洋工程实验室。(3)建立政府海洋科技创新风险投资基金。以应对海洋科技创新高风险、高投入、高回报的特点,以分散海洋科技创新风险,形成海洋科技创新风险共担、成果共享的风险投入支持机制。(4)充分发挥上海金融中心的融资渠道优势。利用雄厚的资金优势,开发专门针对海洋科技发展的金融产品,拓宽融资渠道。

2. 完善海洋科技人才队伍建设

打造具有极强吸引力和竞争力的海洋人才高地,发挥人才在上海海洋发展中的重要作用,制订全市海洋人才中长期发展规划,加大海洋人才梯队建设,为海洋强市建设提供人才保障和智力支持。具体措施包括:(1)加大海洋经济、科技、教育、管理等方面人才的培养力度,支持建设若干个海洋类重点一级学科,扶持一批海洋类新兴、交叉学科,支持涉海高校和企业合作共建海洋人才培养实训和实习见习基地;(2)积极支持涉海高校与海洋用人单位合作开展海洋人才定向委托培养,提升涉海人才的综合素质。(3)提升对海洋人才的吸引力度,破除不利于人才集聚发展的体制机制束缚,搭建有利于人才创新创业的平台载体,营造人才安居乐业的发展环境,形成尊重人才、尊重创造的社会氛围,综合运用股权激励、技术入股、知识产权保护、税收优惠、财政奖励等手段,加快促进一批高层次海洋领军人才落户发展。

3. 加强海洋科技基础设施建设

加强海洋科技基础设施建设,降低企业科研成本,提高企业研发热情,提高企业研发成功率,推进海洋关键技术突破,具体措施包括:(1)积极建设海洋科学研究实验基地、海洋科学国家重点实验室、海洋中试基地、海洋科技研发中心等海洋科技基础设施,组建科学创新基地,为上海市海洋科技发展提供良好的设施和环境,充分发挥上海科技兴海示范基地的带头作用。(2)推进上海市"智慧海洋"建设。依托上海智慧城市建设,发挥信息技术支撑作用,全面打造智慧海洋范本。重点是完善海洋信息化框架体系,加快推进海洋基础数据库建设,实现海洋资源、生态、经济等领域基础信息资料的共建、共通、共管、共享,提升海洋资源利用效率。

4. 提高海洋高科技产业占比

改善上海市海洋产业结构,提高上海市海洋高科技产业占比,具体措施包括:(1)针对上海市海洋三产业比重失衡的现状,加快建设"海洋智造"新高地,集聚培养海洋船舶业、海洋工程装备、海洋生物医药、海洋新材料、海水利用业等高科技海洋产业,完善海洋高技术产业链,充分发挥高技术海洋产业的带动作用;(2)形成高技术海洋产业政策导向,着力建设一批海洋高技术产业区和战略新兴海洋产业项目,促进上海市海洋高技术集中度和竞争力的全面提升,增强上海市海洋产业的可持续发展能力,形成特色鲜明、辐射面广、竞争力强的高技术海洋产业集聚区和产业集群。

(二)提升科技研发效率,增加海洋科技对经济的贡献率

1. 加强重点海洋技术攻关

以前沿引领、跨界创新、重点攻坚为原则,瞄准世界海洋科技前沿,聚焦海洋科技重大关键性和共性技术,支持开展多种形式的应用研究和试验发展活动。打破海工装备关键技术领域国际垄断局面,着力提高高端船舶设计及制造能力,加大海洋生物医药、海洋新材料、海水淡化及利用等海洋战略新兴产业关键技术领域研发创新力度,在载人深潜器、深海水下油气生产、海洋新能源、海洋工程装备、海底探测、海洋生物医药、海水养殖生物遗传育种、海水淡化、海洋信息技术、海洋灾害预警与减灾、海洋生态保护等领域,形成一批具有自主知识产权和技术领先的海洋技术创新突破和成果。

2. 推动海洋科技协同创新

加快上海海洋科技资源整合,以重大海洋科技攻关项目为纽带,建设"政、产、学、研、用、金"的海洋科技综合体或协同创新战略联盟。具体措施包括：（1）推动建立海洋科技产学研战略联盟。鼓励海洋科技企业与上海高校和科研机构共建，对海洋科技企业与高校、科研机构实验室、技术开发机构、大学生实习实践基地、博士后工作站、共享科技文献资源和研发仪器设备、联合申报课题等相关专业领域进行产学研合作共建，在海洋科技专项资金中优先予以产学研联盟基金的支持。鼓励大学教授到企业兼职、在企业完成科研课题，鼓励企业科技人员和经营管理人员到大学任兼职教授或授课，兼职担任博士生、硕士生副导师，或指导博士、硕士论文等。对于大学与企业合作完成的科技成果，由大学与企业共同完成的科研成果，由双方共享，或者双方可以约定，由大学申请专利，企业对专利享受独占实施许可权。设立上海海洋产业研究院作为产学研联盟平台，与上海海洋科技研究中心共同发挥作用，推动产学研联盟建设，推动海洋科技进步和产业化。（2）加强海洋科技研究对外合作。鼓励市内外企事业单位和个人参与海洋科技创新，特别是大企业、大集团参与海洋科技创新投资，与科研部门、高等院校联合共建海洋科技孵化器、共性技术研发平台、海洋工程实验室。充分融合长三角海洋科技资源，打造一个在国际具有重要影响力的上海海洋科技区域环境体系。

3. 推进海洋科技成果转化

依托临港等海洋高新技术产业化基地，加快建设一批海洋科技创业园、海洋科技孵化器，培育孵化海洋高新技术企业及专业技术型服务企业，推动海洋科技成果转化。具体措施包括：（1）搭建科技成果转化中试平台。促使具有较好产品前景的海洋研究成果可以由实验室研究阶段进入能够承担风险的中试主体。促进中介机构健全发育，更好发挥联系涉海企业和科研院所的桥梁作用，提高产学研结合的效率。制定权威性的海洋技术评估及定价机制，提高研发机构对外转让技术的积极性。（2）完善海洋科技成果转化法律法规。减少海洋科技成果转化过程中单位和科技人员之间、成果完成者之间、投资者与成果完成者之间知识产权权属不必要的纠纷，促进海洋科技创新成果的产业化运作。（3）设立专门的海洋科技企业孵化器。根据上海市海洋科技发展战略，筛选中小型涉海企业和创业者，为入选企业和创业者提供物理空间和基础设施，提供一系列服务支持，降低创业者的创业风险和创业成本，提高创业成功率，促进企业科技成果转化，帮助和支持科技型中小海洋企业成长与发展，培养成功的海洋企业和海洋企业家，推动海洋科技发展。四是设立专门的海洋技术转移机构。设立专门的技术转移机构和技术交易市场，为区域内外和国内外海洋技术交流和流通提供现实场所和渠道，及时引进所需的技术，也及时让成熟的技术走出去，实现价值。五是成立海洋技术评估机构。发挥其在海洋技术发展中的引导作用，为海洋企业和科研人员提供研发前的价值预估和研发后的技术评价，以利企业选择科研方向，避免资源浪费，也便于技术交易时的价值估计。

（三）完善协调发展制度，实现海洋经济科技一体化

我国目前存在海洋经济与海洋科技管理分离的情况，无法综合协调两者的发展，因此完善海洋经济与科技协调发展制度，推广浦东新区模式，打破海洋经济与海洋科技管理分离的部门制度，实现海洋经济科技一体化发展。具体措施包括：（1）合并上海市科学技术委员会与经济和信息化委员会，建立上海市科技与经济委员会，解决上海市海洋经济与海洋科技两张皮的问题，通过海洋经济与海洋科技的统一管理，大幅度提升海洋科技创新效率，体现海洋科技创新与海洋产业融合的大趋势、政府职能和管理方式转变的新方向、统一规范和精简高效运行的严要求,为国内其他沿海省市起到模范带头作用;(2)形成海洋经济与海洋科技发展的统一规划,以统一规划为顶层设计,以上海市沿海区县海洋产业特色为核心,以资源利用效率最大化为目标,以海洋经济与科技协调发展为方向,对上海市海洋经济与海洋科技的发展路径进行统一安排,最大化的推进上海市海洋经济与海洋科技一体化发展。

参考文献

[1]毕晓琳. 海洋科技发展在现代海洋经济发展中的作用[J]. 海洋信息,2010,(03):19—22.

[2]乔俊果,朱坚真. 政府海洋科技投入与海洋经济增长:基于面板数据的实证研究[J]. 科技管理研究,2012,(04):37—40.

[3]谢子远. 沿海省市海洋科技创新水平差异及其对海洋经济发展的影响[J]. 科学管理研究,2014,(03):76—79.

[4]刘大海,李晓璇,王春娟,邢文秀. 中国海洋科技进步贡献率测算与预测的实证研究:2006—2012年[J]. 海洋开发与管理,2015,(08):20—23.

[5]王玲玲. 海洋科技进步对区域海洋经济增长贡献率测度研究[J]. 海洋湖沼通报,2015,(02):185—190.

[6]赵玉杰,杨瑾. 海洋经济系统科技创新驱动效应研究[J]. 东岳论丛,2016,(05):94—102.

[7]殷克东,王伟,冯晓波. 海洋科技与海洋经济的协调发展关系研究[J]. 海洋开发与管理,2009,(02):107—112.

[8]王泽宇,刘凤朝. 我国海洋科技创新能力与海洋经济发展的协调性分析[J]. 科学学与科学技术管理,2011,(05):42—47.

[9]马吉山. 区域海洋科技创新与蓝色经济互动发展研究[D]. 中国海洋大学,2012.

[10]倪国江,文艳. 海洋科技创新与海洋经济发展的互动机制研究[A]. 中国海洋学会."一带一路"战略与海洋科技创新——中国海洋学会 2015 年学术论文集[C]. 中国海洋学会,2015:5.

[11]王艾敏. 海洋科技与海洋经济协调互动机制研究[J]. 中国软科学,2016,(08):40—49.

[12]向云波,彭秀芬,张勇. 长三角海洋经济发育现状及其综合实力测度[J]. 热带地理,2010,(06):644—649.

[13]殷克东,李兴东. 我国沿海 11 省市海洋经济综合实力的测评[J]. 统计与决策,2011,(03):85—89.

[14]白福臣. 中国沿海地区海洋科技竞争力综合评价研究[J]. 科技管理研究,2009,(06):159—160.

[15]彭攀. 试论科技系统与经济系统的耦合机制[J]. 系统辩证学学报,1995,(04):44—47.

[16]黄瑞芬,王佩. 海洋产业集聚与环境资源系统耦合的实证分析[J]. 经济学动态,2011,(02):39—42.

[17]张樨樨,张鹏飞,徐子轶. 海洋产业集聚与海洋科技人才集聚协同发展研究——基于耦合模型构建[J]. 山东大学学报(哲学社会科学版),2014,(06):118—128.

[18]钱士茹,赵斌斌. 基于耦合模型下的科技创新与区域经济协调发展研究[J]. 蚌埠学院学报,2015,(04):59—63.

[19]杨武,杨淼. 中国科技创新与经济发展耦合协调度模型[J]. 中国科技坛,2016,(03):30—35.

[20]卫梦星. 中国海洋科技进步贡献率研究[D]. 中国海洋大学,2010.

[21]刘大海,李朗,刘洋,刘其舒. 我国"十五"期间海洋科技进步贡献率的测算与分析[J]. 海洋开发与管理,2008,(04):12—15.

[22]叶向东. 科技资源配置与中国海洋经济发展[J]. 海洋开发与管理,2006,(04):48—51.

[23]张乐勤,陈素平,陈保平,张勇.城镇化与土地集约利用耦合协调度测度——以安徽省为例[J].城市问题,2014,(02):75—82.

[24]于丽丽.中国海陆经济一体化及其驱动机理研究[M].上海大学,2016.

[25]王泽宇,卢函,孙才志,韩增林,孙康,董晓菲.中国海洋经济系统稳定性评价与空间分异[J].资源科学,2017,39(03):566—576.

（执笔：熊雄）

2.4　上海市海洋科技进步贡献率测度与分析

摘　要：本文在索罗模型基础上,使用灰色关联分析对参数进行估计,测算上海市"十一五"和"十二五"期间海洋科技进步贡献率,再对海洋第一、二、三产业科技进步贡献率进行测算,同时与几个海洋大省的科技进步贡献率进行比较。研究结果表明:"十一五"和"十二五"时期上海市海洋科技对海洋经济的贡献率都超过了60%,"十二五"时期第二产业科技进步贡献率最高,和其他海洋大省相比上海市海洋科技进步贡献率较高,科技进步是推动上海市海洋经济发展的主要原因。

关键词：科技进步贡献率　索罗模型　海洋经济

一、引言

(一)研究背景与意义

近年来,随着国家"海洋战略"的提出,海洋经济在地区经济发展中的作用日益突出,十九大报告中也提出要加快建设海洋强国。海洋强国的基本条件之一就是海洋经济高度发达,在经济总量中的比重和对经济增长的贡献率较高,海洋开发、保护能力强,而海洋科技则是加速地区海洋经济发展的重点。本文主要研究上海市海洋科技,测算上海海洋经济增长中科技进步的贡献率,对准确理解上海市海洋经济及其发展的动因有一定的现实意义。

(二)文献综述

海洋科技进步贡献率方面的研究主要分为以下几方面:

(1)科技进步的内涵:周绍森等[1]将技术进步分解成不同的因素来进行测量,得出各个因素对经济增长的贡献率,加总得到科技进步贡献率,由此提出相应的对策与建议。裴东慧[2]将技术进步分解为人力资本、科技进步以及规模经济三方面,将C-D生产函数与罗默经济增长模型相结合构造生产函数,得出重庆市技术进步对经济增长的贡献率。张忭生、陈东照[3],周凤莲[4]等人则将科技进步定义为除资本和劳动力投入之外的经济增长,进而测算出科技进步贡献率。

(2)生产函数的选择:鲁亚运[5]根据资本以及劳动投入对经济增长的延迟效应,构造了时滞灰色生产函数模型,对我国海洋科技进步贡献率进行测算;章上峰、许冰[6]为了估计不同时期的资本和劳动力的产出弹性,提出了非参数、变系数、可变参数以及面板数据模型,利用这四种时变弹性生产函数模型代替收入份额法来估计产出弹性;黄颖、曾玉荣[7]为了避免索罗余值法出现的问题和弊端,运用Jorgenson等提出的超越对数生产函数,对中国台湾水稻科技进步贡献率进行测算与分析。

（3）参数的估计:徐士元、何宽、樊在虎[8]在测算浙江省海洋科技进步贡献率时,利用最小二乘法得到参数估计值,从而计算出科技进步贡献率;张诚、廖韵如[9]在测算江西省物流产业科技进步贡献率时,由于数据量小的问题,在对弹性系数进行估计时选取了灰色关联分析方法;黄颖、曾玉荣则是采用了岭回归模型,使得均方误差最小,从而估计出资本和劳动力的产出弹性。

二、测算方法

通过查阅大量文献可知,在测算科技进步贡献率时,大部分学者都是用索罗余值法或者在索罗模型的基础上对生产函数进行适当变换使其更符合现实情况来进行测算的,而且目前发改委、科技部和国家统计局也采用此方法来测算科技进步贡献率,所以本文采用索罗模型来测算上海市海洋科技进步贡献率。

（一）模型选取

索罗于20世纪50年代提出了索罗中性技术进步函数:$Y = A_t \times F(K,L)$。索罗中性技术进步函数实际上是柯布—道格拉斯生产函数的拓展,在其基础上将技术进步引入其中,并对生产函数的类型加以限制后得到。[10]索罗中性技术进步函数的具体形式为$Y = A_0 e^{\lambda t} \times K^{\alpha} \times L^{\beta}$。式中$A_0$为基期的科技水平,是常量;$\lambda$是技术进步率;$\alpha$,$\beta$分别为资本的产出弹性系数和劳动力的产出弹性系数;$Y$,$K$,$L$都是时间$t$的函数,取对数、求导之后得到:$y = \lambda + \alpha \times k + \beta \times l$

科技进步贡献率为:$E_A = (\lambda / y) \times 100\%$

资本投入贡献率为:$E_k = (\alpha k / y) \times 100\%$

劳动投入贡献率为:$E_l = (\beta l / y) \times 100\%$

（二）参数确定

灰色关联分析主要是针对信息贫乏、数据量小的一种估计参数的方法,关联分析的理论工具是灰色关联度,主要用来度量两个系统或两个因素之间相互关联的程度。如果在发展过程中,因素之间的相对变化状态基本相同,那么二者之间的灰色关联度就大,反之则关联度小[9]。本文参照张诚等的估计方法,弹性系数α,β计算公式如下:

$$\alpha = \frac{r_{YK}}{r_{YK} + r_{YL}}, \beta = \frac{r_{YL}}{r_{YK} + r_{YL}}; 其中 \alpha + \beta = 1$$

r_{YK}表示资本投入与产出间的关联度,rYL表示劳动力投入与产出间的关联度

三、指标变量的选取及确定

（一）产出指标Y的选取

在现有文献中,关于产出指标基本都是采用国内生产总值GDP,有些学者采用不变价,有些学者采用现价。其中有相当一部分学者产值采用的都是不变价。由于本文在下面还会涉及海洋总产值以及固定资产投资额等指标,这些指标很难找到相关的价格指数,所以本文

的产出指标统一采用总产值。

(二)资本投入量 K 的选取

对于资本投入量的确定,在现有文献中一般都是永续盘存法和 Kaldor 理论法。理论上采取固定资产净值加上当年流动资产存量是比较合理的,但是考虑到数据的可得性,最后采取 Kaldor 理论法来计算海洋总的资本存量,具体公式为:$K_2 = K_1/Y_1 \times Y_2$。另外,上海市海洋第一产业、第二产业、第三产业的资本投入计算方法为:上海市第一产业、第二产业、第三产业的固定资产投资额分别占上海市总的固定资产投资额的比例,然后用这个比例分别乘以上海市海洋总的固定资产投资额。

其中 K_1 为上海市全社会固定资产投资额,Y_1 为上海市总产值,Y_2 为上海市海洋总产值。

(三)劳动力投入量 L 的选取

以上海市涉海就业人数作为劳动力投入量指标,上海市海洋三个产业的劳动投入量为上海市第一产业、第二产业、第三产业的从业人员分别占上海市总从业人人员的比例再乘以上海市涉海就业人数。

为了提高数据的平稳性,测算的准确性,对上述三个产业以及总的生产总值、资本投入和就业人数都采用三年移动平均法,即保持第一年和最后一年不变,其他年份的数据取三年平均。

(四)产出、资本投入、劳动力投入年平均增长速度的计算

计算平均增长速度的方法主要有几何平均法和算术平均法,通过对已有文献的查阅,本文选取几何平均法来计算产出、资本投入、劳动投入的年平均增长速度。计算公式为:$y = [(Y_t/Y_0)^{1/t} - 1] \times 100\% \quad k = [(K_t/K_0)^{1/t} - 1] \times 100\% \quad l = [(Y_t/Y_0)^{1/t} - 1] \times 100\%$

式中:Y_t, K_t, L_t 为报告期数值;Y_0, K_0, L_0 为基期数值。

本文的数据基本来自于《上海市统计年鉴》《中国海洋统计年鉴》,以及各省市统计年鉴,对于 2015 年个别缺失数据则根据年增长率进行推算得到。

四、测算过程

运用 Excel 软件,对海洋总体的相关数据进行处理得到上海市海洋总的资本投入产出系数 $\alpha = 0.47$,劳动力投入产出系数 $\beta = 0.53$。同时对上述数据进行相关计算,根据式子 $y = [(Y_t/Y_0)^{1/t} - 1] \times 100\%$,$k = [(K_t/K_0)^{1/t} - 1] \times 100\%$,$l = [(Y_t/Y_0)^{1/t} - 1] \times 100\%$,计算出海洋 5 年期的总产值增长率,资本投入增长率以及劳动力投入增长率,然后根据式子:$E_A = (\lambda/y) \times 100\%$,$E_k = (\beta l/y) \times 100\%$,$E_l = (\beta l/y) \times 100\%$ 计算出产值,资本以及劳动的贡献率,计算结果如表 2—4—1 所示:

表 2—4—1　　　　基于索罗模型的海洋 5 年期各要素的增长率及贡献率(%)

时期	总产值的增长率	资本投入增长率	劳动投入增长率	技术进步率 λ	科技进步贡献率 E_A	资本投入贡献率 E_k	劳动投入贡献率 E_l
十一五	4.69	0.83	2.49	2.98	63.55	8.34	28.12
十二五	3.08	1.19	1.16	1.90	61.83	18.14	20.03

由表 2—4—1 可知,对于上海市来说,科技进步对海洋经济增长的贡献最大,在"十一

五""十二五"期间,资本投入的贡献率由 8.34% 增长到 18.14%,劳动投入的贡献率由28.12% 下降到 20.03%,而海洋科技进步的贡献率也由 63.55% 下降到了 61.83%,虽然海洋科技进步的贡献率有所下降,但是对海洋经济增长的贡献率相对于资本投入和劳动力投入仍然较高,同时这也证实了"科技是第一生产力"的论断。"十二五"期间,海洋科技进步贡献率为 61.83%,达到了《国家"十二五"海洋科学和技术发展规划纲要》关于海洋科技对经济的贡献率达到 60% 的目标。

　　表 2—4—1 测算的是上海市海洋经济的一个总体状况,根据上述海洋第一、二、三产业产值,资本投入以及劳动力投入取值的确定方法,可分别计算出海洋第一、二、三产业的资本投入系数和劳动力投入系数,然后计算出"十一五"以及"十二五"时期各要素增长率,最后算出资本、劳动力以及科技进步贡献率。由测算结果可知海洋第一产业资本投入系数 $\alpha_1=0.49$,劳动力投入系数 $\beta_1=0.51$;第二产业资本投入系数 $\alpha_2=0.41$,劳动力投入系数 $\beta_2=0.59$;第三产业资本投入系数 $\alpha_3=0.5$,劳动力投入系数 $\beta_3=0.5$。

　　分别测算海洋一、二、三产业各要素增长率及贡献率,计算结果如表 2—4—2 和表2—4—3 所示:

表 2—4—2　　　　　　　　上海市海洋三次产业的增长率(%)

时期	总产值增长率			资本投入增长率			劳动投入增长率		
	一	二	三	一	二	三	一	二	三
十一五	1.50	0.49	8.09	−3.63	−2.43	1.86	11.71	4.23	2.21
十二五	10.76	1.11	4.20	−25.62	−8.84	4.25	−11.45	2.27	3.43

表 2—4—3　　　　　　　　海洋三次产业各要素贡献率(%)

时期	科技进步贡献率			资本投入贡献率			劳动投入贡献率		
	一	二	三	一	二	三	一	二	三
十一五	−184.75	−200.13	74.81	−117.73	−202.3	11.42	402.48	502.44	13.77
十二五	270.41	548.83	8.66	−115.63	−328.29	50.18	−54.78	120.55	41.16

五、研究结果及分析

　　(1)从第一产业看,"十一五"到"十二五"期间,总产值增长率从 1.5% 增加到 10.76%,但是资本投入增长率和劳动力投入增长率都下降了,说明这期间总产值的增长主要是靠科技进步来推动的。从表 2—4—2 和表 2—4—3 可知,上海市海洋第一产业在"十一五"期间主要依靠的是劳动力投入的增加来提高总产值的,在增长率方面,劳动力投入的增长率为11.71%,资本投入的增长率为负值;从贡献率角度看,劳动力投入的贡献率为 402.48%,资本投入贡献率为 −117.73%,科技进步贡献率为 −184.75%。究其原因一方面是因为海洋第一产业主要是海洋渔业、海洋种植业等传统海洋产业,在早期科技还不太发达的时候,这些传统产业只能依靠大量的人力投入;另一方面是因为对海洋产业的重视也是从 2008 年 2月经国务院批准发布的《国家海洋事业发展规划纲要》开始的,并且是把海洋科技与海洋工程作为重点发展对象。到了"十二五"时期,海洋产业得到了快速发展,尤其是海洋科技对海洋第一产业的发展起到了重要的推动作用,海洋第一产业中科技进步贡献率达到了270.41%,而劳动力投入的增长率和贡献率都下降到了负值,同时资本投入增长率也出现了下降,所以"十二五"时期第一产业的发展主要靠科技进步推动,这和国家在这一时期大力发展海洋科技是分不开的。

(2)从第二产业来看,"十一五"到"十二五"时期,总产值的增长率由0.49%上升到1.11%,资本投入增长率由-2.43%下降到-8.84%,劳动力投入增长率也由4.23%下降到2.27%;从贡献率来看,资本投入贡献率由-202.3%下降到-328.29%,劳动力投入贡献率由502.44%下降到120.55%,而科技进步贡献率则由-200.13%上升到548.83%。说明第二产业总产值的增长主要依靠的是科技进步。在"十一五"时期,第二产业总产值增长率较低,而且只有劳动力投入增长率和贡献率为正,其他都为负,说明在此期间,劳动力投入仍然是经济增长的主要推动力,但是很显然劳动力投入对经济增长的拉动力有限,大量的劳动力投入只带来经济的少量增长。在"十二五"时期,总产值增长率为1.11%,此时资本投入和劳动力投入贡献率都下降,科技进步贡献率上升到了548.83%,这和"十一五"时期形成了鲜明的对比,再次说明了海洋科技在海洋经济增长中的重要作用。但是资本投入和劳动力投入明显不足,说明海洋科研和人才的投入还存在一定的问题。

(3)从第三产业来看,在"十一五"到"十二五"期间,总产值的增长率从8.09%下降到4.20%,但是资本投入和劳动力投入增长率都提高了。从贡献率来看,"十一五"到"十二五"时期,科技进步贡献率从74.81%下降到了8.66%,资本投入和劳动力投入贡献率都上升了,说明海洋经济发展和海洋科技进步分不开。海洋第三产业主要包括海洋交通运输、滨海旅游业等,相对于海洋第二产业,它们的科技含量较低,同时国家政策也是大力发展海洋工程,很多因素共同导致了海洋第三产业总产值增长率下滑。从第三产业可以看出,如果只是一味想通过投入大量资本和劳动力来促进经济增长是不可行的,必须加大海洋科技的投入才能实现经济的增长。

从上述分析可以看出,"十一五"到"十二五"时期,海洋第一产业、第二产业和第三产业总产值的增长都和科技进步紧密相关,第一产业和第二产业科技进步贡献率上升,海洋总产值就增长,第三产业科技进步贡献率下降,海洋总产值降低;并且海洋三次产业也从粗放型增长慢慢转变为节约型增长,即依靠科技进步来促进经济增长,但是还存在资本和劳动力投入不足的情况,所以应该加大科研经费以及科技人才的投入,来促进海洋科技的发展,进而推动海洋经济增长。

六、主要省份海洋科技进步贡献率的比较

由于海洋产业近几年发展较快,各沿海省市都逐渐重视对海洋的开发,表2-4-4主要挑选了几个海洋大省在"十二五"期间海洋科技进步的贡献率,即海洋科技进步带来的海洋经济增长的部分。

表 2—4—4　　　　　　　　主要省份海洋科技进步贡献率(%)

省份	总产值增长率	资本投入增长率	劳动力投入增长率	技术进步率	资本投入贡献率	劳动力投入贡献率	科技进步贡献率
浙江	6.76	13.19	1.06	0.22	88.22	8.58	3.20
江苏	8.93	12.33	1.06	0.95	84.84	4.56	10.60
福建	10.63	−22.72	1.06	21.34	−105.76	5.06	200.71
山东	8.38	−68.18	1.06	42.45	−412.87	6.25	506.62
广东	10.28	15.10	1.03	1.18	8.42	4.26	11.49
上海	3.08	1.19	1.16	1.90	18.14	20.03	61.83

　　由表 2—4—4 可知,"十二五"期间,在浙江、江苏、福建、山东、广东、上海这几个沿海省市中,福建省的海洋总产值增长率最快,达到了 10.63%,其总产值增长主要是靠科技进步带动的,海洋科技进步贡献率达到了 200.71%;上海海洋总产值增长率只有 3.08%,其中海洋科技进步贡献率为 61.83%,在这几个省份中的排名也靠前,和我们前面分析一样,上海海洋科技进步所带来的海洋经济增长也是比较大的。山东省的海洋科技进步贡献率为 506.62%,是这几个省份中最大的,其海洋总产值增长率却只有 8.38%,还没有福建省高,主要原因是山东对海洋的资本投入过少。我们都知道青岛拥有很多国家级的海洋研究实验室,如果资本投入过少,则对其产出会产生影响;广东、江苏、福建的科技进步贡献率都较低,分别为 11.49%、10.6%、3.2%,这三个省份的总产值增长率分别是 10.28%、8.93% 和 6.76%,除了海洋大省广东的总产值较高外,浙江和江苏的总产值都不高。

　　总体来说,这几个省、市、区总产值增长率的大小和其科技进步贡献率的大小是相对应的,科技进步贡献率高的省份,其总产值增长率也相对较高,可见在经济增长中,科技进步起着重要的推动作用。

参考文献

[1]周绍森,胡德龙.科技进步对经济增长贡献率研究[J].中国软科学,2010,(02):34—39.

[2]裴东慧.基于索洛模型的技术进步对经济增长贡献率的实证研究——以重庆市为例[J].现代商业,2016,(24):96—97.

[3]张汴生,陈东照.基于灰色系统理论的河南省科技进步贡献率测算[J].河南农业大学学报,2015,49(04):540—544.

[4]周凤莲.青海省农业科技进步贡献率研究[D].青海大学,2016.

[5]鲁亚运.基于时滞灰色生产函数的我国海洋科技进步贡献率研究[J].科技管理研究,2014,34(12):55—59.

[6]章上峰,许冰.时变弹性生产函数与全要素生产率[J].经济学(季刊),2009,8(02):551—568.

[7]黄颖,曾玉荣.基于岭回归模型的台湾水稻科技进步贡献率的测算与分析[J].福建农业学报,2016,31(10):1126—1130.

[8]徐士元,何宽,樊在虎.基于浙江面板数据的海洋科技进步贡献率研究[J].海洋开发与管理,2013,30(11):111—116.

[9]张诚,于兆宇,廖韵如.江西区域物流能力与产业经济的灰色控制系统研究[J].华东经济管理,

2011,25(07):23—25.

[10]何宽.基于索罗模型的浙江海洋科技进步贡献率研究(D).浙江海洋学院,2013(6).

[11]田瑞,孙志宏,王旭.内蒙古林业三次产业科技进步贡献率测算与分析[J].中国林业经济,2016,6(3):30—34.

[12]黄敏,管宇,邱峰.我国林业科技进步贡献率测算[J].安徽农业科学,2012(28).

[13]刘澄.美国科技进步与经济增长[J].经济观察,2002(6).

[14]董方化.日本科技进步对经济增长贡献率的统计测算方法[J].全球科技瞭望,1996(8).

[15]张诚,廖韵如.基于参数灰色估计方法的江西省物流产业科技进步贡献率的研究[J].经济与管理研究,2011(4).

[16]党耀国,刘思峰.灰色预测与决策研究[M].北京:中国社会科学出版社,1993:81—130.

[17]姜秀娟,廖先玲,赵峰.基于参数估计方法的山东省技术进步贡献率的测算和分析[J].华东经济管理,2009(10):15—18.

[18]山刚,李南.中国物流业技术进步与技术效率研究[J].数量经济技术经济研究,2009(2):76—87.

[19]杜欢.中国海洋科技进步贡献率的研究(D).暨南大学,2016(6).

[20]刘大海,李晓璇,刑文秀等.区域海洋科技进步贡献率测度方法研究[J].海洋开发与管理,2015(1):18—21.

[21]刘晓璇,刘大海.海洋科技进步贡献率模型改进与参数测度[J].海洋经济,2016,8(4):51—58.

[22]卫梦星.中国海洋科技进步贡献率研究(D).中国海洋大学,2016(6).

(执笔:谢叙祎　吕洋)

2.5　中国深海技术发展现状及对策分析

摘　要:本文对比分析先进国家的深海技术,发现中国正处于上升期,在深海技术方面有不断突破;对比分析国内沿海省市,发现上海、山东、广东处于领先地位,辽宁、上海近几年的排名上升幅度较大。最后通过对国内整体深海技术的 SWOT 分析,提出有效提升深海技术水平的对策建议。

关键词:深海技术　评估体系　SWOT 策略矩阵

一、深海技术的国际发展趋势

(一)深海技术的体系分析

1. 深海技术内涵界定

深海技术是为深海科学调查与深海开发提供手段和装备的海洋高技术,它是涉及水面与水下空间的一项复杂的高技术。深海技术是集信息技术、新材料技术、新能源技术、生物技术、空间技术以及军事装备技术等于一体的综合性很强的高技术。作为知识、人才、资金密集型的高新技术群,深海技术具有先导性、战略性和增值性的特征。深海技术具有三个方面的作用:一是占有深海资源的保障作用;二是对海洋整体技术的推动作用;三是对相关领域的辐射与带动作用。

2. 深海技术体系

深海技术涉及的领域十分广泛,目前为止国内外对深海技术体系的划分还没有一个完整、权威的论述,许多划分比较杂乱,并且技术领域多有交叉。通过我们对深海技术的理解以及对深海技术领域的深入分析研究,本文认为深海技术从大的体系上可以分为深海探测技术、深海资源开发技术、深海空间利用技术、深海环境保护技术以及深海装备技术五个部分。

(二)国际海洋强国的优势领域及战略选择

1. 美国:深海钻探技术和海洋科技产业园

美国一直以来在深海钻探船、深潜器、水下机器人、液压活塞取心器、深海科学观测光缆等领域领先世界。为了给海洋技术提供好的发展环境,美国成功兴办不同形式的海洋科技园,孕育海洋高新技术产业。如美国在密西西比河口区和夏威夷的两个主要从事军事和空间领域的高技术向海洋空间和海洋资源开发转移的海洋科技园,以及德克萨斯州德克萨斯公路路口 69 号、96 号、287 号和 347 号的三角海洋产业园区、位于北卡罗来纳中心海岸的内海岸水路上的佳瑞特(Jarrett)海湾海洋产业园等,也都是在美国乃至世界上具有重要影响力的海洋高新科技产业园区。

2. 日本:先进的海洋资源开发技术

日本充分利用其近海资源的优势,大力开发海洋中丰富的资源、能源,开展深海底和冰海域资源的调查、开发计划,通过高技术资源采矿系统开发各种海底的资源矿藏,确保日本资源、能源的稳定供应;其海水淡化技术设备畅销世界,同时利用"人工海流"从海水中提取浓缩铀;扩大和开辟人类新的活动场所,建立高功能海洋城;发展深海生物工程技术和深海探查技术。进入 21 世纪,日本政府制定了海洋开发战略计划,并且采取了许多具体的措施,对政府部门的机构组织进行了必要的改革,加大投入,强化其海洋开发战略的实施。

3. 巴西:一流的深海油气勘探开发技术

巴西拥有可用于 3km 水深的半潜式钻井综合平台,大部分陆坡地区可以进行深水油气勘探开发。巴西国内开采的石油 80% 来自海上油气田,其中绝大部分集中在东南部里约热内卢州沿海的坎普斯海盆,东北部桑托斯盆地盐下层系和邻近海域。巴西国家石油公司在深海和超深海勘探开发领域具备世界顶尖的技术水平,不断刷新世界深海油气勘探开发的水深纪录。

4. 俄罗斯:深海载人潜水器有优势

俄罗斯的载人深潜器一直处于比较领先的地位。苏联就已拥有深海运载器和平 1 号、和平 2 号、Pisces(2km)和 MT-88 自治水下机器人(6km)。俄罗斯的 2 台潜水器可以放在同一条科考船上进行且由 2 台潜水器操作的科考活动,这是其他国家无法实现的。

5. 英国:先进的深海采矿技术

英国的深海采矿技术主要为试验性开采系统,由泵吸采矿机、吊桶链或无人遥控潜水器组成。对大洋多金属结核主要采用 3 种采矿方法,即连续链斗法、水力升举法和空气升举法。英国的大面积快速海底地形地貌探测工具,已广泛用于世界各深海大洋海底调查,并发现了一些新的海底峡谷、海底山和火山。

6. 法国:一流的深潜及平台建造技术

法国的高压石油软管制造技术,半潜式、自升式钻井平台建造技术和深潜技术等著称全球。法国拥有载人的深潜器鹦鹉螺号(Nautile,6km)、La Cyana(3km)、ROV 探测器 Epaulard 和 Victor 自治水下机器人(6km)。Nautile 先后下潜过 700 余次,Cyana 也有 1 500 次的深潜纪录 Epaulard 完成了 150 个航次下潜,先后共同完成了大洋多金属结核区域、海沟、海底火山、洋脊热液和深海生态的等调查或探测。

7. 德国:深海大洋的调查和探测

德国拥有的"北极星""流星"和"太阳"号都是常年在世界深海大洋作业的调查船,可从事海洋、地质、大气等领域研究。其中"太阳"号是第 1 艘具有动力定位系统的调查船,船上装备包括回声测深仪、沉积物探测仪、卫星导航系统、联网的计算机系统、荧光分光光度计、衍射仪等,可同步进行海洋地质、地球物理、地球化学等方面的综合性调查。德国的石油钻井设备制造技术及仪器仪表技术亦堪称世界一流水平[①]。

二、深海技术的国内发展现状

(一)国内深海技术发展研究的来源及热点

1. 国内深海技术发展研究文献的来源情况分析

近些年,国内关于深海技术的发展研究正愈演愈热,众多学者开展了大量的理论研究和实践探索,由此产生的研究成果被政府、企业等社会相关部门所采用和加以研究。在中国知网数据库中以"深海技术"作为检索词在"主题"中进行检索,数据期间为 2007～2017 年,共检索到 626 条文献记录,由于中国知网收录报纸中的内容,故经过筛选,得到有效文献记录为 402 条(见图 2-5-1)。

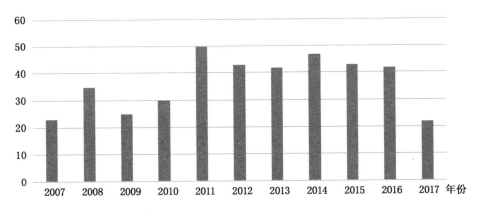

数据来源:中国知网,http://cnki.net/。

图 2-5-1 2007～2017 年 CNKI 收录有关深海技术的有效文献记录

国内对深海技术的研究在 2007～2011 年迅速上升,2011 年达到最大数量,之后虽略有下降,但幅度不大,保持在较高水平,可能由于深海技术的研发成果都趋向成熟,尚未发现新

的研究突破点,所以上升趋势暂停,2017 年有下降趋势。但是在国家海洋战略的指引下,相关学者对海洋科技研究的热情从未减少。

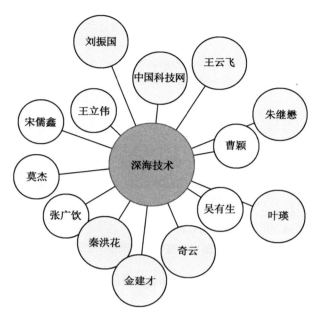

数据来源:百度艺术网,http://xueshu. baidu. com/。

图 2-5-2　中国深海技术主要研究学者

"深海技术"研究进程中,大量学者共同推动着深海技术的研究发展,其中刘振国、王云飞、叶瑛、奇云、金建才、秦洪花等贡献较大(见图 2-5-2)。

2. 国内深海技术发展研究的关联分析

从 2002～2017 年国内对深海技术相关的研究点来看,随着研究的不断深入,出现了越来越多与"深海技术"相关的研究点,形成了庞大的研究网络。其中下潜深度、载人潜航器、深潜器、国际海底、海洋强国、海洋技术与深海技术的联系在 2011 年之后越来越密切,相关研究数量增加,潜水器、俄罗斯、深海资源与深海技术的关联研究相对成熟,近几年没有新的突破点,所以相关研究数量较少(见图 2-5-3)。

(二)国内沿海省市的深海技术空间分布

1. 国内沿海地区深海技术综合排名

为了全面衡量海洋科技的综合水平,本文从海洋科技投入、海洋科技产出和海洋科技环境三个准则层进行衡量,在三个准则层下又选取 12 个指标层,如表 2-5-1 所示。

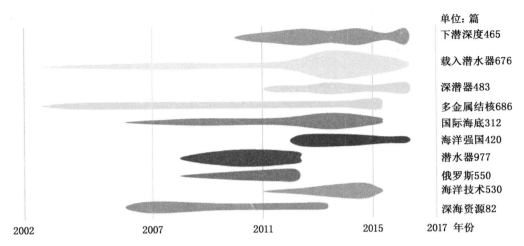

注:图形长度反应时间长度,宽度代表研究数量。

数据来源:百度学术网,http://xueshu.baidu.com/。

图 2－5－3　国内深海技术发展研究的关联分析

表 2－5－1　　　　　　　　　　　　　**海洋科技系统指标体系**

目标层	准则层	指标层
海洋科技系统	海洋科技投入（B1）	研究与开发经费投入强度（D1）
		海洋科研机构数量（D2）
		科技活动人员中高级职称所占比重（D3）
		科技活动人员占海洋科研机构从业人员的比重（D4）
		承担课题数（D5）
	海洋科技产出（B2）	专利申请受理量（D6）
		发明专利授权数（D7）
		本年出版科技著作（D8）
		科研人员发表的科技论文数（D9）
		国外发表的论文数占总论文数的比重（D10）
	海洋科技环境（B3）	海洋科研机构科技经费筹集额中政府资金所占比重（D11）
		海洋专业大专及以上应届毕业生人数（D12）

表 2－5－2　　　　　　　　　**中国沿海地区 2006～2014 年海洋科技综合得分**

综合＼年份	2006	2007	2008	2009	2010	2011	2012	2013	2014
天津	0.13	0.11	0.08	0.08	0.09	0.10	0.09	0.08	0.08
河北	0.03	0.04	0.04	0.04	0.04	0.05	0.03	0.03	0.04

续表

年份\综合	2006	2007	2008	2009	2010	2011	2012	2013	2014
辽宁	0.03	0.04	0.04	0.11	0.10	0.09	0.11	0.11	0.12
上海	0.15	0.17	0.19	0.21	0.20	0.21	0.18	0.20	0.20
江苏	0.10	0.09	0.10	0.08	0.12	0.09	0.08	0.09	0.09
浙江	0.09	0.07	0.08	0.06	0.05	0.05	0.06	0.07	0.07
福建	0.06	0.06	0.06	0.04	0.06	0.04	0.04	0.06	0.06
山东	0.22	0.23	0.20	0.18	0.17	0.18	0.19	0.18	0.17
广东	0.17	0.17	0.19	0.15	0.15	0.13	0.16	0.14	0.14
广西	0.01	0.01	0.01	0.02	0.01	0.01	0.01	0.02	0.03
海南	0.01	0.01	0.01	0.02	0.02	0.03	0.05	0.01	0.01

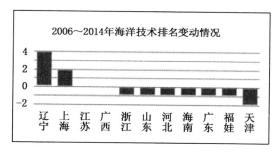

图 2—5—4　2006~2014 中国沿海省市海洋科技得分情况

经过对数据的无纲量化和熵值赋权可以得到沿海 11 个省市的综合得分,可以看出山东和上海近几年深海技术水平处于领先地位,而上海深海技术的整体水平呈上升趋势,而山东深海技术的整体水平呈下降趋势;辽宁和广东处于第二阶层,其中辽宁的深海技术水平增长较快;江苏、天津、浙江的深海技术水平处于中等水平;河北、广西、海南的深海技术水平较低(见表 2—5—2 和图 2—5—4)。

2. 国内沿海地区各自的深海技术优势领域

上海已初步形成了以洋山深水港为核心、临港新城和崇明三岛为依托、江浙沿江沿海地区为两翼的长三角滨江临海产业带。现阶段,上海海洋科技创新的水平、规模和发展状况与上海建设海洋经济强市的战略要求还很不适应,对长三角区域海洋科技创新的服务能力和引领带动作用也有待提高。

青岛建设国家海洋高新技术产业基地的最大优势在于海洋科技和人才优势。青岛市每年在研的海洋类研究课题为1 000项;在"十·五"国家"863计划"项目中,驻青岛各海洋研究机构争取到海洋领域"863"项目112项,占全部海洋领域项目的1/3。

天津塘沽海洋高新技术开发区以"环境建设为先导、利用外资为目标、招商引资为核心、科技产业为重点、海洋开发为特色",建立了以市场为导向、以大学、科研机构为支撑,以企业为主体技术创新机制,使海洋产业的发展规模和聚集效应不断壮大。并相继建设了创业服务中心、民营科技园、经济服务中心、外国中小型企业科技工业园、大学园、国家科技兴海示范区、海洋精细化工示范基地和科技成果转化示范区等,具备了较好的现代管理服务体系和较强的科技产业化能力。初步形成以海洋高科技、复合新材料、机械制造、电子信息四大产业为主的产业群体,为天津滨海新区的迅速崛起、国民经济持续快速发展做出了贡献。

深圳是中国最早开放的沿海城市之一,同时具有丰富的海洋资源和得天独厚的自然条件,是深圳发展海洋高新技术产业的基本条件。深圳市东部海洋生物高新科技产业区是深圳市海洋生物高新科技的研究、开发、示范和产业化生产基地。产业区的陆地面积100公顷,主要进行海洋生物高新技术产品的研发和生产;海域面积500公顷,主要进行海洋生物高新技术养殖和观赏示范,该产业区将成为深圳市新的经济增长带。

三、SWOT分析及策略矩阵

(一)优势

1. 建立了较为完善的研究体系

经过多年发展,目前中国已经初步建立了较为完善的海洋高新技术研究体系,其海洋科技方面的突破和成果主要体现在五个方面:一是海洋环境监测技术在海洋动力环境要素、遥感应用模块、大型浮标、高频雷达和声频监测等方面取得突破并实现产业化;二是近海海洋油气与天然气、水合物勘探开发技术取得长足进展;三是研制了一批大洋矿产资源勘察技术装备,打破了国外技术垄断;四是海洋生物技术发展迅速,生物工程、遗传工程、生态工程、生物栖息学等,海洋制品、微生物等研究位于国际前列;五是已形成年产万吨级膜法和蒸馏法海水淡化设计制造安装能力,海水提钾、镁等技术进入工业化阶段。

2. 政策支持力度大,战略地位高

习近平总书记在全国科技创新大会上,描绘了"深海进入、深海探测、深海开发"的深海三部曲。对此,我国的大洋钻探,国际大洋发现计划中国专家咨询委员会提出"三步走"战略规划:第一步,2014~2017年,实现3个以中国科学家为主的"匹配性项目建议书"航次;第二步,2018~2020年,实现中国自主组织的国际大洋发现计划航次,建设新的岩芯研究中心;第三步,建造新一代大洋钻探船。目前,我国大洋钻探正按照这"三步走"的战略规划,稳步推进。

（二）劣势

1. 海洋高技术人才不足

海洋高技术研究人员不能满足海洋产业创新发展的需求,我国海洋技术型人才大多集聚在青岛和上海。对于海洋人才创新能力的培养较为滞后,研究人员大多只擅长在国外先进的海洋技术基础上进行二次创造,而原始创新的能力还有较大提升空间。

2. 资金投入不足

由于深海技术是一项前期投入巨大,回报率低,成长周期较为漫长的产业,对民间资本的吸引力不大,仅靠政府及高校对某些利润率低的领域进行投入研究,深海技术的仪器设备和试验成本较高,没有资金的支持很难取得较大发展。

3. 企业活力未激发

由于目前深海技术产业尚处于成长期,科技转化平台尚未建立成熟,科技成果产业化效率低,同时发展深海技术所需的设备设施及条件要求较高,前期投入巨大,成长周期较长,尽管深海技术产业未来发展前景很好,但是资金不够雄厚的企业无法支撑起前期投入巨大资金而回报率低的持续状况,面对国际上强劲的竞争对手,不少想要涉足深海技术的企业望而却步,市场活力未被激发。

（三）机遇

1. 国际深海技术发展趋势

海洋经济的发展需要技术的驱动,各个国家都认识到技术是发展的第一驱动力。各国将海洋经济发展的希望寄托在技术产业化及深海技术的重大突破上,因此技术的重大突破、海洋新材料的发现将是获得深海大洋进一步发展的关键环节。

2. 创新体系的国际化

当今世界科技、经济全球化逐渐深化,国际经济、政治格局不断变化,海洋产业的竞争更加激烈,深海技术同时具有开放性和国际型的特征,紧密程度也在不断加深。海洋产业的国际竞争越激烈,深海技术在其中发挥的作用就越重要。尽管全球化会使竞争更加激烈,但同时也给予我们更多的学习机会,可以借助国际化机遇,提升深海技术研发能力。

3. 军民融合的技术双向流动

军用设备所需的深海技术由于其特殊性,一部分深海技术涉及保密。但是有一部分军用设备是可以军民两用的,军民两用技术的创新成果双向转化和资源共享,有助于打造具有全国影响力的军民两用技术、产品、信息交流交易合作平台。

（四）挑战

1. 竞争日趋激烈

当前,深海大洋竞争态势依然严峻,一是空间竞争日趋激烈,二是资源争夺日趋加剧。海洋大国对国际海底资源勘查的投入力度和工作强度进一步加大,新一轮"蓝色圈地"进程加快。三是科技竞争日趋凸显。深海资源勘探开发技术成为海洋科技竞争的新热点,深海科技呈现出多元化、集成化的新趋势,成为继太空技术后的又一国际技术竞争的新领域。四是竞争与合作日趋交融。海洋强国对新兴海洋国家加以限制;各利益集团又在海洋环境保护等领域加强合作。

2. 全球海洋生态环境

随着全球海洋产业的发展,海域水质不容乐观。海岸和海洋工程开发活动不断增多,工程周边水域水质下降。海洋灾害环境风险压力加大。随着国内国际船舶运输不断增加,船舶溢油等突发性污染事件时有发生,长江口自然环境和水源地安全面临较大的潜在风险。全球海洋生态环境的恶化会要求深海技术的发展要朝着环境友好型、资源节约型发展,对深海技术提出更高的要求。

3. 发达国家的技术壁垒

由于深海技术的特殊性,国际上深海技术是有很多技术壁垒的,发达海洋国家现有的技术成就达到世界前列,在某些领域我们需要付出几年甚至更长的时间去追赶,技术壁垒的存在阻碍了技术知识的传播,这意味着中国深海技术要挤进世界前列仍面临巨大挑战。

4. 海洋产业多分布在价值链中低端

中国的海洋产业大部分处于世界海洋经济产业链条和价值链条的中低端,产品附加值低,依赖劳动力成本优势争取市场份额,只依靠仿制等方式进行产品升级,对国外海洋产业形成路径依赖,缺少创新的动力。

根据以上 SWOT 分析,得到 SWOT 策略矩阵(见表 2—5—3)。

表 2—5—3　　　　　　　　　中国深海技术发展策略矩阵

S—W O—T	优势 S 1. 建立了较为完善的研究体系 2. 政策支持力度,战略地位	劣势 W 1. 海洋高技术人才不足 2. 资金投入不足 3. 企业活力未激发
机遇 O 1. 国际深海技术发展趋势 2. 创新系统的国际化	S—O 策略 1. 加强自主创新,提高关键技术和设备的国产化率 2. 加强军民融合,提高产品利用效率	W—O 策略 1. 注重深海科技的人才培养,同时大力引进深海技术领域的国外高级人才,加强深海技术创新团队的建设 2. 加强国际合作和交流,积极吸收国外的先进技术和经验
威胁 T 1. 竞争日趋激烈 2. 全球海洋生态环境 3. 发达国家的技术壁垒 4. 海洋产业多分布在价值链中低端	S—T 策略 1. 完善深海技术相关法律法规体系,起到引导与保障深海科技发展的作用 2. 加强自主创新,提升在产业链条中所处的地位	W—T 策略 1. 加大对深海技术研究领域的投资力度,掀起深海技术领域研究更高的热潮 2. 以市场为导向,支持、鼓励发展海洋高新技术企业,多元化融资方式,促进深海技术产业化

四、促进中国深海技术有效提升的对策建议

针对中国深海技术的 SWOT 分析结果,可以提出促进中国深海技术有效提升的策略:

(一)注重深海科技的人才培养,大力引进深海技术领域的国外高级人才,加强深海技术创新团队的建设

发展深海技术,人才是重中之重。应该大力引进深海技术领域国外高级人才,加强深海技术创新团队的建设,紧跟国际深海技术的发展潮流,同时要具备自主创新能力,建设一

批产、学、研相结合的研究基地。根据中国深海研究的目标、任务,组织一批相关机构的科技人员及研究生进行业务培训;选拔一批科技人员出国学习;组织国内大洋钻探领域的专家参加相关航次,承担相关调查、研究、计算、测试分析任务,通过实际工作造就大洋钻探人才。

(二)加大对深海技术研究领域的投资力度,掀起深海技术领域研究更高的热潮

优化服务环境,创新招商机制,积极吸引导向型企业落户,加快完善海洋战略性新兴产业的产业链,着力打造海洋新兴产业高地。目前,海上风力发电、海水淡化、海洋复合材料、海洋高端工程照明、海洋生物医药等方面的项目招引正在加快推进中。

(三)加强国际合作和交流,积极学习国外的先进技术和经验

加强国际合作和交流,特别是对于深海高精尖设备的研发及业务化运行,更应该积极学习国外的先进技术和经验,更好地利用国外的先进科技,更好地进行国际科技合作,有效跟进前沿热点技术研发,掌握最先进的深海技术。着重加强国内深海技术科研院所的交流,做到优势互补、群策群力,为中国深海事业的进一步发展而共同努力。同时,以区域热点问题为基础,积极倡导以我为主的国际大型深海观测和研究计划。

(四)加强自主创新,提高关键技术和设备的国产化率

必须加快提升自主创新能力,突破核心技术,建立有自主知识产权的海洋探测技术体系,海洋生物医药技术体系、海洋可再生能源技术体系、海洋信息服务技术体系和海水淡化技术体系;坚持走专业化的发展模式,加快海洋工程装备制造配套设备自主化的进程,尽快掌握设计能力和总装集成能力;建设海上试验场、综合检验检测评估体系等公益性技术支撑服务体系;设立战略性新兴产业投资基金,组织开展重大科技攻关,以实施重大科技专项为契机,解决制约深海产业发展的前沿性技术、核心技术和关键共性技术难题。

(五)建立健全大型装备的研发与运行管理机制

开展深海研究离不开耗资巨大的大型涉海装备,国内任何一个科研机构或企业都难以承受其昂贵的建设与维护费,要在国家层面上加大大型装备的研发和建设,由地质、海洋钻探、物理海洋、地球物理、水文化学、海洋气象、船舶工程、通信、材料、信息自动化等多方面的专家组成,共同完善如海洋科学钻探船、深潜器这样大型装备的建设方案,以深海大型工程装备为突破口,大力发展深海技术。同时配备完善的运行管理机制,要以综合性、跨学科的科研基地为基础,尽快建立大型装备的"公管共用"机制,提高设备使用效率,搭建学科协作的平台。

(六)以市场为导向,支持、鼓励发展海洋高新技术企业,采取多元化融资方式,促进深海技术产业化

传统的先进行研究和开发,再面向市场进行产品化的开发模式已不适应海洋高新技术产业发展的要求,海洋高新技术的研究过程往往就是产品的开发过程。因此,建立海洋高新技术企业,使海洋高新技术的研制与生产紧密结合,是促进海洋高新技术产业发展的有效模式。为此,可以进一步合理配置各种资源,充分利用海洋高新技术的优势时期,将其转化为效益。海洋高新技术企业的创办与发展有其自身的规律,企业文化、运行机制、经营理念、管理制度均有自身的特色,需要用市场的标准谋求发展,以经济效益为目标,追求企业价值最大化。

积极实施投融资多元化战略。在深海产业的需求驱动力前提下,应确立长期稳定的投资机制和政策。投资强度既要与国际上争夺海底资源日趋紧迫的形势相适应,又要与中国国民经济的发展速度与综合国力提高相适应。在资金来源上以政府拨款为主体,促进投资多元化,可参照国际上其他国家的做法,从国家专项经费中一次性核定一定数量经费作为资本金,建立吸纳其他资金的投资机制,实现产业资本与金融资本的合理配置。

(七)完善深海技术相关法律法规体系,起到引导与保障深海科技发展的作用

海洋科技发达国家的经验和模式证明,通过国家层面制定海洋科技的发展规划来确定海洋高新技术及其产业的发展方向和模式,能够规范和促进国家海洋高新技术产业的发展。为促进我国海洋高新技术及其产业的发展,从而带动我国海洋经济向更高、更快方向发展,必须从政府层面确立海洋科技的发展方向和重点,明确深海技术产业化的发展模式。

（执笔:吕凡）

第三章　海洋产业新体系

3.1　中国海洋产业集聚因子分析

摘　要:伴随着我国海洋经济的快速发展,海洋产业的集聚问题也逐渐引起相关学者的重视。为研究海洋产业集聚的主要影响因素以及影响机理,本文基于马歇尔的经济外部性理论和地区特征,建立海洋产业集聚影响因素的分析框架,并利用 2006~2013 年我国 11 个沿海省市的面板数据,实证检验了各因素对海洋产业集聚的影响作用。

关键词:海洋产业集聚　影响因素　影响机理　区位熵

一、核心概念界定和理论基础

(一)海洋经济与海洋产业

2006 年《海洋及相关产业分类》(GB/T 20794－2006)将海洋经济定义为:海洋经济是开发、利用和保护海洋的各类产业活动,以及与之相关联活动的总和,包括海洋产业和海洋相关产业两个部分。将海洋产业定义为:海洋产业是指开发、利用和保护海洋所进行的生产与服务活动,海洋产业构成海洋经济的主体和基础,是具有同一属性的海洋经济活动的集合,也是海洋经济存在和发展的前提条件。本文的定义以此为准。

(二)海洋产业分类与产业结构

海洋产业分类与产业结构见表 3－1－1。

表 3－1－1　　　　　　　　　　　海洋三次产业分类

产业类别	产业部门	包括的海洋经济活动
第一产业	海洋渔业	包括海洋捕捞、海水养殖以及海洋渔业服务业

续表

产业类别	产业部门	包括的海洋经济活动
第二产业	海洋油气业	海岸线向海一侧的石油、天然气的开采活动
	海洋矿业	砂质海岸或近岸海底开采金属和非金属砂矿
	海洋盐业	海水晒盐、海滨地下卤水晒盐和原盐产品加工
	海洋化工业	以直接从海水中提取物质作为原料进行的一次加工产品的生产
	海水利用业	海水淡化业和对海水进行直接利用的行业
	海洋生物医药业	从海洋生物中提取有效成分生产生物化学药品、保健品和基因工程药物的生产
	海洋船舶工业	各种航海船舶和渔船的制造、修理等活动
	海洋电力业	利用海洋潮汐能、波浪能、温差能、潮流能、盐差能等进行电力生产活动
	海洋工程建筑业	海港、滨海电站、海岸、堤坝等海洋、海岸工程建筑的行业活动
第三产业	海洋交通运输业	海洋交通运输及为其提供服务的活动
	滨海旅游业	以海岸带、海岛及海洋自然、人文景观为依托的旅游经营、服务活动
	海洋科研教育管理服务业	围绕海洋资源开发而提供的科研、教育、服务等

资料来源:国家海洋行业标准《海洋及相关产业分类》(GB/T20794-2006)。

(三)产业集聚的界定与分类

1. 产业集聚的界定

对于产业集聚的概念本身,尽管不同学者有不同的认识,但目前仍以波特的定义最具影响力。迈克·波特 1990 年出版《国家竞争优势》一书,首先对集聚现象做出分析。此后,很多国家的地方政府根据国际经验,通过培育地方产业集聚并促使其升级,使本地生产系统的内力和国际资源的外力有效结合起来,提高了区域竞争力。

罗森菲尔德(Rosenfeld,1997)认为,产业集聚是指为了共享专业化的基础设施、劳动力市场和服务,同时共同面对机遇、挑战和危机,从而建立积极的商业交易、交流和对话的渠道,在地理上有界限而又集中的一些相似、相关、互为补充的企业。

2. 产业集聚的分类

萨米尔·阿明(Samir Amin)根据产业特征和系统复杂性将产业集聚分为传统产业集聚、高科技产业集聚和基于大企业的产业集聚。汉弗莱(Humphrey,1995)按商品链的性质将其分为生产者驱动型商品链和消费者驱动型产业集聚。佩德雷森(Pedresen,1997)根据内部企业协作关系将其分为多元化产业集聚和转包型产业集聚。亚历克斯·霍思(Alex Hoen,1997)从产业层次和实体间关系两个维度将其分为微观层、中观层和宏观层;根据其形成方式还可分为诱致型产业集聚、强制性培育型产业集聚与引导培育型的产业集聚。汉弗莱(Humphrey,1995)将产业集聚分为高科技产业集聚、传统产业集聚和基于大企业的产业集聚,并按商品链的性质将产业集聚分为生产者驱动型产业集聚和消费者驱动型产业集聚。

李新春(2000)根据对广东企业集聚不同发展形态的观察,将企业集聚描绘为三种形式:

历史形成的企业集聚，沿全球商品链形成的企业集聚以及创新网络企业集聚。

王缉慈(2001)通过对新产业区的研究将企业集聚分为以下五类：(1)沿海外向型出口加工基地；(2)智力密集地区；(3)条件比较优越的开发区；(4)乡镇企业聚集而形成的企业网络；(5)由国有大中型企业为核心的企业网络。根据中国广东专业镇经济的实践，研究人员王珺(2002)把集聚经济分为三个阶段，即专业市场型、纵向配套型和合作扩展型。

3. 产业集聚的影响机理分析

(1)一般产业集聚的影响机理分析

波特(1990)采用"钻石模型"来分析产业集聚的形成与发展，主要观点如下：竞争是集聚发展的驱动力，它能够促进出口增长且吸引外国投资。

樊秀峰、康晓琴(2013)采用区位熵指数和空间基尼系数指标，研究了陕西省制造业集聚度。通过对集聚度的测算，发现集聚度高的行业多数是资源依赖性的，并且这些行业的产业集聚度整体呈下降趋势。然后运用固定效应面板模型研究了制造业集聚度的影响因素，结果显示外商直接投资水平(FDI)的提高对产业集聚影响不明显，而行业劳动力密集度、行业增长水平、规模经济、劳动生产率的提高和运输成本降低能促进产业的集聚。

(2)海洋产业集聚的影响机理分析

李青、张落成等(2010)运用赫芬达尔赫斯曼指数发现江苏沿海地区海洋化工业、海洋生物医药业、海洋交通运输业在空间上较为集中，导致空间集聚变动的主要原因是资源禀赋、发展基础和发展条件的变化。

王涛、何广顺等(2014)利用赫芬达尔—赫希曼指数、空间基尼系数、熵指数和地点系数对2001～2012年我国海洋产业集聚水平进行测度，发现产业集聚水平最高的是海洋油气业、海洋矿业和海洋盐业，同时沿海地区间海洋产业的集聚程度差异较大。通过定性分析得出区位因素、产业规模递增、产业波及效应和差异化竞争等因素是影响海洋产业集聚的主要因素。蔡宁、黄坡等(1999,2000)从生态学角度来研究中小企业集聚的形成和发展，其主要观点有：产业发展的簇群化、融合化和生态化是21世纪国际产业发展的新趋势，这三大趋势是产业内发展规律在实践中的具体体现，也是产业发展对当今国际经济新特征和新变化的一种动态注释。

陈国亮(2015)通过修正的E—G指数探究我国海洋产业协同集聚的空间演化情况，对影响海洋产业协同集聚形成机制的因素进行理论和实证分析，并研究了其空间外溢效应。结果显示：海洋产业协同集聚在空间上差异明显，而知识外溢和海陆联动对其具有积极的推动作用，且集聚对周边地区的空间外溢效应显著，但受区域边界约束。

纪玉俊、刘金梦(2016)基于马歇尔外部经济理论和地区特征建立了海洋产业集聚影响因素的理论分析框架，并通过计量模型实证检验了各因素对海洋产业集聚的影响作用，结果证实知识溢出和技术创新是促进海洋产业集聚的显著因素，并提出各地区要综合考量比较优势和地区发展状况来实现最优化的海洋产业集聚。

二、方法和模型

(一)海洋产业集聚影响因素的分析框架

产业集聚影响因素的分析一般会追溯到马歇尔提出的观点，即劳动力市场共享、中间投入的多样性及知识溢出的作用。除上述因素外,还要结合海洋产业特点进行有针对性的分析。具体如图3-1-1所示。

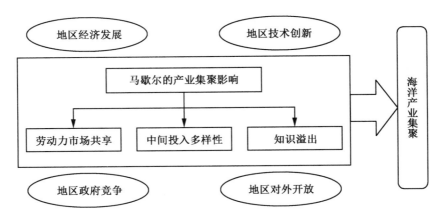

图3-1-1 海洋产业集聚影响因素的分析框架

1. 马歇尔产业集聚的影响因素分析

首先,相比于陆域经济,海洋经济的发展还处刚起步阶段,同时海洋产业属于资源型产业,海洋资源的开发利用与地区技术创新有着密切关系,基于此,技术创新也就成为影响海洋产业集聚的重要因素;其次,从制度层面来说,地方政府竞争在促进经济发展方面无疑发挥着重要作用,因为海洋经济对于沿海地区是新的增长点,每个地区对其都格外重视;最后,作为对外开放的前沿,沿海地区的对外开放水平也会对海洋产业集聚产生影响。根据上述分析,提出如下分析框架。

(1)劳动力市场共享

马歇尔提出了外部经济理论,该理论认为劳动力市场共享是影响产业集聚的因素之一,它对产业集聚具有一定的促进作用。韩帅等(2012)通过引入教育指标,验证了集聚对教育的工资回报的影响,研究发现制造业集聚会压低本行业的工资水平,但能够显著提高行业的教育回报,体现了劳动力市场的共享效应,同时劳动力市场共享,也可以促进集聚区内"人才市场"的建立。相同行业的大量企业集聚,会使得劳动力市场规模扩大,从而提升该行业劳动力的供给,同时由于产业集聚所带来的劳动力的错配效应,也会进一步提升产业的集聚力。

(2)知识溢出作用

马歇尔在外部经济理论中将这一因素概括为知识溢出,知识溢出就是指集聚企业之间能产生的技术外部性,这种技术外部性能够增强海洋产业集聚区的技术优势,格莱泽(Glae-seretal,E. I. etal)将技术外部性归结为两种类型:MAR外部性和简·雅各布斯(Jacobs)外部性。MAR外部性是指同一海洋产业内部的知识溢出,它主要集中于产业内部有利于实现专业化生产,同时对海洋产业集聚也有强化和促进作用;简·雅各布斯外部性的知识溢出,主要分布在不同的海洋产业之间。

2. 地区特征与海洋产业集聚

（1）地区经济发展水平

一个地区的产业集聚，显而易见会受到当地经济发展水平的影响，而中国的 11 个沿海省市地区经济发展水平是存在巨大差异的，这种差异也会对海洋产业集聚产生重大的影响。首先，海洋产业集聚十分依赖基础设施，而一个地区经济越发达，往往基础设施条件也越好，完善的基础设施和交通状况能够降低企业在集聚区内的交易和生产成本，也能够降低公司之间的交流成本，从而促进产业集聚的发展，有显著的正效应。其次，较高的区域经济发展水平，意味着当地有更大的市场需求以及丰富的人力资本和科学技术，这些都可以满足海洋产业发展的各方面资源需求。第三，经济发展水平较高的地区，往往有较好的文化制度和政策环境，而且当地工人的整体素质也会比较高，较好的人力资本也会进一步吸引各类产业到该地区发展，因此，区域经济发展水平将影响海洋产业集聚。

（2）地区技术创新

科技是第一生产力，它不光能推动地区的经济发展，也是产业集聚的重要影响因素。技术创新在很大程度上都体现着一个地区的区域竞争力。技术创新作为推动产业集聚的重要力量，它的效应主要是可以推动传统产业实现转型升级，而传统产业是整体经济的发展基础，特别是在海洋经济中，传统的海洋产业占绝大部分比重，比如海洋渔业，技术创新可以使这些传统的海洋产业生产效率提高，而因为传统海洋产业的比重较高，也会进一步促进海洋经济的发展。

（3）地方政府竞争

地方政府竞争主要是指政府所采用的税收优惠政策。为了促进地区经济的发展，地方政府都会采取一系列的政策措施，在不同方面展开竞争。地方政府竞争的影响机制，主要是通过影响要素流动和市场主体，从而介入市场活动。

（4）地区对外开放

海洋产业是一种资源性的产业，受海洋资源的约束比较强，因此主要集中在沿海地区。东部沿海地区不仅具有交通条件优良、地理位置优越、人才资本充裕等各方面的优势，也有对外开放的悠久历史，因此对企业而言具有很强的吸引力，这些优势都是一些比较落后的沿海地区所没有的。对外开放的效应主要集中在两个方面：（1）对外开放可以促进沿海地区的市场不断扩张，市场需求的增加也会刺激地区的企业发展；（2）地区市场的扩大，可以推进产业的专业化分工不断发展并推动产品创新，对海洋产业集聚具有一定的强化作用。

（二）计量模型设定与数据来源

1. 海洋产业集聚的度量

为了从总体上度量省域层面海洋产业的空间集聚水平，本文在实证部分将海洋产业划分为一、二、三产业进行计算。首先对海洋一、二、三产业的区位熵进行计算，在此基础上又计算了综合区位熵。具体方法如下：

$LQ = \sum_{i=1}^{3} \beta_i LQ_i$，其中 LQ 表示综合区位熵，LQ_i 表示海洋一、二、三产业的区位熵，β_i 表示权重，是用各沿海地区海洋一、二、三产业产值占各地区海洋生产总值的比重来表示。

2. 计量模型设定

在上文理论框架分析的基础上，本文采用面板数据模型的估计方法，来检验各因素对海洋产业集聚的影响。模型设定如下：

$$\ln lq_{it} = c + \beta_1 lab_{it} + \beta_2 \ln potent_{it} + \beta_3 \ln agdp_{it} + \beta_4 \ln tech_{it} + \beta_5 \ln gov_{it} + \beta_6 \ln open_{it} + \beta_7 \ln env_{it} + \mu_{it}$$

其中，c 是常数项，μ_{it} 为误差项，$\beta_1, \beta_2 \cdots \beta_7$ 为系数值。

相关变量说明如下：

lab_{it} 表示沿海地区的涉海就业人员数，是对劳动力市场共享因素的衡量。在马歇尔的外部经济理论中，劳动力市场共享是影响产业集聚的主要因素之一，本文采用沿海地区涉海就业人员数来度量劳动力市场共享。

$tech_{it}$ 表示知识溢出因素。对某一地区产业发展最重要的因素是高等教育，高等学校中对高素质人才的培养对满足社会企业的需求至关重要，本文采用当年毕业的海洋专业研究生数量来衡量知识溢出因素。

$agdp_{it}$ 表示地区发展水平。蒋晓光（2014）等认为相对于地区生产总值，地区的人均 GDP 这一指标不受人口规模和地区差异等的影响，对地区发展水平更具有解释力。

$potent_{it}$ 表示沿海地区的技术创新。本文根据研究内容的特点以及数据的可获取性，采用沿海地区海洋科研机构专利申请受理数量来度量技术创新因素。

gov_{it} 表示地方政府竞争。由于地方政府竞争的度量难度较大，因此本文采用间接度量的方法，用地区企业所得税占地方财政收入的比重来度量。

$open_{it}$ 表示对外开放程度。本文采用进出口总额占地方 GDP 比重来衡量对外开放水平。

env_{it} 是各省市工业废水排放量与全国工业废水排放量之比，代表环境因素对海洋产业集聚的影响。马歇尔的影响因素理论没有考虑到海洋产业对环境的依赖程度。由于海洋排放物对海洋产业集聚影响较大，为了便于衡量，本文采用废水排放量占全国工业废水排放量的比值来衡量地方环境保护程度。

三、中国海洋产业集聚特征分析

（一）分析方法

本文对海洋产业聚集程度的测度方法是区位熵指数，首先将海洋产业分为第一、第二、第三产业，考察海洋产业内部各细分产业的聚集程度。因此，本文尝试对原有公式进行改进，提出以下形式：

$$LQ_i = \frac{e_{i0}/e_i}{E_{i0}/E_i}, (i = 1, 2, 3)$$

式中 e_{i0} 表示区域海洋第 i 产业（$i = 1, 2, 3$，下同）的从业人数（或产值、固定资产投资额、出口额，下同），e_i 表示区域第 i 产业的产值，E_{i0} 表示全国海洋第 i 产业的产值，E_i 表示全国第 i 产业的产值。若 $LQ_i > 1$，则表明区域海洋第 i 产业聚集程度较高，具有比较优势，反之则说明该产业聚集程度较低，不具备比较优势。

（二）数据收集及处理

本文数据来源为《中国海洋统计年鉴》《海洋经济统计公报》（2004～2015）。由于 2006 年之前的《中国海洋统计年鉴》是按照细分的产业来统计的，所以本文根据海洋细分产业的定义，对 2006 年之前的相应数据进行整理。大致将沿海 11 个省、市、区划分成三大区域，其中长三角地区包括上海市、浙江和江苏,环渤海地区包括天津、河北、辽宁和山东,珠三角地区包括海南,广东,广西和福建。各数据见表3－1－2。

表3－1－2　　　　　　　　　　　　2009～2014年的各区域海洋细分产业值

区域	细分产业	2009年	2010年	2011年	2012年	2013年	2014年
环渤海地区	一	779.60	813.00	1046.30	1174.50	1301.90	1303.00
	二	5 706.30	7 322.80	8 631.70	9 204.80	9 973.70	10 635.60
	三	4 696.20	5 732.80	6 667.20	7 545.70	8 458.40	9 351.20
长三角地区	一	411.60	453.00	489.80	594.30	607.60	748.10
	二	4 622.80	5 750.00	6 516.00	6 867.80	7 008.40	7 177.60
	三	5 280.10	6 455.90	7 402.70	8 154.70	8 868.80	10 350.40
珠三角地区	一	666.60	742.00	845.90	901.80	6 351.40	1 058.50
	二	4 651.20	5 862.00	6 538.00	7 397.20	7 927.00	8 846.80
	三	5 463.30	6 441.00	7 358.60	8 204.50	9 159.10	11 228.00

数据来源:根据《中国海洋统计年鉴》整理。

为了展示近几年的海洋产业发展变化,这里列出了近六年的海洋产业产值数据,从表3－1－2中可看出环渤海、长三角和珠三角地区内海洋细分产业的总体发展状况。首先从总体的增长趋势来看,可以看到三个地区的海洋产业都是在快速发展之中,而在三次产业中,第二、第三产业的发展速度都是显著高于第一产业,本文认为这是因为第一产业主要是海洋渔业、海洋油气业这类传统产业,对海洋资源的依赖性比较强。其次,分地区来看,环渤海地区的海洋第一产业均高于同期的长三角地区,而第三产业是低于长三角地区的。珠三角地区的第一产业显著低于长三角地区,而第二产业、第三产业与长三角地区的发展基本持平。这也表明三大地区在各自产业发展方面有不同的优势,但也各自存在着不足。

从表3－1－2中可看出三大经济区和全国海洋产业结构的发展现状。三大经济圈经济有相似的发展结构,基本上都形成了二、三、一的产业结构,其中第二产业都占有绝对优势,而第三产业发展迅猛。从绝对值上来看,环渤海和长三角地区的第二产业比较接近,但第三产业产值却低于同期长三角地区水平。珠三角地区由于海洋产业的发展历史悠久,其在一、二、三产业方面发展规模都是全国领先,且发展态势良好。

(三)中国海洋产业集聚特征分析

按照前文提到的,将我国的海洋产业划分为海洋第一产业、海洋第二产业以及海洋第三产业,将我国的沿海地区划分为三大区域,其中长三角地区主要是指上海,江苏和浙江;环渤海地区包括山东、辽宁、天津和河北;珠三角地区包括广东、广西、海南和福建。

从表3－1－2中可以看出,环渤海、长三角、珠三角的海洋细分产业都在快速发展,其中发展比较快的是海洋第二产业和第三产业。分地区来看,环渤海地区的第一、第二和第三产业都是一直高于长三角、珠三角地区的,因为环渤海地区的海洋文化历史悠久,海洋产业发展也较为成熟,该地区的海洋第二产业、第三产业一直保持着稳定的增长。长三角地区的海洋第二,第三产业也保持着稳定的增长,但和环渤海地区相比还是有较大的差距。珠三角地区的海洋三次产业也保持着稳定的增长,其中可以看出,海洋第三产业近两年增长快速。除此之外,可以看出三大经济区的产业结构都比较相似,基本上都形成了二、三、一的产业结构。

表 3—1—3　　三大区域海洋分产业区位熵系数(海洋产值指标)(2003～2014 年)

区域 年份	环渤海地区			长江三角洲地区			珠江三角洲地区		
	一	二	三	一	二	三	一	二	三
2003	2.05	1.56	0.41	1.66	0.61	0.95	0.75	0.33	1.24
2004	2.12	1.52	0.40	1.86	0.89	1.00	0.74	0.54	0.88
2005	2.29	1.28	0.54	1.69	1.12	1.07	0.74	0.49	0.73
2006	2.11	1.22	1.26	1.97	1.23	1.98	0.76	0.76	0.73
2007	2.08	1.36	1.35	1.86	1.28	1.99	0.84	0.76	0.72
2008	2.15	1.63	1.53	1.74	1.31	1.55	0.77	0.91	0.69
2009	2.20	1.91	1.68	1.16	1.27	1.63	0.80	0.97	0.71
2010	2.21	1.04	1.97	1.13	1.33	1.65	0.78	1.03	0.71
2011	2.20	1.06	1.96	1.03	1.31	1.60	0.77	0.99	0.69
2012	2.08	1.03	1.97	0.96	1.48	1.91	0.64	1.05	0.68
2013	1.98	1.05	1.97	0.36	1.45	1.89	1.65	1.04	0.68
2014	2.30	1.07	1.87	1.07	1.52	1.80	0.64	1.12	0.82

　　为了能进一步考察最近几年的海洋产业集聚度的特征,本文从三大经济区的视角对海洋产业集聚特征进行分析。

　　1. 环渤海地区海洋产业集聚分布状况分析

　　2003～2014 年,环渤海地区的海洋第一产业的区位熵系数基本都大于 2,说明环渤海地区的海洋第一产业在该地区具有绝对优势。2003～2014 年,环渤海地区细分产业区位熵指数的变化过程来看,在 2003～2010 年,环渤海地区的海洋第一产业一直处于比较优势的地位,产业结构保持着一、二、三的结构。但 2010 年之后,环渤海地区的海洋产业结构发生了变化,海洋第三产业的集聚度稳步增长,而海洋第二产业的集聚度有所下降,并在 2010～2014 年之间保持着稳定的变化,从而形成了海洋第一产业、海洋第三产业、海洋第二产业的结构。截至 2014 年,环渤海地区的海洋产业已基本形成了一、三、二的产业结构(见表 3—1—3 和图 3—1—2)。

　　2. 长三角地区海洋产业聚集分布状况分析

　　从 2003～2014 年长三角地区细分产业区位熵指数的变化情况来看,2003～2008 年,长三角地区的海洋第一产业一直处于比较优势的地位,产业结构基本保持着一三二的结构。但 2008 年之后,长三角地区的海洋产业结构发生了变化,海洋第一产业的集聚度稳步下降,而海洋第二产业和第三产业的集聚度都有所上升,其中海洋第三产业的集聚度增长最快。截至 2014 年,长三角地区的海洋产业已基本形成了三、二、一的产业结构(见图 3—1—3)。

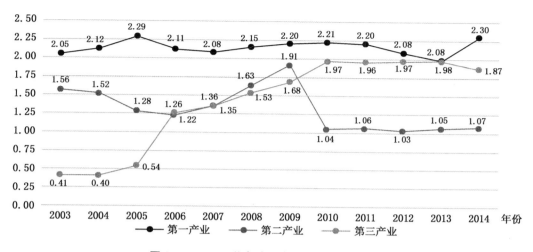

图 3—1—2　环渤海地区海洋细分产业区位熵

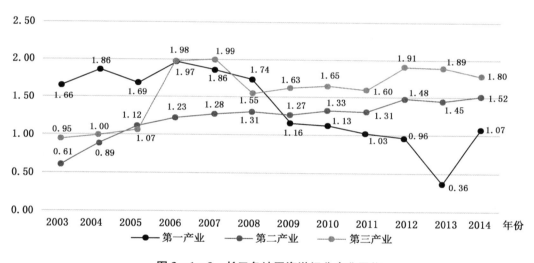

图 3—1—3　长三角地区海洋细分产业区位

3. 珠三角地区海洋产业聚集分布状况分析

　　如图 3—1—4 所示,从 2003 年的 0.743 到 2011 年的 0.772,这几年之间些年海洋第一产业的区位熵系数是保持着稳定的小幅增长的,而 2011～2014 年,海洋第一产业的区位熵系数呈现小幅下降。海洋第二产业的区位熵系数一直保持着比较稳定的增长,从 2003 年的 0.33 到 2014 年的 1.123,海洋第二产业逐步发展为珠三角地区的海洋产业的支柱产业,成为 2014 年珠三角海洋分支产业中唯一区位熵系数大于 1 的海洋分支产业。海洋第三产业在 2013 年的区位熵系数为 1.24,表明在这个时候珠三角地区的海洋第三产业还占据着主导地位,但从 2004～2014 年,海洋第三产业的区位熵系数都保持着稳定的下降,2014 年的区位熵系数为 0.819。2003～2014 年,珠三角地区细分产业区位熵指数的变化过程来看,在 2003～2006 年,珠三角地区的海洋第三产业一直处于比较优势的地位,产业结构保持着三一二的结构,但 2006 年之后,珠三角地区的海洋产业结构有所变化,2006～2011 年,随着海洋第三产业集聚度的下降,以及海洋第二产业集聚度的不断上升,珠三角地区的产业结构呈现出二一三的局面。截至 2014 年,珠三角地区的海洋产业已基本形成二、三、一的产业结构。

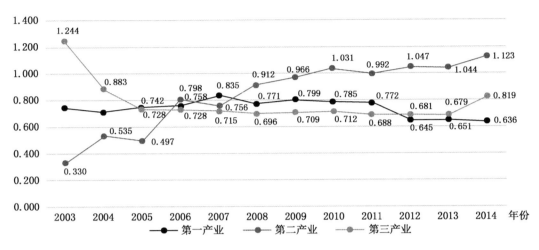

图 3—1—4　珠三角地区海洋细分产业区位熵

四、中国海洋产业集聚的影响因素分析

(一)计量模型实证结果分析

1. 数据描述性统计分析

本文选取了海洋产业细分产业的数据,由于 2006 年中国海洋产业统计年鉴的口径有所变化:在 2005 年之前,按照具体的海洋细分产业来统计的,但 2006 年之后是按照海洋第一、第二、第三产业的数据来统计的,因此为了保证面板数据的完整性,本文采用了 11 个沿海省份 2006～2013 年的面板数据检验各因素对海洋产业集聚的影响(见表 3—1—4)。

表 3—1—4　　　　　　　　　描述性统计分析结果

指标	数量	均值	标准差	最小值	最大值
lq_ind	88	1.133 043	0.582 255	0.332 709	2.444
lq_lab	88	0.623 212	0.368 544	0.163 802	1.776 989
lq1	88	1.016 594	0.695 441	0.089 093	2.229 202
lq2	88	1.177 914	0.707 637	0.275 089	2.837 716
lq3	88	1.088 519	0.525 405	0.322 635	2.057 871
lab	88	297.796 6	205.239 1	81.5	842.6
potent	88	360.147 7	248.438 8	9	1 052
tech	88	701.204 5	503.526 6	8	2 104
open	88	6.09E—05	4.06E—05	8.98E—06	0.000 147
agdp	88	40 726.46	20 424.22	10 109.5	996 07
gov	88	0.130 165	0.039 058	0.058 07	0.246 463
env	88	0.055 87	0.035 114	0.002 435	0.122 547

2. Hausman 检验

Test Summary	Chi-Sq. Statistic	Chi-Sq. d. f.	Prob.
Cross-section random	35.63	8	0.0000

用 Hausman 统计量检验应该建立个体固定效应模型还是个体随机效应模型。由以上检验结果可见,因为相应的 P 值小于 0.05,结论是推翻原假设,应该建立固定效应模型。

(二)中国海洋产业集聚影响因素的总体回归分析

对于计量模型的选定,本文首先进行 F 检验,得到的 p 值为 0,结果表明拒绝混合效应模型,再使用 Hausman 检验,p 值为 0,结果表明拒绝随机效应模型,因此最终选择了固定效应模型。计量结果如表 3-1-5 所示。

表 3-1-5　　　　　　　　中国海洋产业集聚影响因素的总体回归分析结果

	lnlq_lab	lnlq_lab	lnlq_lab	lnlq_lab	lnlq_ind
	OLS	混合效应	固定效应	随机效应	固定效应
lnlab	0.424***	0.424***	0.933	0.280**	0.123
	(6.48)	(4.30)	(1.02)	(2.18)	(0.22)
lnpotent	−0.006 88	−0.006 88	−0.039 8	−0.006 96	−0.092 2
	(−0.09)	(−0.08)	(−0.28)	(−0.07)	(−1.05)
lntech	−0.309***	−0.309***	−0.029 5	−0.135*	0.028 2
	(−4.43)	(−5.08)	(−0.43)	(−1.75)	(0.67)
lnopen	−0.232**	−0.232**	0.476***	−0.163	−0.036 3
	(−2.44)	(−2.29)	(2.84)	(−1.29)	(−0.35)
lnagdp	−0.365***	−0.365*	−0.292***	−0.393***	−0.005 86
	(−3.92)	(−1.92)	(−3.20)	(−4.30)	(−0.10)
lngov	−0.043 5	−0.043 5		0.193	0.025 0
	(−0.23)	(−0.21)		(1.02)	(0.26)
lnenv	−0.0114	−0.0114	0.481**	−0.114	−0.154
	(−0.23)	(−0.20)	(2.65)	(−1.41)	(−1.39)
_cons	0.385	0.385	4.321	1.229	−1.123
	(0.35)	(0.16)	(1.01)	(0.86)	(−0.43)
N	88	88	88	88	88
R^2	0.742 0	0.742 0	0.781 7	0.677 2	0.069 7

注:* 表示显著性水平为 10%,* * 表示显著性水平为 5%,* * * 表示显著性水平为 1%。各个变量系数下方小括号内为标准差,Hausman、F 检验值下面方括号内为各自显著程度。

从表 3-1-5 可以看出,固定效应模型回归结果的调整可决系数为 0.7817,模型整体拟合优度较高。具体来看,各因素对海洋产业集聚的影响分析如下:

劳动力共享因素(lab)对产业集聚存在正向促进作用,但没有通过显著性检验。与其他产业相同,海洋产业会因为大量专业化、可共享的劳动力,使企业的生产成本、招聘成本和劳动力的搜寻成本等都有一定程度的节约。但回归结果并不显著,本文认为原因在于:对于传统海洋产业而言,其大部分属于海洋劳动密集型产业,如海洋捕捞、海水养殖等,但随着海洋资源开发和海洋产业生产设备的不断改进,涉海就业人员的劳动效率提高,使传统海洋产业对劳动力的依赖程度越来越低;对于新兴海洋产业而言,其对知识和技术有着较高要求,而对劳动力数量的依赖程度本来就不会太高。因此,劳动力共享对海洋产业集聚的影响并不显著。

知识溢出(tech)的回归结果为负值,但没有通过显著性检验。本文认为这与我国目前大学的就业状况以及海洋产业专业设置有关,一方面是因为研究生毕业后可能未必会在当地就业,而多数会选择到北上广等其他大城市,而研究生毕业人数较多的如山东、辽宁等地区往往难以留住外地人才,所以本文选取的研究生毕业人数这一指标对于海洋产业集聚并没有显著的影响。另一方面研究生专业偏向于海洋科技,可能会更多地选择到已有的专业化研究机构进行工作,而这些研究机构往往对于海洋产业集聚没有明显的正向促进作用。

地区发展水平(AGDP)与海洋产业集聚呈现负相关关系,且在 1%的显著性水平下检验显著。对于经济发展水平较高的地区而言,由于其经济总量较大,自然海洋产业在其中的相对重要性就会较小,因而从地区整体利益出发,对海洋产业集聚的重视程度也就会减弱,从而出现了地区经济发达,而海洋产业集聚度不高的现象;反过来讲,对于经济不发达地区而言,海洋产业在其中的相对重要性就会较大,对海洋产业集聚的重视程度就会提高,也就是地区经济不发达,而海洋产业集聚度则较高。考虑到上述情况,从计量结果上就出现了地区经济发展水平与海洋产业集聚负相关的结果。

从技术创新(potent)的角度来看,其回归结果为负值,但没有通过显著性检验,说明地区技术创新对海洋产业集聚没有显著的正向促进作用。这一分析结果也跟前面的知识溢出(tech)的效应相匹配,由于海洋产业的特殊性,沿海各地区分别有自己不同的优势主导产业,海洋科研机构的专利数往往和当地的海洋专业高等教育水平相关,但专利数量不一定能够实现完全的成果转化,还要结合当地的政府扶持政策、市场环境等,同时我国目前的海洋产业发展还处在由低端向高端过渡的阶段,海洋专利技术主要集中在 海洋生物医药业、海水淡化业等,这部分产业产值在海洋产业总产值中占比并不高,而集聚度是包含三类产业的测度结果,所以目前从整体来看,技术创新对海洋产业的集聚作用并不明显。

从地方政府竞争(GOV)角度看,其回归结果为正值,即地方政府竞争对产业集聚具有正向的促进作用,但回归结果并不显著,这是政府竞争对海洋产业集聚的"集聚力"和"分散力"相互作用的结果。"集聚力"体现在各沿海地区都会竞相创造条件吸引海洋产业向本地区集聚。具体而言,海洋经济作为新的增长点,地方政府在竞争的过程中会通过财政支出和税收等方式提高沿海地区公共服务质量以及基础设施水平,从而促进本地区海洋经济的发展。地方政府竞争在促进海洋产业集聚的同时,也会形成"分散力"。主要体现在:为了推进本地区海洋经济增长,不同地区就会逆比较优势和不考虑本地区经济发展水平来促进本地区海洋产业集聚,在这一过程中就会对各类涉海生产要素的流动设置障碍,这种地方保护就导致了海洋产业的集聚难以形成。因此,上述两方面的作用力最终导致地方政府竞争对海洋产业集聚的影响不显著。

对外开放(OPEN)的回归结果表明,对外开放对海洋产业集聚具有显著的促进作用。

伴随着对外开放水平的提高,先进的技术以及管理理念等要素的引进,会带动地区海洋产业集聚。具体来说,在这一过程中,对外开放水平高的地区会吸引涉海生产要素加速向本地流动,海洋产业因此得以快速发展,本地区的海洋产业集聚水平就会提高。同时,对外开放水平高的地区往往采取了优惠的企业扶持政策,也会吸引更多的企业到当地从事生产管理。虽然对外开放水平的提高会对当地原有生产体系形成一定的"冲击"作用,但对于经济发展较好的地区而言,这一"冲击"会带来本地区经济效率的提升,从而促进海洋产业集聚。

从环境指标(envi)角度看,其回归结果为负值,且在5%的显著性水平上。本文对环境指标的选择是体现海洋环境的污染程度,海洋环境污染越严重则海洋产业集聚的总产值增长越缓慢。这与海洋产业集聚中海洋渔业与水产养殖占的比重较大有关,海洋环境的恶化使得渔业资源趋于衰竭,从而影响海洋总产值。

(三)中国海洋产业集聚影响因素的分产业回归分析

从表3—1—6的分产业的回归结果可以看出,各个影响因素对于不同的产业有不同的影响。由于样本量较小,模型整体的拟合优度不是很高。具体来看,各因素对海洋产业集聚的影响分析如下:

表3—1—6 　　　　　　　　中国海洋产业集聚影响因素的分产业回归分析结果

	(1) lnlq1	(2) lnlq2	(3) lnlq3
lnlab	0.785	−0.877	0.948**
	(0.83)	(−1.12)	(2.07)
lnpotent	−0.057 5	0.031 7	−0.202***
	(−0.39)	(0.26)	(−2.80)
lntech	−0.027 4	−0.013 0	0.022 6
	(−0.39)	(−0.22)	(0.66)
lnopen	0.083 2	−0.285*	−0.070 5
	(0.48)	(−1.97)	(−0.84)
lnagdp	−0.138	−0.010 0	−0.005 76
	(−1.47)	(−0.13)	(−0.13)
lngov	−0.128	−0.044 1	0.099 9
	(−0.79)	(−0.32)	(1.26)
lnenv	−0.309	−0.012 9	−0.114
	(−1.65)	(−0.08)	(−1.25)
_cons	−3.113	1.828	−5.078**
	(−0.71)	(0.50)	(−2.38)
N	88	88	88
R^2	0.504 6	0.645 3	0.564 9
adj. R^2	0.403 2	0.543 2	0.420 1

注:t statistics in parentheses.

* $p < 0.1$, ** $p < 0.05$, *** $p < 0.01$.

劳动力共享因素(lab)对海洋第一产业和第三产业都有正向的促进作用,其中对于第三产业的正向促进作用最大,且在5%的条件下显著,而对于海洋第二产业的发展有轻微的抑制作用,本文认为这是因为海洋第一产业主要是传统的海洋产业而言如海洋捕捞、海水养殖等,其大部分属于海洋劳动密集型产业,但对于海洋第二产业而言,其对知识和技术有着较高要求,而对劳动力数量的依赖程度本来就不会太高。

技术创新(potent)对于海洋第二产业有正向的促进作用,但没有通过显著性检验。

从地方政府竞争(GOV)角度看,对于海洋的一次、二次产业集聚都有负面作用,而对于海洋三次产业有一定的正向作用,但都没有通过显著性检验。地区发展水平(AGDP)与海洋产业集聚呈现的负相关关系,其作用机理与前述一致。

对外开放(OPEN)的回归结果表明,对外开放对海洋第一产业集聚有正向的促进作用,但对于第二、第三产业有负向的促进作用。本文认为这是因为,海洋第一产业主要包括海洋渔业、养殖业等依赖交易的产业,对外开放水平高的地区会吸引涉海生产要素加速向本地流动,海洋第一产业因此得以快速发展,本地区的海洋第一产业集聚水平就会提高。但同时对外开放水平的提高会对当地原有生产体系形成一定的"冲击"作用,尤其是国外的先进技术和产品可能会抢占本地的市场和劳动力,反而对该产业造成抑制作用。例如海洋第二、第三产业,往往不得不寻求尚未饱和的低端市场,反而不利于这类产业的集聚。

五、结论与政策建议

(一)研究结论

本文结合地区特征以及环境保护建立了中国海洋产业集聚影响因素的分析框架,并通过我国11个沿海省份2006~2013年的面板数据,检验了各因素对海洋产业集聚的影响作用。计量结果表明,对海洋产业具有显著正向促进作用的是政府竞争、对外开放以及劳动力市场共享因素,地区经济发展水平对海洋产业集聚有负向的促进作用,而知识溢出、技术创新都有不明显的负向作用,环境资源保护水平是有显著的负向作用。基于此,本文得出如下结论及启示。

第一,通过对海洋产业集聚度影响因素总体数据的回归结果分析,劳动力和政府竞争、对外开放是推动海洋产业集聚的重要因素。沿海地区的政府应当注重加强这三个方面的优势,首先应当着重创造有利于技术创新的发展环境,比如降低税收、增加对新兴企业的税收保护等。其次应当制定有利于对外开放的各项政策,加快地区对外开放,拉动市场需求,从而实现海洋产业集聚的不断发展和经济效益最大化。

第二,由于本文对技术创新采用的是海洋科研机构专利的受理申请数,知识溢出是采用的是研究生毕业人数,得出的结果是对海洋产业具有负向的促进作用,虽然与一般的常识相违背,但通过对细分的第一、第二、第三次产业的计量结果来看,技术创新对海洋第二产业有正向促进作用,也说明政府应当根据不同的产业发展情况,制定针对性的措施,例如加大对科研机构的资金投入、创立科技创新基金等。

第三,通过对中国海洋产业集聚度影响因素的细分产业回归结果来看,各个因素对海洋细分产业的影响程度是不同的,例如劳动力共享因素对海洋第一、第三产业都有正向的促进作用,而对于第二海洋产业有互相的作用。

通过本文的计量结果分析,可以看出海洋产业的集聚度受到各种因素的影响,而且影响机理也比较复杂,并不能片面地去看待某一个影响因素。虽然沿海地区的地理位置、基础设施和投资环境都比较有优势,但也要看到,它们在市场环境和地区特征上存在着巨大的差异,因此各地区应综合考量各自比较优势和地区发展状况,充分发挥海洋产业集聚效应,从而在实现海洋产业可持续发展的同时推动区域经济发展。

(二)政策建议

1. 加大环境保护力度

从计量结果可以看出,环境保护程度对海洋产业集聚的影响是十分重要的,因此政府应加大海洋产业环境的保护力度,控制工业废水的排放。可以重点采取以下措施:(1)实施陆源入海污染总量控制项目,各沿海地区的政府应当从海洋环境质量控制着手,逐步确定地区的海洋环境容量,制定沿岸工业城镇污水入海浓度与总量双控制度。在当地建立一个污染物排海浓度与总量双控制度示范工程,为邻近沿海区县污染物排放总量控制示范。(2)实施陆源入海污染综合治理项目,全面推进沿海区县排海污水处理厂的提标改造,加快推进海洋产业集聚区的污水集中处理工程和提标改造,积极探索重点污染行业工业废水的先进处理方式,推进钢铁、水泥、化工、石化、有色金属冶炼等重点污染行业清洁生产、装备提升和转型升级,强化中水回用,降低主要污染物排放总量。(3)加强海洋环境监督管理。建议沿海地区的海洋局要做好海洋环境监督管理工作,组织监督检查本辖区内已批海洋工程建设项目督查海洋环保措施和设施的落实情况,落实海洋工程建设项目环保设施的运行、竣工,定期检查海洋工程建设项目报备的环境应急预案相关措施的落实、演练等情况,加强海洋环境监测能力建设。承担管辖海域内海洋环境调查及评价、海洋环境日常及突发事件的监视监测;做好入海河口、海洋工程区、海洋自然保护区等敏感环境目标的日常监视监管工作;申报与建设海洋生态文明示范区;定期编制并发布海洋生态环境信息(公报);协助市海洋局做好海洋工程行政审批事项的环保设施批后监管工作。

2. 努力建设海洋高端人才的聚集地

涉海就业人数对海洋产业集聚的影响较大,而促进海洋产业集聚的发展,不仅要注重提升本地海洋产业的就业规模,还要加大对人才的吸引和培养力度,前文分析中发现,技术创新主要是对海洋第二产业集聚有正向的促进作用,所以应该设法引进创新型性高科技海洋人才,引进海外相关领域的人才,培养专业带头人,努力建设人才聚集地,为当地的海洋产业的发展提供人力支持。此外也要加强对外开放和沿海区域之间的合作,着重做好"走出去、请进来"。加强与海内外的海洋强市合作,共建海洋人才培养实训和实习见习基地,对员工进行定期培训、安排学习,不同企业、不同地区、不同国别的学员相互学习、交流、讨论,是了解行业最新信息的最有效方式。同时,企业要借助重大项目技术攻关的契机,邀请业界知名专家、技术骨干进行现场指导、座谈或者集中培训,提高员工的综合素质。此外,尽快出台专门的海洋人才政策,明确海洋人才引进目录和扶持办法,重点引进一批能够参与国际海洋事务和竞争的高层次人才。

3. 构建良好的企业发展环境制定,创新企业扶持政策

从前文分析可以看出,政府的税收优惠政策、各类扶持政策对海洋产业集聚的发展有着显著的正向影响,因此应该着重构建良好的海洋产业发展环境,吸引各类海洋企业落户。沿

海省市的政府应该加大对当地需要重点扶持的海洋新兴产业的优惠,当地财政部门可以通过优惠贷款或者补贴、贴息贷款等方式,对防污的企业进行支持;与此同时,要加强各个财政部门与海洋产业的交流,为当地涉海企业提供资金周转,优先为一些高新技术的海洋产业提供贷款支持。

参考文献

[1]Glaeser E L, Kallal H D, Scheinkman J A, Shleifer A. Growth in Cities[J]. *Journal of Political Economy*, 1992,(6):1126—1152.

[2]Acs Z J, Audretsch D B, Feldman M P. R&D spillovers and recipient firm size[J]. *The Review of Economics and Statistics*,1994,(2):336—340.

[3]Agrawal A. Innovation, Growth Theory and the Role of Knowledge Spillovers[J]. *Innovation Analysis Bulletin*,2002,(3):3—6.

[4]Jaffe A B. Real Affects of Academic Research[J]. *American Economics Review*,1986,(5):957—970.

[5]Aizenman, Jand Marion. N(2003), "The Marits of Horizontal Versus Vertical FDI in the Presence of Uncertainty", Forthcoming, *Journal of Internationl Economics*, July.

[6]Virkanen J. Effect of Urbanization on Metal Deposition in the Bay of Toolonlahti, SouthernFinland [J]. *Marine Pollution Bulletin*,1998,36(9):729—738.

[7]Ren W, Zhong Y, Meligrana J, et al. Urbanization, Land Use, and Water Quality in Shanghai: 1947—1996 [J]. *Environment International*,2003,(29):649—659.

[8]Krugman P. Increasing returns and economic geography[R]. *Journal of Political Economy*,1991, 99(3):483—499

[9]Ellison G,Glaeser E L. Geographic concentration in US manufacturing industries:a dartboard approach[R]. *Journal of Political Economy*,1997,105(5):889—927.

[10]Guimaraes P,Figueiredo O,Woodward D. Agglomeration andthe location of foreign direct investment in Portugal[J]. *Journalof Urban Economics*,2000,47(1):115—135.

[11]武前波,宁越敏,李英豪,等. 中国制造业企业 500 强集中度变化特征及其区域效应分析[J]. 经济地理,2011,31(2):177—183. 龚毅,刘海廷. 技术创新对产业集聚区经济发展的影响研究[J]. 经济论坛,2011,(9):31—33,50.

[12]路江涌,陶志刚. 中国制造业区域聚集及国际比较[J]. 经济研究,2006,(3):103—114.

[13]赵伟,张萃. FDI 与中国制造业区域集聚[J]. 经济研究,2007,(11):82—90.

[14]刘修岩,何玉梅. 集聚经济、要素禀赋与产业的空间分布:来自中国制造业的证据[J]. 产业经济研究. 2011(3):10—19.

[15]贺灿飞,朱彦刚,朱晟君. 产业特性、区域特征与中国制造业省区集聚[J]. 地理学报,2010,(10):1218—1228.

[16]王永齐. 产业集聚机制:一个文献综述[J]. 产业经济评论,2012,(3):57—95.

[17]黄瑞芬,王佩. 海洋产业集聚与环境资源的耦合分析[J]. 经济学动态,2011,(2):39—42.

[18]傅远佳. 海洋产业集聚与经济增长的耦合关系实证研究[J]. 生态经济,2011,(9):126—129.

[19]李青,张落成,武清华. 江苏沿海地带海洋产业空间集聚变动研究[J]. 海洋湖沼通报,2010,(4):106—110.

[20]李彬. 资源与环境视角下的我国区域海洋经济发展比较研究[D]. 中国海洋大学博士学位论文,

2011.

[21]盖文启. 我国沿海地区城市群可持续发展问题探析——以山东半岛城市群为例[J]. 地理科学, 2000,20(3):274—278.

[22]王树功,周永章,麦志勤等. 城市群(圈)生态环境保护战略规划框架研究—以珠江三角洲大城市群为例[J]. 中国人口. 资源与环境,2003,13(4):51—55.

[23]蔺雪芹,方创琳. 城市群地区产业集聚的生态环境效应研究进展[J]. 地理科学进展,2008,27(3):110—118.

[24]原毅军,谢荣辉. 产业集聚、技术创新与环境污染的内在联系[J]. 科学学研究,2015,33(9):1340—1347.

[25]闫逢柱,苏李,乔娟. 产业集聚发展与环境污染关系的考察——来自中国制造业的证据[J]. 科学学研究,2011,29(1):79—83.

[26]李顺毅,王双进. 产业集聚对我国工业污染排放影响的实证检验[J]. 统计与决策,2014,(8):128—130.

[27]韩增林,王茂军,张学霞. 中国海洋产业发展的地区差异变动及空间集聚分析[J]. 地理研究,2003, 22(3):289—296.

[28]纪玉俊,刘金梦. 海洋产业集聚的影响因素——一个分析框架及实证检验[J]. 中国渔业经济, 2016,34(4):61—68.

[29]姜旭朝,方建禹. 海洋产业集群与沿海区域经济增长实证研究——以环渤海经济区为例[J]. 中国渔业经济,2012,30(3):103—107.

[30]于谨凯,刘星华,单春红. 海洋产业集聚对经济增长的影响研究:基于动态面板数据的 GMM 方法[J]. 东岳论丛,2014,35(12):140—143.

[31]纪玉俊,李超. 海洋产业集聚与地区海洋经济增长关系研究——基于我国沿海地区省际面板数据的实证检验[J]. 海洋经济,2015,5(5):13—19.

[32]周卫华,周琴,熊德平. 金融发展、FDI 对我国海洋产业集聚的影响[J]. 科技与管理,2015,17(3):1—6.

[33]任博英. 山东半岛海洋产业集聚与区域经济增长问题研究[D]. 青岛:中国海洋大学,2010.

[34]朱念. 海洋产业集聚与区域经济发展耦合机理实例探析[J]. 商业经济研究,2010(36):110—111.

[35]陈琳. 福建省海洋产业集聚与区域经济发展耦合评价研究[D]. 福州:福建农林大学,2012.

[36]林应福. 福建省海洋产业集聚影响经济增长的实证研究[D]. 福州:福建农林大学,2014.

[37]陈国亮. 海洋产业协同集聚形成机制与空间外溢效应[J]. 经济地理,2015,35(7):113—119.

[38]周卫华,周琴,熊德平. 金融发展、FDI 对我国海洋产业集聚的影响[J]. 科技与管理,2015,17(3):1—6.

[39]魏后凯. 中国产业集聚与集群发展战略[M]. 北京:经济管理出版社,2008.

[40]黄纯纯,周业安. 地方政府竞争理论的起源、发展及其局限[J]. 中国人民大学学报,2011,(3):97—103.

[41]周业安,冯兴元,赵坚毅. 地方政府竞争与市场秩序的重构[J]. 中国社会科学,2004,(1):56—65, 206.

[42]贺灿飞,朱彦刚,朱晟君. 产业特性、区域特征与中国制造业省区集聚[J]. 地理学报,2010,(10):1218—1228.

[43]蒋晓光,李理. 经济发展水平对人才聚集的影响分析——以中部和江浙沪地区为例[J]. 当代经济,2014,(23):103—105.

[44]徐敬俊. 海洋产业布局的基本理论研究暨实证分析[D]. 中国海洋大学,2010.

[45]吴殿廷.区域经济学[M].北京:科学出版社,2003,27－29.

[46]李彬.资源与环境视角下的我国区域海洋经济发展比较研究[D].中国海洋大学博士学位论文,2011.

[47]王涛,何广顺,宋维玲等.我国海洋产业集聚的测度与识别[J].海洋环境科学,2014,(4):568－575.

[48]龚毅,刘海廷.技术创新对产业集聚区经济发展的影响研究[J].经济论坛,2011,(9):31－33,50.

[49]蒋晓光,李理.经济发展水平对人才聚集的影响分析－以中部和江浙沪地区为例[J].当代经济,2014,(23):103－105.

[50]于会娟,李大海,刘堃.我国海洋战略性新兴产业布局优化研究[J].经济纵横,2014,(6):79－82.

[51]马仁锋,李加林.中国海洋产业的结构与布局研究展望[J].地理研究,2013,(5):902－914

[52]韩增林,王茂军,张学霞.中国海洋产业发展的地区差距变动及空间集聚分析[J].地理研究,2003,(3):289－296

[53]谢丽威.发达国家推进海洋经济发展的经验借鉴[J].环渤海经济瞭望,2014,(2):52－55.

[54]向云波.徐长乐.戴志军.世界海洋经济发展趋势及上海海洋经济发展战略初探[J].海洋开发与管理,2009.2(26):46－52

[55]臧旭恒,徐向亿,杨惠馨.产业经济学[M].北京:经济科学出版社,2002:5,78.

[56]徐传谌,谢地主编.产业经济学[M].北京:科学出版社,2007:1.

[57]张耀光.试论海洋经济地理学[J].云南地理环境研究.1991,3(1):38－45.

（执笔:赵靓玉）

3.2　中国海洋新材料产业分析

摘　要:本文从国内海洋新材料领域的发展现状与海洋强省的发展重点出发,对照国外海洋新材料产业前沿领域的优势特色,并以上海为例分析海洋新材料领军企业的发展特色与经验,得出中国海洋新材料领域的产业优化方案。最后,文章分别就海洋新材料产业的总体布局、目标定位、发展重点及保障措施四个方面提出相应的优化方案。

关键词:海洋新材料　国际前沿　案例分析　优化方案

21世纪上半叶,作为"蓝色海洋"发展的关键时期,世界已进入全面开发利用海洋的新时期。各国都把目光聚焦于海洋战略,把海洋当作人类生存和社会可持续发展的新兴领域,海洋的开发利用已成为决定国家兴衰的关键因素。世界主要海洋强国、沿海国家相继发布或完善对应的海洋发展战略规划,将海洋发展纳入国家战略范畴,进而将世界海洋发展提升至新的高度。这种战略调整表明,随着社会、经济、人口的高速发展,陆域资源、能源、空间的压力日益加剧,人类社会正在将经济发展的重心逐渐移向资源丰富、地域广袤的海洋世界,21世纪上半叶必将成为人类开发海洋、发展海洋经济的新时代。

一、海洋新材料领域的发展现状

(一)国内海洋新材料领域的特色

目前,中国海洋工程关键环节设备如海洋钻井平台、海底油气输送管线、油气储运装备等多数需要进口,进口率达到70%。其主要原因是海洋工程装备制造技术被国外所垄断,国产化进程受到严重制约。针对海洋新材料的不同领域,其分别表现为不同的发展趋势与特色。

在海洋平台用钢方面。截至目前,中国已开发建设的海洋油气田、浮式生产储油船(FPSO)、海上石油钻井平台 EH36(强度级别 355MPa)用钢基本实现了国产化,但关键部位所用高强度、大厚度材料仍依赖进口,从技术和装备角度看,中国与国外仍有差距。国外深水钻探最大水深已达 3 095m,中国为 1 480m;国外已开发油气田最大水深为 2 743m,中国为 300m(南海水深在 500~2 000m),与国外有近 10 年的差距。在钢材品种开发领域,中国与先进国家依然存在较大差距。中国海洋石油蕴藏量约为 1 000 多亿吨,渤海湾将需要40 座自升式钻井平台,南海深水半潜平台的需求量将达几十座。随着中国海洋开发的进展,在未来相当长时期内对海洋平台用钢的需求将呈持续增长态势,由近海向深海发展已成为国内共识,海洋平台用钢年总需求量超过 200 万吨。因此,海洋工程用钢的需求和开发将成为海洋钢铁行业新的发展趋势。

在海洋重防腐涂料发展方面,其发展趋向于高能固态、单次厚涂、低 VOC、环保、纳米化。由于海底管线外部采取了严格的抗腐蚀包裹措施,海底管线涂料对质量和产品性能提出了更高的要求,国外用于深水的 X65 和 X70 钢管对塑性、强韧性、耐腐蚀、抗疲劳和尺寸精度等方面的要求越来越高,中国现有的深海钢管制造技术与之还存在一定的差距。因此,加强防腐新材料、新技术的研究,加大腐蚀防控的实施,对于保护海洋材料具有重要意义。

海洋用有色金属材料的发展趋势为耐蚀性、优异加工性和耐压性。尤其在海洋能源设备金属材料方面,由于海洋能源设备通常采用高强度、高塑性、耐疲劳、耐低温、大厚度 Z 向性能高的钢材,因而需要优异的加工性能和抗腐蚀性能。同时,随着风电机大型化发展,能源设备金属用量会进一步增加,并且我国有数千千米的海岸线和数万平方千米的广阔海域,海用金属材料的建设前景极好。

在海洋环保符合防污材料方面,其发展趋势为无锡无铜、环保、仿生,尤其以先进树脂基符合材料为代表。先进树脂基复合材料具有无磁性,是建造扫雷艇、猎雷艇的最佳结构功能材料;同时其介电性和微波穿透性好,这一特征使得复合材料非常适用于军用舰艇;具有耐腐蚀性,抗海生物附着,能吸收高能量,冲击韧性好等特点。中国在海洋应用复合材料方面的研究起步较晚,尚处于初级阶段,在技术水平和数据积累方面与发达国家有较大的差距。

另外,在海洋新材料其他领域方面,也有不同的发展趋势。例如,海水淡化膜材料及技术的发展趋势为延长使用寿命、海水淡化膜国产化;海洋碳纤维的发展趋势为提高低端碳纤维批次稳定性,研发高端碳纤维。

(二)海洋强省在新材料领域的发展重点与政策

辽宁省依托老工业基地,根据"统一规划、分步实施、滚动发展"的原则,形成上下游一体化、产品链间耦合化的循环经济发展模式。前期发展重点将依托港口优势,重点实施聚酯等化纤及原料、丙烯下游等项目,发展聚酯、涤纶纤维、苯酚丙酮－双酚 A－聚碳酸酯,芳烃下游和尼龙系列产品。随后将重点建设合成橡胶、工程塑料及精细化工等产品,推进化工新材料项目开工建设。同时,将化工化纤新材料产业园进一步发展壮大,在建设完成上述规划项目的基础上进行延伸加工,并发展纺织印染工业。最终形成以芳烃下游产品、丙烯下游产品为基础,以新型化纤、合成橡胶、工程塑料、化工新材料及精细化工为特色,形成多产品链、多产品集群的大型石化及化纤新材料基地。

山东省新材料领域主要集中在海洋高性能纤维研究开发方面,山东已成为国内高性能纤维重要的研发和产业化基地,相关企业产值产能均位于世界前列。其次,在海洋高技术陶瓷方面,尤其是实现了校企联合,助推产学研互动发展,其开发水平也处于国内领先地位。此外,为国防工业开发的透波陶瓷材料、防弹陶瓷材料也具备了技术优势和产业基础。同时,山东省作为国家重要的石油化工生产基地,在新型高分子材料方面,依托齐鲁石化公司、烟台万华、山东东岳等大型龙头企业,形成了工程塑料、聚氨酯、氟硅材料等具有明显区域特色的新型高分子材料产业集群,规模居亚洲第一。在政策方面,山东省提出加快建设海洋强省,新旧动能转换尤为重要,把海洋经济的主要增量从海洋传统产业转移到海洋新兴产业上来。同时,提高海洋新兴产业贡献率,把山东省最强、最集中的海洋科研力量和相关成果储备转变成效益,让这些成果首先能在山东本土落地开花,产生经济效益和社会效益,把发展海洋新兴产业作为重点成为当前海洋发展的关键。此外,山东省还计划在海洋新能源、海洋新材料、海洋观测探测等领域进行重点探索。

江苏与浙江两省以服务长三角地区为重点,发展情况较为类似,均强调打造海洋特色优势产业链,加快重点领域关键材料的开发与应用。在打造海洋特色优势产业链方面,充分巩固现有产业基础,积极提升海洋新兴产品的技术优势,打造“磁性材料及关键配套材料——磁体元件——特种电机”产业链。创新高性能纤维产业链,重点发展高性能玻璃纤维、碳纤维和超高分子量聚乙烯纤维,积极开发复合材料低成本规模化制造技术,拓展其在民用领域的应用,打造“高性能纤维——复合材料——轻量化装备”产业链。开拓海洋新材料产业链,重点发展海洋重防腐涂料、海洋密封材料、页岩气开采压裂件及输送关键材料、水下高标号混凝土增强料、航体减阻防污材料等;重点谋划“海洋新材料——装备关键部件制造——高端海工装备、平台”产业链。其次,加快重点领域关键材料的开发与应用。围绕建设国家海洋经济发展示范区,开发海洋基础设施建设、工程装备、海洋运输、海洋钻探用海洋新材料,满足海洋经济的发展要求。相关的前沿材料与技术有:双相不锈钢、特级双相不锈钢、特级奥氏体不锈钢、九镍钢、殷瓦钢及其焊料;海洋环境、海水淡化用铜管道材料、海底通讯用铜材料、油气开采用耐磨耐蚀铜合金泵管及采油管内衬氟材料、高固厚膜重防腐涂料、有机硅、有机氟涂料、仿生涂料;低温保温材料、船舱、海上平台用阻燃材料、油污治理用高效吸油材料、船舶油污治理用油水分离材料、海底耐压管道、海洋高端密封件专用氟硅橡胶材料;铝质船材料、船用配件镁合金材料、钛合金材料;海洋工程高性能混凝土、专用胶凝材料及外加剂、海洋工程钢筋混凝土修复材料、海洋设施环境监测、探测材料。

福建与广东以服务东南沿海为主,强调重视海洋生态环境保护、海洋渔业、海洋交通运输、海洋旅游、海洋工程建筑、海洋船舶等五大海洋主导产业,其主体增加值总和占海洋经济主要产业增加值总量的 70％以上。其次,在海洋生物医药、邮轮游艇、海洋工程装备等新兴产业创造蓬勃发展的态势。最后,持续增强在涉海金融创新方面的能力,着力打造"海上银行"和海洋产业金融部、港口物流金融事业部、海洋支行等涉海金融服务专营机构。同时,在现代海洋产业中小企业助保金贷款和海域使用权、在建船舶、渔船抵押贷款等业务方面成效明显。实现海洋新材料的技术发展与市场前景达到领先水平,这就要求其在海洋工程装备材料与技术方面,强化碳基薄膜材料研究、新型密封材料研究、新型焊接材料研究、高强高韧材料研究。在海洋功能涂层材料研究方向上,加强减阻降噪材料研究、新型无毒防污材料研究、防腐蚀、材料研究、抗磨损材料研究。在海洋环境治理材料研究方向上,强化高分子吸油材料研究、精细化无机去污材料研究,在海洋生物材料研究方向上,实现甲壳素深度精细化加工转化技术、以及海藻转化高分子单体技术,如表3-2-1所示。

表3-2-1 海洋强省在海洋新材料领域的发展重点与对策

海洋强省	发展重点	发展政策
辽宁	形成以芳烃下游产品、丙烯下游产品为基础,以新型化纤、合成橡胶、工程塑料、化工新材料及精细化工为特色,多产品链、多产品集群的大型石化及化纤新材料基地。	根据"统一规划、分步实施、滚动发展"的原则,形成上下游一体化、产品链间耦合化的循环经济发展模式。
山东	聚焦海洋高性能纤维研究开发,实现海洋高技术陶瓷校企联合,助推产学研互动发展,为国防工业开发透波陶瓷材料、防弹陶瓷材料,新型高分子材料。	加快建设海洋强省,把海洋经济的主要增量从海洋传统产业转移到海洋新兴产业上。
江苏 浙江	充分巩固现有产业基础,积极提升海洋新兴产品的技术优势,创新高性能纤维产业链、海洋重防腐涂料、海洋密封材料、页岩气开采压裂件及输送关键材料、水下高标号混凝土增强料、航体减阻防污材料等。	打造海洋特色优势产业链,加快重点领域关键材料的开发与应用。
福建 广东	重视海洋生态环境保护、海洋渔业、海洋交通运输、海洋旅游、海洋工程建筑、海洋船舶等五大海洋主导产业,在海洋生物医药、邮轮游艇、海洋工程装备等新兴产业创造蓬勃发展的态势,持续增强在涉海金融创新方面的能力。	强化各项新材料研究领域,重点突破海洋高端新材料研发应用。支持新材料配套产业的发展与深化。

(三)国外新材料前沿领域的优势与特点

根据国外海洋新材料的发展领域及分类可以发现,在传统的工程用钢、海洋有色金属等方面发展效率与发展规模已基本定型,前沿优势领域主要集中在海洋防腐材料、海洋生物科技材料、海洋用高端防腐防污涂料及牺牲阳极等方面。

前沿领域的发展优势主要在于其特殊的发展特点。由于发展海洋经济离不开海洋工程装备的大规模应用,而海洋工程装备功能的实现主要依赖于材料技术,然而海洋工程设施和装备长期处于苛刻海洋环境中,引发的腐蚀问题给国民经济建设和国防安全造成不可估量的损失。相比于内陆环境,海洋环境具有高湿度、高盐分等特征,腐蚀性更强,尤其是在高湿热环境下,造成的腐蚀更为严重。此外,材料在服役过程中,可能同时受到生物附着、腐蚀、磨损、疲劳等问题,材料在海洋环境服役中需要更为严格的防护措施。因而,跨海大桥、港口码头、船舶、集装箱等制造都离不开防腐与防护。国外海洋新材料发展趋势及代表企业优势

可以归结如下(见表 3—2—2):

表 3—2—2 国外海洋新材料领域、发展趋势与代表企业

海洋新材料	发展趋势	国外代表企业
海洋用不锈钢	耐腐蚀、耐低温、耐压	克虏伯·蒂森不锈钢公司、阿里根尼·路德鲁姆公司、日本日立金属等
殷瓦钢	材料开发、焊接工艺	日本藤仓公司、法国殷菲公司
海洋重防腐涂料	高固、单次厚涂、低 VOC、环保、纳米化	日本中涂、PPG、Nippon Paint Marine
海洋环保防污涂料	无锡无铜、环保、仿生	国际涂料公司(International Paint)、佐敦涂料公司(Jotun Marine Coatings)、立邦公司(Nippon Paint Marine)
海洋用有色金属材料	耐蚀、优异加工性能、耐压	俄罗斯阿维斯玛镁钛联合企业、日本日立金属、美国洛克希德马丁公司
海水淡化膜材料及技术	延长使用寿命、海水淡化膜国产化	东丽、陶氏、美国海德能、GE、西门子
碳纤维	提高低端碳纤维批次稳定性;研发高端碳纤维	东丽、联合碳化物公司、日本的东丽、东邦人造丝、三菱人造丝三大集团和美国的卓尔泰克、阿克苏、阿尔迪拉和德国的 SGL 公司
孕镶式金刚石钻头	提高金刚石结合力	美国的 diamond innovation、日本的 Christensen、印度的 Greavestool
海洋工程设计	提升海洋工程设计资质,及业内品牌影响力	奥雅纳工程咨询(上海)有限公司、凯达环球有限公司、美国 COWIA/S 公司、Figg Engineering Grou
船舶设计	提高船舶设计资质,及业内品牌影响力	罗尔斯—罗伊斯、乌斯坦 ULSTEIN、德他马林、福凯 FKAB、挪威船舶咨询有限公司 SKIPSKONSU-LENT、瓦锡兰集团、美国船舶设计公司
船舶生产制造	LNG 船、高端游艇、关键材料国产化	现代重工有限公司、大宇造船海洋工程有限公司、三星重工、日本统一造船
海洋工程防腐施工	重防腐涂料国产化	美国 APP 公司
海洋材料评价资质	建立海洋材料评价平台及标准	英国劳氏船级社、德国劳氏船级社、美国 ABS 船级社、日本船级社、挪威船级社

目前,国外海洋新材料的发展较为成熟,重点研发领域主要集中在以下方面:海洋用钢(钢筋与各类不锈钢)、海洋用有色金属、防护材料(防腐、防污、牺牲阳极材料)、海洋用混凝土、海洋复合材料、海洋功能材料。此外,国外海洋新材料的应用领域主要集中在:造船、港口码头、跨海大桥、海底隧道、海洋平台、海水淡化、沿海风力发电、海洋军事等高端政府领域,相应民用领域较少。而国外有关海洋新材料的分类与应用领域,基本奠定了世界海洋新材料的发展方向。

在海洋新材料发展政策方面,国外首先强调要树立海洋意识,重视海洋科技,以较高的科技贡献率确立并维持海洋经济优势。其次,强调保护海洋生态,坚持保护性发展持续获得海洋利益。最后,强调明确发展目标,确定发展重点,构建财政、金融、税收、土地的综合扶持体系。

二、海洋新材料领域趋势分析——以上海为例

(一)主要海洋新材料的类型

1. 环境友好型仿生纳米涂层材料

环境友好型仿生纳米涂层材料是把传统的材料进行有意识的加工、改造而获得的一种新型的材料,环境友好型材料具有先进的功能性、良好的工艺性、合理的经济性、协调的环境性和舒适性等特征。当前重点发展的环境友好材料按照材料的用途来分,一般可分为绿色能源材料、绿色建筑材料、绿色包装材料、生物功能材料、环境工程材料 5 大类。无论在环境意义、社会意义还是经济意义上,环境友好型材料都具有广阔的市场前景与发展价值。

2. 耐腐蚀、高强、高性能结构材料

海洋环境是一种复杂的腐蚀环境,在这种环境中,海水本身是一种强的腐蚀介质,同时波、浪、潮、流又对金属构件产生低频往复应力和冲击,加上海洋微生物、附着生物及它们的代谢产物等都对腐蚀过程产生直接或间接的加速作用。当前防止海洋腐蚀的措施,除了正确设计组合材料构件、合理选材外,通常还包括:采用厚浆防腐蚀涂料、对重点部件采用耐腐蚀材料包套、设计构件时要考虑到足够的腐蚀裕量、根据电化学腐蚀原理,采用牺牲阳极的方式。需要注意的是,海洋腐蚀主要是局部腐蚀,即从构件表面开始,在很小区域内发生的腐蚀,如电偶腐蚀、点腐蚀、缝隙腐蚀,以及低频腐蚀疲劳、应力腐蚀及微生物腐蚀等。

3. 海洋新能源材料及海洋电子信息材料

海洋蕴含了丰富的自然资源,相应的新能源材料提炼技术亟待突破,因而作为新兴的海洋新材料领域,应当重点把握其研制与生产流程及技术,并不断拓展相应的前沿领域。同时,在海洋电子信息材料方面,临港高新区具有海底光纤传输、水下半导体传输等新材料优势企业,能够实现海洋电子信息材料在研发与生产方面的新突破。

(二)海洋新材料产业的特点

依据 2017 年上海市主要产业发展规划,在新材料方面的特点主要集中在发展思路、发展重点以及空间布局三个方面。

在海洋新材料发展思路方面,主要依托上海本地高校的先进复合材料工程技术中心、深海材料与防护工程技术中心,以及上海尖端工程材料有限公司等科研机构,探索研发具有高端自主知识产权的高性能海洋新型材料,力争在新型耐腐蚀材料研究领域及时取得较大突破并扩大应用范围。在海洋新材料发展重点方面,结合当前海洋新材料的发展类型,推进电子信息材料的研制与生产,深化海洋新能源材料的尖端科技应用,探索耐腐蚀、高强、高性能结构材料及体系的研发与应用,积极开展环境友好型仿生纳米涂层的研发与应用,打造高端海洋新材料产业基地。在海洋新材料的空间布局方面,重点培育上海临港海洋高新技术产业化基地,以及张江高科技园区,因而其新材料产业在布局上,具有明显的集约度高、政策性强、市场全面等特点。

总体而言,上海海洋新材料产业处于产业链的中上游。在政策要素层面,与其他沿海省区相比并不具备优势;在经济要素层面,海洋新材料产业目前还处于起步阶段,具有一定的市场优势;在社会要素层面,上海海洋新材料领域的人才支撑条件处于均势;在技术要素层面,主要以上海涉海类高校为核心,具有一定的优势;在发展机遇层面,当前海洋新材料在全

国范围内并没有广泛投入生产,这为上海新区海洋新材料产业提供了巨大的市场前景。

(三)上海新材料领军企业案例分析

1. 上海尖端工程材料有限公司

上海尖端工程材料有限公司成立于1995年,是一家专业从事船舶及海洋工程用高分子复合新材料研究开发、生产销售和技术咨询的科技型企业。拥有数十项国家发明专利和专有技术,公司与上海海事大学、上海临港海洋高新技术产业化基地联合建设"海洋工程先进复合材料工程技术中心",并被上海市海洋局授予"深海装备材料与防护工程技术研究中心",形成了产学研用一体化平台。

近年来,公司先后承担了数项重大科研项目和省市科研项目,开发出固体浮力材料、3D增强复合材料、拉挤格栅及防火保温材料等一系列船舶及海洋工程用新型高分子复合材料。产品广泛应用于船舶和海洋工程、现代交通设施等领域,企业已成功案例主要有:虹桥能源中心(空调冷冻水管及设备)、世博园城市生活实践区综合馆(复合风管)、上海海事大学4.8万吨级世界最大教学实习船。公司以"为员工和客户创造价值"为宗旨,以"专业、创新、用心"为发展理念,秉持打造"海洋先进复合材料领军企业"的目标,为客户提供专业的产品和服务,为我国建设海洋强国贡献力量。

当前企业面临的主要障碍在于发展资金的短缺,尽管市场需求的潜力较大,但风险性较高,需要宏观调控性支持。

2. 上海卫蓝海洋材料科技有限公司

上海卫蓝海洋材料科技有限公司成立于2013年,由上海临港海洋科技创业中心孵化成立,是一家专业从事船舶及海洋工程用高分子复合材料研究开发、生产销售和技术咨询的科技型企业。公司落户于上海临港海洋高新技术产业化基地,技术团队先后承担了数项国家级重大科研项目和省市科研项目,开发出聚合物中空微球、深海浮力材料、三维增强复合材料、海洋防腐防污涂料等一系列船舶及海洋工程用新型高分子复合材料。

公司目前仍处于业务拓展阶段,遇到的主要瓶颈在于市场业务的发展方向,以及获取稳定市场来源问题。

3. 迈珐盾新材料科技(上海)有限公司

迈珐盾新材料科技(上海)有限公司是一家新近成立的创新型涂料公司,拥有业内前瞻性的独创产品和自主知识产权,专注尖端防腐涂料研发和生产的供应商。公司旗下品牌MFAC涂料自成立以来,便积极投身于防腐新材料产品市场领域,倾心致力于为工业用户群体提供更加有效、适于在复杂条件下施工的工业防护解决方案。其中,MFAC材料技术已通过业内各项技能标准以及质量监控,特有的新型带锈防腐涂料产品属业内前瞻性科技,可直接在金属锈层上施工,已广泛应用于各行各业的金属表面的防腐保护。目前,其相应的海洋新材料涂层保护产品在防护性能、施工简易性以及材料综合成本方面在业内都具有无与伦比的优势。随着公司不断加大对涂料市场的投入,目前独一无二的带锈防腐产品线已成为公司重要发展战略领域。截至2017年底,其在中国已成立了2家生产研发基地,包括目前位于河南安阳的生产基地,1个创新中心、1个销售中心及遍布全国的销售办事处。公司始终致力于为全球客户开发、提供各种可持续发展的海洋工业防护解决方案。

企业当前的困境主要在于市场的认可程度,虽然技术较为成熟,但需求方面仍依赖于国外产品，国内市场认可度不高，因而政府应当着力解决国内产品推广问题，同时，企业自身要严格提升产品质量。

三、海洋新材料领域的产业优化方案

(一)海洋新材料发展的总体布局

坚持推进海洋新材料高端产业集聚。由于目前上海临港海洋高新技术产业化基地已初具规模，因而应当继续以临港地区实施"特殊政策、特别机制"为契机，重点把握高端主导产业的落地建设，以及全国首家"国家科技兴海产业示范基地"建设，注重引进和培育国内外先进海洋新材料高端技术，争取形成行业引领。

坚持海洋新材料产业联盟的辐射带动作用。借鉴"国家海洋防腐蚀产业技术创新战略联盟"的成功经验，坚持在沿海高新区组建具有海洋特色的新材料产业技术创新战略联盟，在联盟纽带作用的基础上，强化新材料产业的上下游产业关联度，打造产学研用的创新合作组织，整合产业资源、突破关键技术、推进成果共享转化，形成上海海洋新材料产业高新化、高端化、高效化的发展局面。

加快海洋新材料功能性服务机构集群。抓住上海自由贸易试验区的重大战略机遇，扩大对外开放力度，大力发展与海洋新材料相关的要素交易、金融保险、航运服务、法律咨询、技术支持、商务会展等高端优势服务业，全力支撑海洋新材料产业快速发展。

(二)海洋新材料发展的目标定位

上海作为中国滨江沿海的核心地区，应当定位于辐射全国，服务亚太的窗口地区。以此为基准，力求到 2020 年，在全国沿海省份中形成产学研结合较紧密、产用协同良好、服务管理体系健全，具有较强自主创新能力、富有特色和竞争力的新材料产业发展体系。海洋新材料领域作为全国新兴产业重点发展领域之一，集聚化程度亟待进一步提高，进而形成一批布局合理、特色鲜明的新材料产业基地。同时，需要突破一批新材料共性核心技术、关键工艺、专用装备等瓶颈，形成一批具有国际竞争优势的新材料品种。打通新材料协同发展关键环节，加快下游应用领域相关产品的研发，使之成为产业化及规模化应用。培育国际国内知名的新材料企业及研发平台，培育一批社会资源参与、市场化运作的新材料特色创业孵化园，形成完善的创新创业体系，实施材料专项工程，打造特色产业链，有效支撑海洋重点领域发展需求。

(三)海洋新材料发展的重点

根据海洋发展的战略布局与目标定位，上海着力开发海洋基础设施建设、工程装备、海洋运输、海洋钻探用海洋新材料，满足海洋经济的发展要求，聚焦以下几个发展重点。

1. 加强新材料产业创新体系建设，提升企业创新能力

完善以市场为导向、企业为主体、政产学研金用相结合的新材料产业创新体系，深化新材料领域重点企业研究院建设、重大专项技术攻关和科技人才队伍培养产业技术创新的新机制与新模式。加强企业技术中心、工程研究中心、重点实验室、博士后工作站、院士工作站建设。推进协同创新，推动新材料企业与下游用户企业的双向对接，实现协同设计、研发、制造，推进新材料装备生产企业与材料生产企业联合攻关，突破关键工艺与专用装备制约，引导新材料企业在境外设立研发机构，加快融入全球新材料创新网络。

2. 加强区域及产业新材料创新平台建设

对接国家制造业创新中心建设工程,支持有较好基础的企业积极参与国家新材料产业创新中心建设,支持重点新材料产业集群所在地区创建区域新材料创新中心。积极引进国内外知名企业和科研机构建立新材料研发中心,依托骨干企业和重点院所建立创新联盟或行业创新平台,开展行业基础和共性关键技术研发、科技成果孵化、产业化推广和人才培训。积极参与国家新材料数据库建设,通过各类材料系统攻关任务、创新平台、应用示范平台、性能测试中心等载体,逐步在纳米碳材料、智能材料等领域,积累材料组织成分、工艺参数、服役性能等数据,建立权威、开放共享的新材料数据库。

3. 培育发展海洋新材料高端人才汇聚机制

以当前临港高新区为产业基地,发挥行业龙头企业、创业投资机构、社会组织等社会力量的作用,全力吸纳海内外高端创新人才,继续推进低成本、便利化、开放式的新材料大众创新体系,为广大创新友人提供良好的工作空间、网络空间、社交空间和资源共享空间。建设一批特色新材料企业综合孵化器,培育若干家能满足大众创业创新需要、具有检验检测、技术评价、质量认证、资金融通等专业化服务能力的新材料创新、创业服务平台。

(四)海洋新材料产业发展的保障措施

1. 强化产业统筹协调

拓展新材料产业发展部门会商、协调机制,统筹研究协调新材料产业发展重大问题。加强新材料产业政策、发展规划与科技、财税、金融、商贸等政策协调配合,强化各部门专项资金和重大项目的沟通衔接,建立新材料专家库,成立新材料发展专家委员会,提高新材料产业发展决策水平和服务企业水平。

2. 深化新材料产业技术创新综合试点

围绕重点新材料领域发展特色优势产业链,深化新材料产业集聚区培育中心,开展新材料领域产业技术创新综合试点。支持高校和科研机构的专业技术人员到重点企业研究院工作,在重点企业研究院的技术协同创新队伍中选定优秀年轻技术创新人才,实施青年科学家培养计划,集聚一批高层次创新人才。

3. 完善落实财税金融扶持政策

加大对新材料产业发展的财政支持,完善落实新产品应用风险补偿机制及保险补贴政策,支持新材料首批次应用,促进新材料初期市场培育。完善支持新材料企业发展的政府采购政策,落实新材料产业发展的高新技术企业税收政策、中小企业扶持政策,引导金融机构加大对新材料企业的信贷支持,鼓励和引导各种风险投资基金、股权投资引导基金、产业投资基金对新材料企业特别是初创型企业的支持,支持符合条件的新材料企业上市融资和发行债券融资。

4. 优化新材料产业创新发展服务

扩大新材料产业供需对接平台,协调推进重点新材料领域,建立以资本为纽带,产学研用共同参与的新材料产业联盟,利用新材料专家库资源优势,组织专家组开展企业服务活动。发挥军民融合公共服务平台作用,向具有资质企业提供装备新材料的需求信息,培育服务于新材料产业创新发展的第三方专业服务机构,引导和支持其开展技术、咨询、融资、信息、检测等服务。支持新材料行业协会开展创新指导、办展招商等服务活动,促进行业合作交流,支持利用互联网手段,建立新材料从业人员交流平台。

5. 加强新材料行业管理

深化新材料行业管理队伍建设,健全工作体系和机制。制定新材料产品认定办法,定期发布重点新材料产品目录和企业名录,发布重点项目计划,引导社会投资,强化新材料产业标准化管理,推动新材料产业标准化试点示范。完善新材料产业统计制度,组织开展新材料产业运行监测,加强新材料产业的损害预警,定期发布新材料产业发展信息,引导、促进新材料产业规范、合理、有序发展。具体如表3—2—3所示。

表3—2—3 海洋产业新材料领域优化方案层次分析

目标层	准则层	措施层
海洋产业新材料领域优化措施	总体布局	坚持推进海洋新材料高端产业集聚,强化海洋新材料产业联盟的辐射带动作用,加快海洋新材料功能性服务机构集群。
	目标定位	以上海定位于打造为辐射全国,服务亚太的窗口地区为基准,力求到2020年,在全国沿海省份中形成产学研结合较紧密、产用协同良好、服务管理体系健全,具有较强自主创新能力、富有特色和竞争力的新材料产业发展体系。
	发展重点	强化新材料产业创新体系建设
		区域及产业新材料创新平台建设
		培育发展海洋新材料高端人才汇聚机制
	保障措施	拓展新材料产业发展部门会商、协调机制,统筹研究协调新材料产业发展重大问题。
		围绕重点新材料领域发展特色优势产业链,深化新材料产业技术创新综合试点。
		完善落实财税金融扶持政策,促进新材料初期市场培育。
		优化新材料产业创新发展,引导和支持第三方平台开展技术、咨询、融资、信息、检测等服务。
		加强新材料行业管理,健全工作体系和机制。

(执笔:胡兆廉)

3.3 中国海洋仪器设备业分析

摘 要:海洋仪器设备作为进行海洋资源勘探和海洋信息采集的必备利器,其市场需求日益凸显。本文通过对国外海洋仪器设备业的分析,总结其发展现状及未来发展趋势。再从海洋探测传感器、海洋观测平台、深洋通用技术、海洋观测网四个方面分析中国海洋仪器设备业发展现状,并与海洋强国进行对比,总结中国海洋仪器设备发展薄弱之处,并从经费保障、条件保障、机制保障、人才保障四个方面提出对策建议。

关键词:海洋仪器设备 产业属性 功能分析 能级提升

一、海洋仪器设备业的产业分类及产业属性

(一)产业分类

海洋仪器设备作为进行海洋资源勘探和海洋信息采集的必备利器,其市场规模日益扩大,重要地位逐渐凸显。海洋仪器设备业包括海洋探测传感器、海洋观测平台、海洋通用技术、海洋观测网四个大类,其中:海洋探测传感器包括海洋动力环境参数获取与生态监测的传感器和海底环境调查与资源探测传感器;海洋观测平台包括卫星和航空遥感、浮标与潜标、拖曳式观测装备、遥控潜水器、自治潜水器、载人潜水器、水下滑翔机;航洋通用技术包括作业工具、深海动力源、水下电缆和连接器;海洋观测网包括近岸立体示范系统、近海区域立体观测示范系统、深远海观测系统等。

(二)产业属性

综合分析海洋仪器设备业,可以得出其所具有的以下六个产业属性。

1. 战略前瞻性

21 世纪是海洋世纪,大力发展海洋仪器设备业,对于充分发掘海洋资源具有重要战略意义,海洋仪器设备业的首要属性就是战略前瞻性。

2. 市场潜力性

近年来,海洋仪器设备业发展迅速,尤其是海洋汽油开发设备取得了很大发展,仅以中国海洋汽油开发设备为例,年销售收入突破 300 亿元,占世界市场份额近 7%,海洋仪器设备业具备市场潜力性。

3. 海洋归属性

海洋仪器设备业是以合理开发利用海洋资源为目标,所以从本质上就具备海洋归属性。

4. 产业关联性

海洋仪器设备研究的发展,可以培植原材料生产、设备研发以及工程服务行业的发展,具有产业关联性。

5. 科技支撑性

从世界范围看,海洋仪器设备的核心技术、核心装备制造是以科技为基础,到目前为止仍有上升空间,具备科技支撑性。

6. 产业新兴性

海洋仪器设备业是高端装备业的重要组成部分,具有知识技术密集、资源消耗少、成长潜力大、综合效益好等特点,是战略性新兴产业的重要组成部分。

基于海洋仪器设备业的六大产业属性,可以将海洋仪器设备业归属于海洋战略性新兴产业,对于促进海洋产业发展,具有重要的研究价值。

(三)功能分析

综观海洋仪器设备业发展历程,可知其具有以下三大功能。

1. 强化海洋观测与探测技术,提高海洋认知能力

首先,构建海洋观测网,突破近海与深远海环境观测关键技术,可以形成实时、快速观测能力;其次,深化海洋管理技术,能够拓展海洋综合管理能力;最后,发展水下机动观测系统,在敏感海域和重要国际海上通道实时进行目标态势感知和海洋环境观测与预报,从而保障

国家海洋权益。

2. 发展海洋探测仪器，拓展海洋探测能力

首先，开展水下声、光、电、磁、化学、水文等海洋观测传感器核心技术研究，能够突破海洋仪器设备核心部件严重依赖进口的局面；其次，开展新型无人潜水器研制，继而朝着航程更远、作业时间更长、可靠性更高、功能更强的方向发展；最后，加快水下遥控潜水器、自治潜水器、水下滑翔机等技术较成熟的海洋探测装备从工程样机到产品化过渡，从而推进产业化进程。

3. 完善科技基础条件，提升海洋自主创新能力

一方面，加强国家海上公共试验场建设，建成资源共享、要素完整、军民兼用的海上综合试验场，提供海上公共综合试验平台，获取长期连续的海洋环境数据、形成要素完整的长序列数据库，提供测试与评价服务，进行业务化运行；另一方面，完善海洋仪器设备标准化体系，规范和完善我国海洋标准化、计量、质量技术监督工作，加强计量检测资源整合和海洋仪器设备科技成果鉴定，形成完善的海洋仪器设备检测评价体系，为我国海洋探测与装备工程产业体系化和规模化发展提供制度保障。

二、国外海洋仪器设备业的发展现状与趋势

(一)国外海洋仪器设备业的发展现状

1. 海洋探测传感器与海洋通用技术已实现产品化与商业化

海洋环境传感器是海洋探测的核心仪器设备，研制稳定、高灵敏度和高精确度的传感器是海洋探测与检测技术发展的重要内容。伴随着海洋监测系统的拓展，在深海环境和生态环境长期连续观测需求下，美国、日本、加拿大和德国等国家已经研制出全海深绝对流速剖面仪及深海高精度海流计、多电极盐度传感器、快速响应温度传感器、湍流剪切传感器、多参数水质测量仪等，并已形成商品。同时伴随海洋观测平台技术的发展，与运动平台自动补偿的各类环境监测传感器也取得了较大进步，美国等国家已经研出制适应于 AUV、ROV、水下滑翔机和拖曳等运动平台的温度、盐度、湍流、PH、营养液、溶解氧等传感器。

随着海洋探测装备的发展，深海通用技术已实现了产品化与商业化。在深海浮力材料方面，美国、日本和苏联等国家从 20 世纪 60 年代末开始研制高强度固体浮力材料，以用于大洋深海海底的开发事业。美国 Flotee 公司能够提供 6 000 米水深浮力材料产品，可以应用于水下管线、ROV、海洋观测仪器等多种用途；日本在研制无人潜水器的过程中对固体浮力材料也开展了研发，目前已可以为万米级潜水器提供浮力材料；俄罗斯研制出用于 6 000 米水深固体浮力材料，密度为 0.7g/cm³、耐压 70 兆帕。在水密接插件方面，美国 Marsh&Marine 公司早在 20 世纪 50 年代初就推出了橡胶模压产品；60 年代后期，为配合"深海开发技术计划(DOTP)"，研制成功了 1 800 米水深的大功率水下电力及信号接插件。目前，西方各国研制、生产、销售水密插件的著名厂商有 30 多家，产品超过 100 种。在水下机械手方面，国外水下作业型机械手的研究中，美国、法国、日本和俄罗斯的水平比较高，所研制的水下机械手大部分是运用于 ROV、载人潜水器及深海作业型水下工作站上。在深海液压动力源方面，美国佩里(PERRY)公司是全球潜水器最大生产厂家和深海动力装置的重要提供商。该公司先后开发出不同功力的深海 3 000 米级液压动力源，其中 5 千瓦低功率

液压源应用于 ROV 液压坝站系统及自趋式水下工具,如深海钻;55 千瓦以上液压源可满足较大型深海液压系统与装置的驱动要求,如无缆水下机器人、海底埋缆系统、大功率 ROV 工作站等。

2. 海洋观测平台已实现系列化与产品化

(1)遥控潜水器

在遥控潜水器(ROV)方面,根据美国大学与国家海洋实验室联合系统的报告,目前国际上用的 ROV 系统基本工作在 3 000 米以浅,应用于 3 500 米以深的深海作业和探测 ROV 必须具有专业化设计,只有少数机构拥有。世界上第一台全海深工作的 ROV 曾经是日本海洋科技中心投资 45 亿日元研制的 KAIKO 号 ROV,1994 年就曾到达 11 000 米海底进行近海底板块俯冲情况调查,但 2003 年在海上作业时由于中性缆断裂而造成 ROV 本体丢失,后来 JAMSTEC 在原系统的基础上又开发了一套潜深 7 000 米的 KAIKO7000ROV。美国伍兹霍尔海洋研究所 2007 年成功开发了"海神"号混合型潜水器(HROV),最大工作水深为 11 000 米,具有 AUV 和 ROV 两种模式。该系统于 2009 年 5 月 31 日成功下潜到马里亚纳海沟 10 902 米水深,是世界上第三套作业水深达到 11 000 米的潜水器系统。该项技术成功结合了 AUV 和 ROV 的技术特长,弥补了 AUV 系统无法定点观测作业,而 ROV 系统开发运行成本高的不足,已成为国际无人潜水器技术发展的一个重要方向。

强作业型 ROV 是海上水下作业必不可少的装备之一,得到越来越广泛的应用。以水下生产系统为例,最具代表性的有:英国的 Argyll 油田水下站和美国的 Exxon 油田水下生产系统,它们以应用 ROV 进行水下调节,更换部件和维修设备。世界上最大型的 ROV 系统当属 UT1 TRENCHER,它是一套喷冲式海底管道挖沟埋设系统,主尺度 7.8 米×7.8 米×5.6 米,空气中重量达 60 吨,最大作业水深 1 500 米,最大功率 2 兆瓦。

(2)自治潜水器

在自治潜水器(AUV)方面,为了满足海洋资源调查与勘探以及海洋科学研究需要,欧美国家和日本等发达国家开展了大量的自治潜水器研究工作,已经开发出多种用于深海资源调查的 AUV,包括大、中、小型 AUV,这些调查设备已经在深海资源调查中发挥了重要作用。美国伍兹霍尔海洋研究所在 1992 年研制成功大深度自治潜水器 ABE。2007 年 2 月 25 日 ABE 的第 200 次下潜,为我国科学家首次在西南印度洋脊发现了海底热液活动区,并对热液喷口进行了精确定位。为了提高海洋调查能力和潜水器技术的水平,美国伍兹霍尔海洋研究所研制的 ABE 的替代品 Sentry AUV,2008 年完成海上试验并已开展应用。针对海洋中脊海底热液活动调查,日本三井造船与东京大学联合开发了潜深 4 000 米的 r2D4 AUV,其重量约为 1 600 千克,最大航程 60 千米。挪威康斯伯格公司开发了 HUGIN 系列 AUV,作业水深 1 000~4 500 米,HUGIN AUV 可用于高质量海洋测绘、航道调查、快速环境评估等。

小型 AUV 由于起作业成本较低、安全性好,还可以形成小型化 AUV 编队,完成现有装备系统无法完成的任务,因此市场需求广泛,得到了世界各国的高度重视。其中,最具有代表性的是挪威康斯伯格公司的 REMUS 系列和美国 BLUEFIN 公司的 Bluefin 系列 AUV,其重量从 30 余千克至数百千克,最大航速大于 5 节,带有多种传感器,具有自主航行能力,可搭载水下 TV、成像声呐、侧扫声呐、CTD 传感器等设备完成水下目标探测和海洋环境数据采集等任务。

（3）载人潜水器

在载人潜水器方面,国际上载人潜水器的发展趋势可以归纳为向覆盖不同深度、更好的作业性能、更高的可靠性和经济型方向发展。欧美国家和日本等海洋大国对潜水器的深度定位是浅、中、深全部覆盖,不同深度采用不同潜水器进行作业。其中,法国有两艘:3 000米和6 000米;日本两艘:2 000米和6 500米;俄罗斯有4艘6 000米;美国两艘1 000米、两艘2 000米、一艘4 500米。目前国际上使用时间最长、频率最高的载人潜水器是美国的"阿尔文"号,1964年建造完成,至今已完成超过4 400次下潜作业。

日本深海技术协会结合日本未来深海科研的需要,提出了载人潜水器研发计划,分别是11 000米(全海深)、6 400米、4 500米、2 000米和500米。2011年美国自然科学基金资助"阿尔文"号进行升级改造,目前已完成第一阶段的目标:观测窗由3个增加到5个、增加乘员舒适性、更换新的照明和成像系统、更换浮力材料、增强指挥控制系统等。第二阶段改造目标是将最大作业深度提高到6 500米,增加作业时间至8～12小时。

（4）水下滑翔机

经过多年的研究,美国先后成功研制了Spray、Slocum和Seaglider水下滑翔机。水下滑翔机是一种无外挂推进器、依靠改变自身浮力驱动、周期性浮出水面进行数据上传和使命更新的新型水下测量平台,航行距离在2 000～7 000千米,续航能力200～300天,巡航速度为0.3～0.45米/秒,负载能力约为5千克。

现有水下滑翔机的不足之处在于滑翔速度小,机动性差。为此,美国开展了大型水下滑翔机X－Ray的研制,这种水下滑翔机重达几吨,最大滑翔速度可达3节,可以有效地降低海流对载体运动造成的影响。法国开展了混合型水下滑翔机Sterne的研究,这种水下滑翔机带有外挂的推进器,不仅可以做滑翔运动,还可以做水平巡航运动,依靠浮力驱动时滑翔速度最高可达2.5节,依靠推进器做水平巡航时,速度可达3.5节。

3. 海底观测网朝着深远海、多平台、实时与综合性等方面发展

（1）随着海洋技术的进步,各种专业性海洋观测网应运而生,部分实现了业务化运行

作为一个地震多发国家,日本在海底地震观测方面一直走在世界前列。早在20世纪70年代,日本就开始了海底有缆地震观测,截至1996年,在日本地震调查研究推进本部建议下,在5个区域新增了有缆地震观测设备,使得有缆观测数量达到8个,构建了海底地震观测体系。2002年,IEEE海洋工程学会日本分会组建了水下有缆观测技术委员会,并于2003年提出了"先进实时区域性海底观测网"规划技术白皮书,总体上可归纳为6点:①用类似mesh网的方式在海底铺设长达3600千米的线缆;②每隔50千米设计一个节点,共计66个;③整个网络具有很强的鲁棒性;④拥有光宽带传输系统,可以传输高清电视图像;⑤系统具备可扩展性;⑥网络中的传感器具有可替换性。这个规划并未付诸实施,取而代之的是"地震和海啸高密度海底观测网络"。DONET计划分为两个阶段实施,第一阶段自2006年开始实施,设计寿命30年,主干缆300千米,5个科学节点,20个观测站,每个观测点之间仅相隔15～20千米。2011年7月已安装完毕,8月份开始提供数据以供地震预测。DONET2与DONET相比观测的区域更大,观测节点更多,骨干缆450千米,7个科学节点,29个观测点。

在近岸海洋生态监测方面,美国的新泽西陆架观测系统是典型代表。NJSOS 起源于 20 世纪 90 年代早中期的"15 米深长期观测站",当时只有 3 000m×3 000m;经过 90 年代后期扩展为"近岸预测技术试验",观测区域达到 30 000m×3 000m;最终扩展成陆架规模的 300 000m×300 000m,拥有多种观测平台,包括卫星、岸基雷达、船载拖体、水下滑翔机等。LEO-15 多年来连续记录了海水与沉积物的沿岸和跨路架运动,记录多种生物地球化学过程;CPSE 则是揭示海岸上升流区在三维空间里的演变,了解其与沿岸地形的相互作用,以及对浮游生物分布和对溶解氧的影响。NJSOS 计划将 CPSE 验证的观测方法推向陆架,实现常年观测,拟定了十大科学目标,在基础研究的同时包括应用目标,如重金属等污染物流向、鱼类幼体和沉积物的去向、赤潮和海底低氧的预测机制等。这一战略是首先正确地解决一小片海洋,然后在空间上成功拓展。

构建水下监测网,确保国家海洋安全是另一个重要的发展方向。海洋浅水区由于声场复杂,加上商业船只、渔船等造成高噪声,以及受海洋生物、天气影响较大,给水下反潜带来了很大的挑战。为此,美国海军研究局启动了"持久性近岸水下检测网络"项目,由固定在海底的灵敏水听器、电磁传感器以及移动的传感器平台,如水下滑翔机和 AUV 等组成,固定观测设备与移动观测平台之间能够双向通信,组成半自主控制的海底观测系统。该系统旨在利用移动平台自适应的处理和加强对浅水区尤其是西太平洋地区的低噪声柴电潜艇进行侦查、分类、定位和跟踪。2006 年,PLUSNet 在美国蒙特利湾进行了海上试验,试验中使用的水下移动观测平台包括 Bluefin-21 AUV、Seahorse AUV、Sealidr、Slocum Glider 和 X-Ray Glider 等。虽然 2005 年对 PLUSNet 的投入经费进行削减,但是美国海军还是希望能够在 2015 年实现运行。

(2)具有环境自适应能力的移动观测网是当前发展的新方向

从 1997 年开始,由美国海洋研究局自主研发的"自主海洋采样网络"利用多种不同类型的观测平台搭载不同的传感器,能够在同一时刻测量不同区域和不同深度的海洋参数。2003 年 8 月,在加利福尼亚 Monterey 海湾进行了 AOSN-Ⅱ实验,观测平台除了传统的观测船、锚系浮标、坐底观测平台外,还包括 12 个 Slocum 水下滑翔机、5 个 Spray 水下滑翔机、Dorado AUV、Remus AUV 和 Aries AUV 等,分别搭载 CTD、叶绿素、荧光计等传感器对 Monterey 海湾海水上升流进行了 40 天的调查试验。试验中,水下滑翔机组成的移动观测网能够根据海洋环境的实时变化对海水等温线动态跟踪。

在 AOSN 的基础上,美国海军又开展了"自适应采样与预报"研究,该项目的一个重要目标就是研究如何利用多个水下滑翔机进行高效的海洋参数采样。2006 年 8 月在 Monterey 海湾实验中应用 4 个 Spray 水下滑翔机和 6 个 Slocun 水下滑翔机,对 Monterey 海湾西北部寒流周期上涌现象进行了调查。在调查过程中,一方面,水下滑翔机获得观测数据近实时地发送至监控中心,经过数据同化后作为海洋预报模型进行下一时刻的预报初值和边界条件;另一方面,预报的结果被用来指导水下滑翔机下一时刻的采样,形成自适应观测与预报系统。水下滑翔机获取的数据具有更好地观测质量,提高了研究人员对海洋现象的认识和理解,并提高了对海洋现象的预报能力,充分显示了应用水下滑翔机作为分布式的、移动的、可重构的海洋参数自主采样网络在海洋环境参数采样中具有的优势。

(3)多目标区域观测网

东北太平洋时间序列海底网是全球第一个区域性光缆连接的海底观测试验系统。NEPTUNE 是美国于 1998 年启动的海底网络计划，目标是用联网观测系统覆盖整个胡安·德·夫卡板块，成为地球科学上划时代的创举。整个观测网络由美国和加拿大共同构建，计划共用 2 000 千米光纤电缆，覆盖面积达 20 万平方千米，包括 6 个节点（目前已使用的为 5 个，分别为 Floger Passage、Barkley Canyon、ODPI1027、Middle Valley 以及 Endeavour)，将上千个海底观测设备组网，对水层、海底和地壳进行长期连续实时观测。由于美国经济的不景气，NEPTUVE 美国部分遭到搁浅，直到 2009 年才启动，加拿大部分 2009 年底正式建成，并投入运行。NEPTUVE 加拿大部分由 800 千米的水下光缆将水下各种观测仪器设备组网，将深海物理、化学、生物、地质的实时观测数据连续地传回实验室，并通过互联网向世界各国的用户终端传送。NEPTUVE 加拿大部分的建成是海洋科学里程碑式的进展，能为今后海洋科学家提供海洋突发事件和长时间序列研究的海洋量数据，应用于广泛的研究领域。

（4）多个区域海洋观测系统构建综合性海洋观测体系

从海洋科学研究的前沿出发，在美国国家科学基金会的支持下，形成了海底观测网联合计划（OOI）。OOI 主要由以 NEPTUVE 为主的区域海洋观测网、以大西洋先锋 Pioneer 观测阵列和太平洋持久 Endurance 观测阵列为主的近海观测网和以阿拉斯加湾、Irminger 海、南大洋和阿根廷盆地为主的全球观测网组成，拟通过 25～30 年的海洋观测，来研究气候变化、海洋环流和生态系统动力学、大气－海洋物质交换、海底过程，以及板块级地球动力学。同时，美国国家海洋与大气管理局制定了跨政府部门的综合海洋观测系统（IOOS），综合了美国 11 个区域观测网，组成一个全局性的观测系统，为政府管理、科学研究和公共服务提供数据。

（二）国外海洋仪器设备发展趋势

1. 深海探测仪器与装备朝着实用化发展，功能日益完善

海洋通用技术作为水下探测装备的核心部件和关键技术，朝着模块化、标准化、通用化发展。当前，在水下水密接插件方面，已经出现满足不同水深、电压、电流的电气、光纤水密接插件产品；在水下导航与定位方面，IXsea 公司推出了满足水面、水下 3 000 米、水下 6 000 米分别用于水面舰船、潜艇、ROV、AUV 等不同用途的多种型号水下导航产品；在浮力材料方面，市场上已出现满足不同水深的，用于不同用途，包括无人潜水器、遥控潜水器脐带缆、水下声学专用的浮力材料；在 ROV 作业工具方面，已出现的水下结构物清洗、切割打磨、岩石破碎、钻眼攻丝等专门作业工具；水下高能量密度电池也实现了模块化，无须耐压密封舱就可以直接在水中使用。

海洋探测技术装备朝着多样化、多功能等方面发展。当前，用于水文观测的主要有遥感卫星、岸基雷达、潜标、锚定浮标、漂流浮标、Argo 浮标等。尤其是由 Argo 浮标组成的全球性观测网，收集全球海洋上层的海水温、盐度剖面资料，以提高气候预报的精度，有效防御全球日益严重的气候灾害给人类造成的威胁，被誉为"海洋观测手段的一场革命"。在海洋地球物理探测方面，主要有电、磁、声、光、震等探测平台对海洋地形、地貌、地质及中磁场进行探测。海洋地球物理探测平台朝着多功能化发展，将浅地层剖面仪、侧扫声呐、摄像系统等组成深海拖体，对海底进行探测。同时，海洋生态探测平台将荧光计、浊度计、硝酸盐传感

器、浮游生物计数器及采样器、地质取样器等集成于一体,形成海底化学原位探测与采样装备。

2.无人潜水器产业雏形初现,新技术不断涌现

经过半个多世纪的发展,ROV已形成产业规模,并广泛应用于海洋观测和开发作业的各个领域。当前,国际上ROV的型号已经达250余种,从质量几千克的小型观测ROV到超过20吨的大型作业型ROV,有超过400家厂商提供各种ROV整机、零部件以及服务。遥控潜水器及其配套的作业装备、通用部件已形成完整的产业链,有诸多专业提供各类技术、装备和服务的生产厂商。在AUV方面,技术趋于成熟,已有AUV产品上市。当前多个系列AUV产品面向市场,如美国Bulefin机器人公司推出了4款Bluefin系列AUV产品,挪威康斯伯格公司推出了两个系列8款AUV产品,其中Remus系列5款,Hugin系列3款AUV产品。西屋电气公司预测,未来10年全世界将有1144台AUV需求,乐观估计市场额将达到40亿美元。

随着无人潜水器日趋成熟,基于无人潜水器的海洋探测新技术不断涌现。应用小型AUV、水下滑翔机组成自适应采样网络对区域性海洋环境进行检测是当前研究热点之一,已有一些系统(如前述的NJSOS等)投入示范性应用。AUV可以携带水体采样装置按照预定算法跟踪温跃层并采集水体样本,或者在漏油事故后自主追踪油液直至找到源头。混合型潜水器结合了AUV和ROV的技术特长,既可以定点观测作业,也可以在一定范围内走航,在北极冰下、深海热液等极端环境考察与探测中有应用优势。总之,无人潜水器符合海洋探测装备无人化、智能化的发展方向,无人潜水器与海洋探测应用的结合也愈加紧密。

3.立体化、持续化的实时海洋观测将成为常态化

海洋观测正在从单点观测向观测网络方向发展。单点海洋观测只能够获得局部的,时空不连续的海洋数据,对海洋规律的认识不够全面,难以深入。由多种海洋观测平台组成的观测网能长期、实时、连续地获取所观测海区海洋环境信息,为认识海洋变化规律,提高对海洋环境和气候变化的预测能力提供实测数据支撑。海洋观测网络整体的发展趋势主要体现在两个方面:从系统规模来说,新的海底观测系统规划的建设规模也越来越大,逐步由点式海底观测站向网络式海底观测系统发展;从系统选址看,海底观测系统建设的地点将逐步完成对重要海域的覆盖,从而为海底地震、海啸观测预警报、海洋物理科学研究及军事应用等提供越来越充足的支持。

海洋立体观测将成为常态化。遥感卫星、岸基雷达、潜标、锚定浮标、Argo浮标、无人潜水器等观测平台与海底观测网相互连接形成立体、实时的海洋环境观测及检测系统,不仅可以对当前状态进行精确描述,而且可以对未来海洋环境进行持续的预测。各国纷纷开发研究海洋技术集成,建立各种专业性海洋观测网络,如日本的海底地震监测网、美国深海实验网、新泽西生态观测网、军事观测网等,并在此基础上构建全局海洋观测网,在大尺度上实现常态化观测,来研究气候变化、海洋环流和生态系统动力学、大气-海洋物质交换、海底工程,以及板块级地球动力学。

4.深海海底战略资源勘查技术趋于成熟,已进入商业化开采前预研阶段

深海矿产资源勘查技术向着大深度、近海底和原位方向发展,精确勘探识别、原位测量、保真取样、快速有效的资源评价等技术已成为发展重点。多金属结核、软泥状热液硫化物的

开采已完成技术储备,块状热液硫化物的开采已有技术积累。深海微生物的保真取样和分离培养技术不断完善,热液冷泉等特殊生态系统的研究正在解释深海特有的生命归来,深海微生物及其基因资源的开发利用,初步展现了其在医药、农业、环境、工业等方面的广泛应用前景。

进入21世纪,"国际海底区域"活动从面向多金属结核单一资源扩展到面向富钴结壳,热液硫化物等多种资源发展。面向富钴结壳和多金属硫化物的深海采矿技术,已成为一些国家的研究热点。尤其是多金属硫化物资源,由于其成矿相对集中、水深浅、大多位于相关国家专属经济区等优点,被认为将早于多金属结核而进行商业开采,已进入商业化开采前预研阶段。到目前为止,有关富钴结壳和多金属硫化物的开采技术研究基本上是在多金属结核采矿系统研究的基础上进行拓展,主要集中在针对富钴结壳和多金属硫化物特殊赋存状态,进行资源评价、采集技术和行走技术研究。

三、国内海洋仪器设备业的发展现状

(一)海洋探测传感器取得长足发展

目前我国已具备和掌握生产制造海洋监测传感器的关键部件和关键技术。近年来,在国家"863"计划的大力支持下,已经研制出了多种海洋观测仪器,包括高精CTD、XBT/XCTD、声学多普勒海流剖面仪、Argo浮标、表面漂流浮标等,使得我国海洋动力环境监测能力技术得到了很大提升,推进了我国海洋动力环境监测的发展。由国家海洋技术中心自主研发的"漂流式海气通量浮标",在西北太平洋黑潮延伸体综合海上比测与应用中取得重大突破,该浮标首次完成了与国际标准锚系海气通量浮标的比测,其观测数据质量达到国际先进水平。同时,该浮标在国际上首次成功开展了中尺度涡高时空分辨率漂流组网观测,为中尺度涡环境下的海气相互作用研究提供了一种新型有效的观测手段,支撑和推动了中尺度过程海气相互作用的理论研究。

(二)海洋观测平台取得进展并呈现多样化

我国已经成功研制了多款海洋观测平台,从卫星和航空遥感到水下与水下观测平台;从被动观测平台,如浮标、潜标等到移动、自主观测平台水下潜水器,如水下自治潜水器(AUV)、遥控潜器(ROV)、载人潜器(HOV)等。2018年5月22日,由国家海洋局第二海洋研究所牵头承担,中科院上海技术物理研究所、国家卫星海洋应用中心、杭州师范大学、南京信息工程大学、国家海洋局第一海洋研究所共同参加的"全球变化与海气相互作用"专项中"静止卫星海洋成像辐射计研制与资料处理"任务通过验收,科技人员成功研制的我国首台静止轨道水色卫星遥感器样机,为我国计划发射的静止轨道海洋水色卫星研制和资料处理、应用打下了关键技术基础。截至目前,我国已自主研制并发射了3颗海洋卫星和1颗以海洋为牵头主用户的高分卫星,实现了从单一型号到多种型谱、从试验应用向业务服务的转变。由北京、三亚、牡丹江、杭州地面接收站和北京数据处理中心组成的海洋卫星地面系统布局日趋完善。目前我国研发的多种海洋观测平台达到甚至超过了国际先进水平。

潜水器研制方面,我国已经接近世界前沿。在ROV研制方面,我国在"八五"至"十一五"期间在研究、开发和应用方面做出了卓有成效的工作,已成功地研制出了质量从几十千克到十几吨、工作深度从几米到3 500米的各种ROV。在AUV技术方面,我国先后研制

成功下潜深度 1 000 米的"探索者"号和下潜深度 6 000 米的 CR－01、CR－02 型 AUV,使我国成为世界上少数拥有 6 000 米级自治潜水器的国家之一。在载人潜水器方面,"蛟龙"号实现了我国载人潜水器零的突破,已于 2012 年 7 月圆满完成了 7 000 米级海试。2013 年上海大学完成了中国第一艘自主研发的快艇"精海 1 号"无人艇,到目前为止,精海系列无人艇已经在东海、南海、南极罗斯海等海域进行了大量应用并取得良好效果。历经 8 年艰苦攻关,在国家"863"计划支持和国内近百家单位共同研制下,"深海勇士"号成功实现潜水器核心关键部件的全部国产化。它充一次电,能在海底遨游 10 个小时,借助锂电池的动力,这名"勇士"可以快速上浮和下潜,大大节约了往返时间,从而延长了深海作业的时间。目前,我国在潜水器设计能力、总体集成和应用等方面与国际水平相齐。

(三)深洋通用技术刚刚起步

深海通用技术是支撑海洋探测与装备工程发展的基础支撑和相关配套技术,涉及深海浮力材料、水密接插件、水密电缆、深海潜水器作业工具与通用部件、深海液压动力源与深海电机等诸多方面。我国深海通用技术研究起步较晚,整体水平相对落后,特别是在产品化、产业化方面与国外有较大差距。

(四)海洋观测网开始小型示范试验研究

海洋观测网正在计划实施中我国目前尚没有建立真正意义的海洋观测网系统,但已开始探索性地进行小规模示范区建设。如今已经在台湾海峡、渤海、上海、广州建立起了近岸立体示范系统;在黄海(獐子岛)、东海(舟山)、西沙永兴岛、南沙永暑礁各建立了一个长期观测浮(潜)标网,与已有的三个国家近海生态环境监测站和海洋考察船的断面观测一起,共同构建成点、线、面结合,空间、水面、水体、海底一体化,多要素同步观测,兼有全面调查与专项研究功能的开放性近海海洋观测研究网络;在海底观测网方面,通过积极探索,在接驳盒技术、供电技术、海底观测组网技术等方面都取得了一定成果。

四、国内海洋仪器设备与海洋强国之间的差距

经过几十年的努力,我国海洋仪器设备业已经取得较大发展,然而到目前为止,总体上仍然处于发展中国家水平,技术上落后海洋强国 10～15 年。同时,仪器的研制又有赖于电子技术、计算机技术、材料科学技术、光电技术等的支持,而这几门学科的发展在我国也是近二三十年来的事。海洋仪器无论其种类、测量参数、测量准确度仍停留在发展的初期水平上,反映海洋生态环境等领域的现场、实时、连续的分析监测仪器在国内几乎还是空白,虽有少数成型产品,但其可靠性、稳定性、测量精度和连续工作时间均满足不了国内环境监测技术的要求。总体上看传感器是制约我国海洋监测仪器水平和能力的主要因素。

(一)海洋探测技术与装备基础研究薄弱

首先,基础研究相对薄弱。在海洋观测网方面,由于技术起步较晚,尚有很多技术瓶颈和难题,包括低功耗的海底观测仪器、移动观测平台与固定观测平台的联合组网技术等。当前的研究主要还处于观测网的硬件设施建设上面,而对于观测网建成后的后续研究尚未开展,比如如何利用海洋观测网获得更好的数据来研究和解释海洋现象、如何整合多个局部的海洋观测网络形成全国性、甚至更大范围的观测网络问题等。海底探测基础研究薄弱,在海底固体矿产探测方面,缺乏系列化探测装备,虽然在国际海底发现了 30 多处海底热液喷口,

但对其精确定位能力不足,而且受制于海底探测基础理论、调查和评价方法,研究基础薄弱,致使深海资源评价技术存在发展瓶颈。尤其是在深海矿产资源开采关键技术方面,国外20世纪70年代末便完成了5 000米水深的深海采矿试验,我国2001年才进行135米深的湖试,而且湖试中实际上对其采集和行走技术的验证并不充分。

其次,基础平台建设薄弱。缺乏技术装备试验或标定测试的公用平台和公共试验场。与发达国家相比,我国基础平台建设比较薄弱,目前还没有可投入应用的海洋环境探测、检测技术海上试验场,给探测检测仪器性能测试与检测带来了困难,制约了海洋环境检测、探测工程技术走向业务化,实现产业化的进程;缺少海洋环境探测、检测工程技术发展的技术支撑保障基地,影响着我国海洋探测、观测工程技术资源的凝聚与整合。

(二)海洋传感器与通用技术相对落后

海洋传感器与通用技术制约了我国海洋探测与作业水平的提高。传感器是海洋探测装备的灵魂,虽然我国在海底探测装备集成方面有了突破性的进展,但是在核心传感器方面严重依赖进口。另外,在深海通用技术与材料方面,如浮力材料、能源供给、线缆与水密连接件、液压控制技术、水下驱动与推进单元、信号无线传输,在探测与作业范围、精度、集成程度和功率,操作的灵活性、精确性和方便性,使用的长期稳定性和可靠性等方面,差距都还很大。这种情况制约着我国深海探测与作业的发展,继而影响资源勘查和开发利用互动的开展,限制了我国深海海上作业的整体水平的提高。

海洋传感器与通用技术阻碍了海洋装备产业化进展。海洋传感器与通用技术处于海洋装备产业链的上游,由于当前国外厂商处于垄断地位,提高了我国海洋装备集成的成本,造成国产海洋装备步入国外产品的同时在价格上相比也没有明显的优势,使得国内用户不愿意购买及使用国产海洋装备,再加上缺少供海洋仪器设备试用的公共试验场,从而使产业化进程举步维艰。

(三)海洋探测装备工程化程度与利用率低

研发相对封闭,与用户需驱动、产品产业化、构建产业链和商品市场化严重脱节。尽管经过10多年的努力我国的潜水器技术有了突破性进展,特别是在7 000米载人潜水器、"海龙Ⅱ"型3 500米ROV、6 000米AUV的研制过程中,通过引进、消化和吸收,掌握了一批潜水器关键技术。但是与世界先进国家相比,我国的海洋探测装备技术还处于发展阶段,在工程化、产业化方面有较大差距。我国从事潜水器产业相关服务的公司多为国外产品的代理商,大多没有和潜水器技术研究单位组成有效的产品化机制。国外海洋探测装备的发展从研究、开发、生产到服务已经形成了一套完善的社会分工体系,通过产品产生的利益来促进科研的发展,形成了良性循环;而国内科学研究机构和产业部门之间联系不紧密,尚没有从事产品研发的专业化公司,无法形成协调一致的产业化互动机制,很多研究成果难以真正形成生产力,致使工程化和实用化的进程缓慢,产业化举步维艰,远远不能满足海洋科学研究及海洋开发利用的需求。

同时,由于研究部门分散,大型海洋探测装备参与研制部门过多,探测装备后期保障和维护困难。探测装备研制部门与用户脱节,现有探测装备长期闲置,利用率偏低,技术与科学相互促进能力不足。

(四)体制机制不适应发展需求

急需制定海洋探测技术与装备工程系统发展的国家规划。目前,中国在海洋仪器设备方面还没有出台国家层面的发展规划,缺乏顶层设计。各部门独立制定发展规划,部分方面重叠,甚至出现在低层次方面重复性建设的严重现象,不利于长远发展。

缺乏海洋仪器设备的国家或行业技术标准,这样一方面不利于研发成果向产品的转化,不利于产业化进程;另一方面,工程样机技术水平参差不齐,数据接口与格式互不兼容,难以获取高质量的可靠海洋数据。

科学研究机构和产业部门之间的关系联系不紧密,致使很多研究成果难以真正形成生产力。研发力量大多集中在高校及科研院所,未能将技术研发与市场机制有效结合。这一问题在我国现阶段体现得尤为突出,国内缺乏专门从事深海通用技术产品的企业。国外很多技术成熟的产品和专业的生产公司,他们能够很好地将科研成果转化为产品,通过产品产生的利益来促进科研的发展,形成了良性循环。

产业缺乏长期稳定的激励政策,由于该产业具有投资周期长、风险高、需求量小等特点,而国家尚未出台具有针对性的激励措施,企业参与的动力不足。

五、促进中国海洋仪器设备业能级提升的对策建议

(一)经费保障海洋仪器设备业能级提升

1. 加大投入,重点支持海洋观测网建设与海洋探测技术发展

支持海洋观测网的建设,不仅可以推动海洋科学发展,还能够支持政府对海洋的管理,帮助政府减灾防灾。深入发展海洋探测技术,有助于开发丰富的海底资源,扩大国家发展战略空间。

2. 成立投资基金,鼓励海洋仪器设备研发

海洋仪器设备的研发周期通常比较长,所需费用大,市场需求小,所以企业研发积极性不高。国家成立相关投资基金,有助于鼓励仪器研发及成果转化。

(二)功能平台支撑海洋仪器设备业能级提升

1. 建立海洋仪器设备国家公共试验平台

建立起企业化、业务化的国家公共试验平台,包括海上试验场和综合试验船,不仅为海洋仪器设备研发与检验提供服务,也为从事海洋产业的科研机构、企业提供海洋试验条件。

2. 建立海洋仪器设备共享管理平台

建立起设备共享平台,积极使用两类仪器设备:国家进口的国有设备和国家资助研发的设备。通过有偿租赁的方式,解决设备利用率低的问题,将手里的资源使用起来。

(三)完善机制促进海洋仪器设备业能级提升

1. 制定海洋探测技术与仪器设备工程系统发展的国家规划

制定国家层面的标准与规划,推动海洋仪器设备研制、海上试验与观测研究的标准化与规范化建设。积极推进产、学、研相结合,强化海洋高技术产业化基地建设,发挥企业在成果转化过程中的主体作用。制定长期稳定的激励政策,扶持我国海洋仪器设备制造业的发展。

2. 扶持深海高技术中小企业,健全海洋仪器设备产业链条

基于我国如今海洋仪器设备产业链断裂,核心部件几乎全部依赖进口的现状,全面了解

国内现有海洋企业现状、整体布局、定点打击，在核心部件方面培育起几家企业，完善产业链势在必行。

（四）人才队伍加速海洋仪器设备业能级提升

1. 加强海洋领域基础研究队伍建设

到目前为止，我国海洋科技人员的数量、质量还无法满足海洋产业发展实际需求，与此同时，海洋科研队伍人才流失严重、人才利用率不高。在科学技术是第一生产力的时代，加速培养海洋人才极为迫切。

2. 完善海洋领域人才梯队建设

在海洋科技人才的教育中，应注重高、中、抵档教育合理分配，形成科研与生产人员比例合理的人才培养体系。同时，针对当前高级技能人才匮乏的现状，应该综合利用国家教育资源，积极恢复中等专业技术教育和职业教育，培养技术熟练的技能劳动者，弥补由于高等教育扩张导致的中等专业技术教育断代，专业技能人才断代现象。

（执笔：韩志莹）

3.4　中国海洋交通运输业分析

摘　要：本文从产业链、发展现状和发展趋势等方面对海洋交通运输业进行分析。发现中国海洋交通运输业发展迅猛，目前处在量大质低状态，港口吞吐量全球领先，航运配套体系有待完善。在世界航运市场供需改善情况下，中国海洋交通运输业有望进一步发展。最后，针对中国海洋交通运输业存在的不足之处给出了产业发展重点领域和发展对策。

关键词：海洋交通运输业　港口业　航运业　产业链

海洋运输是联系全球经济贸易的最主要运输方式，一个国家的海洋交通运输业发展程度，体现着该国的对外贸易开放程度和海洋产业竞争力强弱。2017 年中国外贸增长速度加快，再次成为世界第一贸易大国。目前，我国海洋交通运输业的实力还不能和我国世界第一贸易大国的地位相匹配，本文将从港口业和航运业两方面入手，分析中国海洋交通运输业的发展态势，并给出相关对策建议。

一、中国海洋交通运输业发展历程及产业链分析

海洋交通运输业是指以船舶为主要工具从事海洋运输以及为海洋运输提供服务的活动，包括远洋旅客运输、沿海旅客运输、远洋货物运输、沿海货物运输、水上运输辅助活动、管道运输业、装卸搬及其他运输服务活动，包括港口业、航运业（本文以货物运输为主）以及为港口和海洋运输提供服务的活动。

（一）中国海洋交通运输业发展历程

自 1949 年以来，中国海洋交通运输业的发展大体可划分为 4 个阶段，分别是恢复发展建设期、快速发展建设期、高速发展建设期、平稳发展建设期。图 3－4－1 为中国海洋交通业发展历程图。

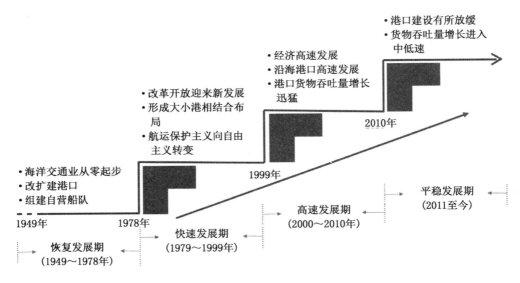

图 3—4—1　新 1949 年以后海洋交通运输业发展历程

1. 恢复发展建设期（1949～1978 年）。在这一阶段,中国海洋交通运输业开始从零起步,逐渐发展,当时对外贸易并不发达,海洋运输还是主要依靠外来船只,港口建设也以扩建、改造老码头为主。1961 年,中国远洋运输公司和广东远洋公司成立,组建了第一支自营船队。20 世纪 70 年代,中国恢复了在联合国的地位,对外贸易逐年扩大,国内港口经历了第一个建设高潮,建设了一些深水原油码头,扩建、新建了一批万吨级以上散杂货和客运码头。进口货物中中国本土的远洋运输船队的承运量也不断扩大,占据了绝大部分承运量,基本结束依靠租用外轮的历史。

2. 快速发展建设期（1979～1999 年）。随着改革开放的实施,对外贸易日益频繁,为此国家加大了对沿海港口建设的投入,迎来了港口发展的又一高潮。首先在沿海 14 个开放城市已有港口开辟了大量新港区,又在沿海主枢纽港指导建设了一批专业化码头。与此同时,也相应建设了一批为地方经济发展服务的中小港口,初步形成了沿海大中小港口相结合的港口布局。在航运政策方面,也发生了变革,由从最初的航运保护主义逐步走向了航运自由主义。标志性事件发生 1988 年,交通部和直属的水路交通企业完全脱钩。此后,中国航运自由化正式开始。航运自由化政策给中国本土企业造成了一定的冲击,本土企业在中国海运市场的承运份额下降,但与此同时,中国也开始涉足外国海运业,提高了中国航运企业的国际竞争力。

3. 高速发展建设期（2000～2010 年）。随着中国加入世界贸易组织（WTO）,中国经济进入高速发展阶段,港口吞吐量、深水泊位数均增长迅猛,沿海港口吞吐量年均增速达16.25％,2010 年达 54.8 亿吨,截至 2010 年底,我国亿吨大港已达到 16 个,万吨级以上泊位数增至 1 343 个,沿海港口建设高速发展,高等级码头及航道建设提速明显。

4. 平稳发展建设期（2011 年以来）。受金融危机影响,全球宏观经济处于低迷期,这一时期沿海港口建设高潮趋缓,泊位数、吞吐量增速均下滑明显,中国港口货物吞吐量增速由2011年的12.5%降至2015年的1.9%,2016年世界经济温和复苏,港口货物吞吐量增速较2015年有所上升,同比增长3.2%,2017年增速达到6.4%,但总体来说,港口货物吞吐量增速进入了中低速增长阶段。

(二)海洋交通运输业产业链

海洋货物运输主要分为干散货、油料和集装箱产品运输三类,运输途径为港口—航运—港口。造船业给航运带来新增运力,拆船业拆解老旧船舶引导运力退出。港口与航运的发展由大宗商品市场决定,港口业与航运业息息相关,航运业的发展离不开港口等配套设施的建设,航运业的繁荣亦将提升港口企业的盈利水平。具体如图3—4—2所示。

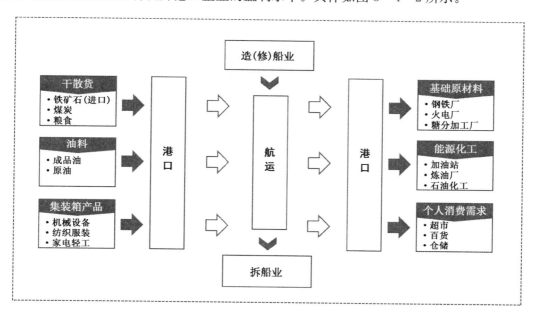

图3—4—2　中国海洋交通运输业产业链

1. 港口业

港口业属于大型基础设施行业,具有规模经济效益特征,行业集中度较高,进入港口行业壁垒较高,要求良好的地理条件、雄厚的资金实力以及符合国家港口规划。港口的发展与经济增长、商品贸易增长率和港口货物吞吐量的增长有较高的相关性。港口主要服务于航运业,以货种为标准,港口可分为干散货、集装箱、油品化工三种。以地理位置为标准,中国的港口群主要由环渤海港口群、长江三角洲港口群、东南沿海港口群、珠江三角洲港口群、西南沿海港口群五大港口群组成。

从港口收入成本结构来看,港口成本主要为港口设备折旧费,每年金额基本确定,其他还有能源消耗成本、人工成本和港口建设费用等。而收入方面,主要有两类,一类是针对船舶的收费,包括船舶港务费、饮水费、码头费、拖轮费等,另一类是针对货物的收费,包括装卸费、理货费、倒箱费、拆箱费和港口杂费等,这些费率或由政府指导定价或由港口、船商协商确定,现阶段费率相对稳定,由此,吞吐量成为港口盈利的关键因素。

2. 航运业

航运业是指以船舶运输为经营项目提供货运或客运服务的行业。航运业需求属于引致需求,派生于商品贸易需求,受国际宏观经济环境及内外贸员形势影响很大,供给主要为全球的船舶运力,运力投放滞后也会进一步加剧行业波动。在竞争方面,航运企业具有通过能力大、运量大和成本低廉的特点,因而在国际贸易面临来自其他运输方式的竞争压力很小;行业内,由于企业数量众多,且面临全球性竞争,内部竞争十分激烈。

从航运业收入成本结构来看,航海业属于重资产行业,成本主要来自船舶购买或长期租赁,船舶建造价格波动剧烈,取决于建造时机,其他成本有港口服务费、燃料消耗成本以及人工成本等,航运企业对燃油价格等可变成本议价能力较弱。航运企业的收入主要来自提供货物运输服务的运费收入。行业供求矛盾严峻,需求不足,运力过剩,是近年来航运企业盈利不足的主要原因。

3. 造船业

造船业是生产销售船舶制造产品的行业,是航运业新增运力的来源。船舶按种类划分大致可以分为运输船、工程船、渔业船、工作船、海洋开发船等,其中运输船中的散货船、油船和集装箱船是国际航运市场通用的三大船型,其运量分别代表了大宗散货、原油及成品油、工业制成品的国际海运贸易量。

船舶制造业属于强周期性行业,其景气度与国际贸易及全球海运市场发展状况高度相关。船舶的生产周期较长,通常为两年左右,故其周期波动与海运市场走势呈现明显的滞后性,而这种滞后性往往会带来供需间的错配。

4. 拆船业

拆船业是将报废船只拆毁的行业。船舶的通常的使用年限为 25～30 年,之后会被送往世界各地拆解。一般来说,拆船者给出的价格是船东决定到哪里拆船的关键因素。因此,劳工成本在很大程度上将决定拆船厂的吸引力。

5. 海洋货物运输

海洋货物运输主要分为干散货、油料和集装箱产品运输三类。集装箱需求主要取决于全球经济环境,干散货和原油需求主要看我国市场。干散货航运的主要货物有各类矿石,煤炭以及粮食作物,其中矿石和煤炭在全球干散货海运贸易中占比超过一半以上。2003 年以后,中国对矿石的强劲需求,使得中国因素逐渐成为全球干散货贸易的主导;油运的主要货物有原油及成品油。原油不会直接使用,全部会进入石化企业冶炼。冶炼后产出的成品油再经过航运与陆路运输抵达全国各地。中国成品油有部分直接进口,大部分是进口原油冶炼得到;集装箱运输货物中占比最高的是机械设备,纺织服装,家电与玩具。由于运输的基本都是成品,相关联的下游行业多为销售类行业。

二、中国海洋交通运输业的发展现状

(一)中国海洋交通运输业的发展现状

1. 港口货运吞吐量在全球保持优势地位

2016 年全国规模以上港口完成货物吞吐量 118.8 亿吨,同比增长 3.2%,增速较上年回升 1.3 个百分点,沿海规模以上港口完成货物吞吐量 80.8 亿吨,同比增长 3%。受经济稳定增长与"一带一路"倡议深入推进影响,2017年中国对外贸易继续保持良好涨势。2017年全国规模以上港口完成货物吞吐量126.4亿吨,同比增长6.4%,继续保持平稳增长。其中,沿海港口完成86亿吨,增长6.4%

2017年全球前20大集装箱港口榜单中,中国港口继续保持强势表现,攻占20强中一半席位,而且增速整体好于世界平均水平。全球前十大集装箱港口中,中国港口依旧占据七席。排名前10位的依次为上海港、新加坡港、深圳港、宁波舟山港、釜山港、中国香港港、广州港、青岛港、迪拜港及天津港。与2016年相比,排名没有明显的改变,只有釜山港和香港港易位,其中,上海、宁波舟山、广州等集装箱大港表现尤为突出,上海港年集装箱吞吐量突破4 000万TEU,增速为8.4%,箱量稳居世界第一;同时,宁波舟山港集装箱吞吐量增速更为强劲,高达14.3%。表3-4-1为2016年全球十大集装箱港口吞吐量排名表。

表3-4-1　　　　　　　　　　2016年全球十大集装箱港口吞吐量排名

排名	港口名称	2017年		2016年		2015年	
		吞吐量（万TEU）	同比增速（%）	吞吐量（万TEU）	同比增速（%）	吞吐量（万TEU）	同比增速（%）
1	上海港	4 018	8.4%	3 713	1.71%	3 651	3.47%
2	新加坡港	3 367	9.0%	3 090	−0.06%	3 092	−8.7%
3	深圳港	2 525	5.3%	2 411	−0.37%	2 420	0.71%
4	宁波舟山港	2 464	14.3%	2 157	4.54%	2 063	6.07%
5	釜山港	2 140	10.0%	1 943	−0.09%	1 945	4.13%
6	中国香港港	2 076	4.5%	1 963	−2.4%	2 011	−9.5%
7	广州港	2 010	7.7%	1 858	9.5%	1 697	5%
8	青岛港	1 830	1.4%	1 801	2.88%	1 751	5.3%
9	迪拜港	1 544	4.5%	1 480	−5.07%	1 559	2.57%
10	天津港	1 504	3.6%	1 450	2.76%	1 411	0.43%

数据来源:航运界网。

2. 海洋交通运输业在国内海洋产业中地位下降

海洋交通运输业作为中国海洋产业的支柱性产业之一,其产业增加值逐年增加,但其占主要海洋产业增加值中的比重缓慢下降(见图3-4-3)。这说明了海洋交通运输业落后于其他主要海洋产业的发展,导致其比重下降。同时,海洋交通运输业增加值占国民生产总值的比重也逐年降低,海洋交通运输业在海洋产业和国民经济中的地位下降。这一现象主要与近年来海洋新兴产业的兴起和滨海旅游业的迅猛发展有关,也与海洋交通运输业没有改变发展方式,寻求新发展存在很大关系。

3. 港口货运吞吐量进入中低速增长状态

中国港口货物吞吐量增速总体不断放缓,与宏观经济走势基本一致。在2008年之前中国港口吞吐量增速保持高速发展,金融危机期间增速放缓。从2010年开始,中国经济增长出现复苏迹象,港口吞吐量增速又有所回升。此后,中国港口吞吐量增速又开始放缓,在2015

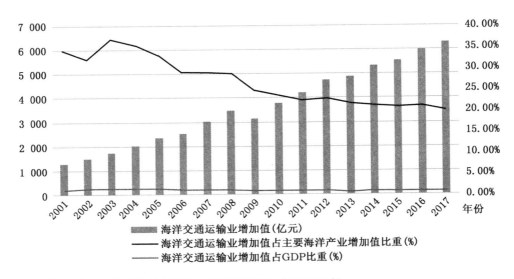

数据来源:由中国海洋统计年鉴和中国海洋统计公报整理而得

图 3—4—3　2001～2016 年中国海洋交通运输业发展情况

年达到最低点。目前中国经济已经进入了"调结构""转方式"的发展阶段,经济发展从高速增长转为中高速的"经济新常态"。在这样一个背景下,中国港口货物吞吐量也由高速增长转入平稳增长的新常态。随着"一带一路"的不断推进,中国经济贸易增长具备持续稳步增长的潜力,海洋交通运输业也将在外贸发展的带动下稳定增长,但可以预见中低速增长是中国港口吞吐量的长期趋势性特征。图 3—4—4 为港口货物吞吐量与 GDP 增速的比较图。

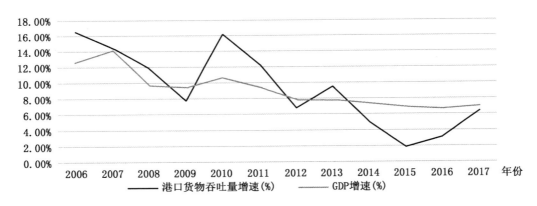

数据来源:由国家统计局数据和中国海洋统计年鉴整理而得

图 3—4—4　2006～2017 年中国港口货物吞吐量增速与 GDP 增速情况

4. 海洋运输业发展程度差异大

选取 2005 年、2010 年和 2015 年三个年份分析沿海地区海洋货物运输量的差异和变化,发现不论从哪个年份出发,中国海洋交通货物运输量前三位都是上海、浙江、广东,并且浙江海洋交通货物运输量在 2015 年超越上海,成为第一位,而广东则一直处于第三位,可见上海、浙江和广东的海洋交通货物运输量一直处于全国领先地位,是沿海地区海洋交通货物运输的核心。虽然上海、浙江、广东一直保持着领先地位,但江苏、福建都在迅速发展,并且不断缩小与上海、浙江、广东之间的差距,反观天津、河北、山东等地,海洋交通运输业发展缓慢,天津的海洋交通货物运输量甚至出现下降趋势。从经济区角度来看,2015年长江三角洲经济区(江苏、上海、浙江)、珠江三角洲经济区(广东)和环渤海经济区(辽宁、河北、天津和山东)的海洋交通货物运输量总额占全国海洋交通货物运输量的比重为74.3%,其中长江三角洲经济区就占了46.2%,可见三个经济区是海洋交通运输业发展的主要区域,同时长江三角洲经济区是中国海洋交通运输业货物运输的主要分布地区。总的来说各地区的海洋交通货物运输量都在不断增加,有的地区甚至出现成倍增加,同时由于各地区海洋开发力度和政策等的差异,海洋交通运输业呈现出发展不平衡的态势,长江三角洲地区和珠江三角洲地区的海洋交通运输业发展较好,环渤海经济区和其他地区相对而言较为落后。具体如图3－4－5所示。

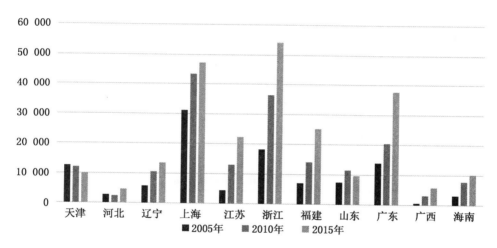

数据来源:中国海洋统计年鉴。

图3－4－5　沿海地区海洋货物运输量(万吨)

(二)中国海洋交通运输业的发展环境

影响海洋交通运输业发展的要素较多,包括来自自然、政策、经济以及技术环境等方面的原因,总体来说,是利弊共存、喜忧参半的,具体如表3－4－2所示。

表3－4－2　　　　　　　　　　　中国海洋交通运输业发展环境

SWOT ＼ NPE	N 自然环境	P 政策环境	E 经济环境	T 技术环境
优势与机遇	区位优势突出;岸线、港口、锚地、航道等各类资源相对丰富。海岸线的深水岸线基本上已开发利用。港口等重点基础设施建设加快推进。	海洋强国战略,丝绸之路经济带、海上丝绸之路的国家战略;上海自贸区;全国海洋经济发展"十三五"规划。	中国经济呈现出新常态,从高速增长转为中高速增长,经济结构优化升级;世界经济持续温和复苏,我国外贸进出口持续增长。	人工智能,云计算,大数据,区块链发展迅猛,为海洋交通运输业的信息化、自动化提供助力;海洋科技成果转化率提高,海洋科普与教育基地数量增加。

续表

NPE SWOT	N 自然环境	P 政策环境	E 经济环境	T 技术环境
劣势与威胁	岸线资源需求旺盛,深水岸线资源稀缺;岛屿岸线有待开发;港口岸线拓展空间不大,资源整合度不高。	海洋经济管制、税制、费制的综合配套制度体系还不够完善;港口一体化改革政策有待推行。	全球经济仍未摆脱低迷,国际市场需求依旧乏力,地缘政治关系复杂多变;贸易保护主义抬头,存在全球化逆转风险。	目前区块链等信息技术还处于起步阶段,离大规模应用还有一段距离;现有海洋从业人员无论从数量还是质量上都存在明显不足,科研实力明显偏弱

(三)中国海洋交通运输业存在的问题

1. 集装箱海铁联运发展滞后

中国港口集装箱吞吐量在 2003 年超过美国后,一直稳居世界第一,占全球港口集装箱吞吐总量的 40% 以上。然而,如此大体量的港口集装箱集疏运在中国基本是靠公路运输完成的,而具有运能大、运输成本低、运输安全性高和污染排放少等独特优势的集装箱海铁联运是目前中国多式联运发展的薄弱环节,在这一方面中国和海铁联运系统发达的欧美国家相比还存在着非常大的差距。欧美港口集装箱海铁联运量占港口吞吐量总量比重为 10%～20%,甚至更高,而 2016 年中国海铁联运量占港口集装箱吞吐量的比例仅为 1.27%。作为集装箱海铁联运示范区,大连港 2016 年海铁联运量占比为 4.23%,宁波舟山港海铁联运量占比为 1.16%,天津港海铁联运量占比为 2.21%。不过值得注意的是,不是示范区之一的营口港海铁联运量已经连续四年居全国首位,2016 年海铁联运量占比约为 8.8%。表 3－4－3 为我国六大示范区港口和营口港海铁联运完成量。

表 3－4－3　　　　　　　　　主要港口集装箱海铁联运占比

示范港口	2013 年	2014 年	2015 年	2016 年	集装箱吞吐量(万 TEU)	海铁联运占比(%)
天津	26.9	20.6	31	32	1 450	2.21%
深圳	14.8	17.2	16.9	15.9	2 411	0.66%
大连	29	32.3	34.9	40.6	959	4.23%
宁波	10.5	13.5	17.05	25.04	2 157	1.16%
连云港	25.7	21.6	22.9	20.57	469	4.39%
青岛	8.4	22	30	48.3	1 801	2.68%
营口	32.5	41.5	43.1	52.6	601	8.75%

数据来源:上海国际航运研究中心

2. 高端航运人才缺乏

中国在高端航运人才的培养和引进上有所缺失,无法匹配其世界航运大国的地位。目前中国低端航运劳动力较多,达到国际水准的航运人才缺口巨大,中高端航运人才与新加坡、美国、英国等相比明显不足,更缺乏在国际上具有航运规则的制定和实施推进能力的高层次、复合型人才,同时航运新技术不断涌现,配套人才的培养还没跟上来,而这些航运人才对于更好地应对未来国际海洋交通运输业发展的变化和风险具有十分重要的作用。

3. 港航产业链发展薄弱

港口不仅仅是海洋货物运输的装卸中转中心,它汇聚着巨大的物流、信息流和资金流,是全球物流供应链的核心枢纽,更是功能强大的综合服务中心。中国港口在货物吞吐量上保持强势表现,但与此同时也要看到国内港口在港航产业链、港航附加值等方面与新加坡、鹿特丹、纽约—新泽西等国外先进港口相比还存在较大差距。国内大多数港口尚未形成集船舶维修、机械化工、石油货运、食品生产、集装箱维修、航运融资、保险、咨询、海运经纪、船舶管理、海损理赔、娱乐休闲、运动健身等服务为一体的综合服务中心,港航服务功能单一、低端已经成为制约中国海洋交通运输业发展的重要因素。

4. 港口物流信息平台建设水平不高

港口物流信息系统是利用信息技术与现代物流管理理念,有效整合港口资源形成的科学合理、高效畅通的物流平台,对资源优化配置,提高港口物流竞争力起到重要作用。当前,中国港口物流信息平台还没有将 EDI 等自动化信息系统全面应用,实时跟踪信息能力不足,导致港口物流各部门缺乏有效沟通交流,工作效率低下。

5. 海洋经济综合配套制度不到位

海洋经济管制、税制、费制的综合配套制度体系还不够完善,与世界海洋强国存在差距。一是对航运企业征收的税负较重,体现在购船关税、营运税费和所得税等方面,税费名目繁多且税赋过重,抑制了中国海洋交通业的发展。二是贸易监管制度改革还不够全面,与国际惯例相接轨的贸易便利化制度还没全面形成,国际船舶管理和运输业务、启运港退税、国际船舶代理业务等配套政策制度有待进一步改革深化。

三、中国海洋交通运输业的发展趋势

(一)市场供需关系改善

1. 世界经济好转,需求持续复苏

世界经济处于由收缩向复苏转变的关键期,世界主要经济体制造业呈现触底回升态势,经济先后步入上行通道,全球市场需求增加带动新兴经济体经济增长恢复。根据 IMF 预测,2018 全球经济增速将上升至 3.9%。全球经济自 2016 年中期以来持续回升,美国、中国、欧元区以及日本等经济体在 2017 年增速加快,增长率均超过预期。此外,大宗商品出口国的增长表现持续改善。因此预测全球经济将继续延续广泛、强劲的增长态势。

根据中欧美三个主要经济体 PMI 指数显示(见图 3-4-6),中欧美经济仍处于景气周期,海洋运输作为主要全球贸易的主要运输方式,在全球贸易持续性回暖的过程中,其需求也跟着复苏。具体来看,以干散货运和集运为代表的全球航运市场在 2016 年以来触底复苏,衡量国际海运情况的权威指数波罗的海(BDI)指数已从 2016 年 2 月 10 日的最低 290 点回升至 2018 年 4 月 25 日的 1 376 点,涨幅超四倍(见图 3-4-7)。

受益于世界总需求改善,海运市场的持续向好,推测中国海洋交通运输业市场需求将随着世界经济的复苏而增加。

2. 运力增速放缓,闲置运力处于低位

在中国供给侧改革和"一带一路"战略推动下,全球海运贸易将平稳增长。根据克拉克森研究报告的最新预测,未来几年集装箱船、油船、散货船三大船型的运力将平稳增长,但增速同比下降。

全球船舶运力增速放缓,2015～2016 年持续高位的拆解量,有效缓解了运力增长给市

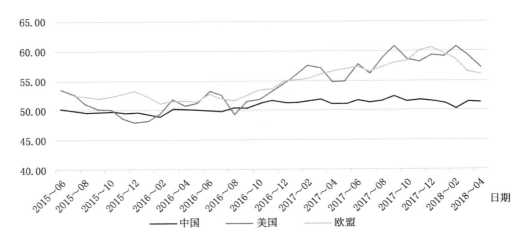

数据来源：wind。

图3-4-6　中美欧 PMI 指数

图3-4-7　波罗的海干散货指数（BDI）

场带来的压力。近三年来全球船舶在手订单占运力比例持续走低，2018年初散货船/箱船/油轮分别为10％/12％/12％，因而预计未来两年交付量都将保持较低水平。

船舶闲置率仍处低位，运力"库存"较低，运价弹性依旧。截至2017年11月底，集运行业船舶闲置率为2.25％，明显低于前两年（2015年和2016年）的同期水平。较低的船舶闲置率或意味着行业供需关系已较前两年明显改善。当船舶闲置率处于低位时，运价向上弹性增强，目前较低的船舶闲置率或将缓解今后几年供给压力。

总的来说，市场需求增加，运力增速放缓，供给过剩减少，整个市场供需关系向好变化。

（二）航运新技术不断涌现

1.港口向智能化方向转变

劳动力成本的上升以及绿色发展和创新发展理念的要求，使得以云计算、大数据和物联网等新一代网络信息技术为依托，打造智能化港口，成为沿海各大港口抢占新一轮港口发展制高点的战略选择。在智能化港口发展方面，国内外都早已开始布局。荷兰鹿特丹港很早之前就实现了 EDI 技术的全面应用,其无人操纵的自动化系统大大降低了劳动力成本,进而实现了营收稳步增长。2017 年 5 月 11 日,亚洲首个真正意义上的全自动现代化集装箱码头在青岛投入商业运营,青岛港自动化码头高度融合了物联网、智能控制、信息管理、通信导航、大数据、云计算等技术,计算机系统自动生成作业指令,现场机器人自动完成相关作业任务,实现码头业务流程全自动化。而比青岛港更大更先进,同时也是全球最大规模的全自动码头——上海洋山深水港四期码头也已经在 2017 年 12 月 10 日正式开港运营,港口的集装箱从港区装卸到码头运输、仓储均实现自动化运作,生产作业实现零排放。未来沿海港口作业自动化智能化发展将进一步加快,智能港口将成为主流。

　　2. 海运船舶大型化、海运管理智能化

　　随着全球航运业的发展,船舶大型化趋势日益明显。目前,18 000TEU 级别船几乎成了三大联盟各公司的标配。预计 2017~2019 年将有近 100 艘运力超过 14 000TEU 的大船交付。同时海运管理智能化,如物联网和区块链技术的应用,能够大范围提高供应链效率,为价格管理、运费基准、货运预订等方面提供自动化解决方案,而自动化技术和网络通信技术等技术的突破还可以实现船舶运行自动化,集装箱监控实时化,不仅为航运企业,也为货主节约成本。

(三)市场结构集中化

　　1. 兼并重组成为国际航运市场新趋势

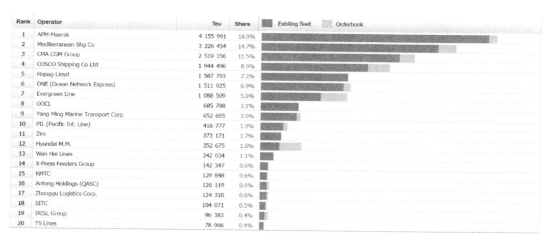

图 3—4—8　全球班轮公司运力排名(截至 2018 年 4 月 11 日)

　　在国际航运市场总体运力供大于求以及市场竞争日趋激烈的背景下,班轮运输业进入了破产和重组整合阶段,整个班轮运输业的市场集中度进一步提升。如图 3—4—8 所示,全球前四大航运巨头集装箱运力合计占全球运力的 54%,前八大班轮公司的市场份额为 76.2%,同时,全球集运市场的三大联盟取代了以往的四大联盟,控制了全球 80.8% 的集装箱船运力以及 90% 以上的东西线贸易,市场结构由低集中寡占型向中高集中寡占型转变。在航运市场相对低迷的时候,经营规模化、船舶大型化、企业联盟化等符合远洋运输业发展的变化趋势。在当前航运业产能过剩的局面下,这一趋势在短时间内不会改变,兼并重组将继续,垄断格局基本保持不变。

2. 国内港口区域一体化发展

在经济新常态背景下,经济转向集约型、质量型发展,港口发展也开始着眼于可持续化,更加注重发展的质量。目前国家已经意识到港口粗放式发展带来的弊端,未来将注重分工协作、优势互补、避免港口腹地货源重叠、重复建设、同质化竞争。如2017年7月,交通部办公厅、天津市人民政府办公厅、河北省人民政府办公厅印发《加快推进津冀港口协同发展工作方案(2017～2020年)》的通知,要求加快推进津冀港口资源整合,促进区域港口协同发展,实现分工协作、错位发展、互利共赢,建成以天津港为核心、以河北港口为两翼,布局合理、分工明确、功能互补、安全绿色、畅通高效的世界级港口群。江苏省政府也出台文件鼓励有条件的大型港口企业兼并重组,引导优质资源积极参与全省沿江沿海港口一体化改革。浙江、广东等省在港口区域一体化方面也进行了有益尝试。由于相关政策措施还未落实到位,经验教训还需研究总结,港口区域经济一体化发展还在初步阶段,未来还有很长的路要走。

四、海洋交通运输业主要厂商分析

(一)马士基集团

1. 公司简介

马士基集团成立于1904年,总部位于丹麦哥本哈根,在全球135个国家设有办事机构,已成为在航运、石油勘探和开采、物流、相关制造业等方面都具有雄厚实力的世界性大公司。业务主要分为交通运输物流、能源两个板块。交通运输物流板块包括了马士基航运、马士基码头、丹马士物流、马士基集装箱工业等,能源板块包括马士基石油、马士基油轮、马士基海洋服务、马士基钻井等。集团旗下的马士基航运是全球最大的集装箱承运运输公司,服务网络遍及全球。

2. 企业发展状况

2017年马士基集团持续经营业务的经常性利润3.56亿美元,2016年为亏损4.96亿美元。其中马士基航运2017年经常性利润5.21亿美元,同比改善9.1亿美元。2017年底,马士基航运自有运力205.4万TEU(287艘),同比增长6.5%;租赁运力150.9万TEU(389艘),同比增长15.2%;合计经营运力356.3万TEU(676艘),同比增长10%。

3. 经营效益分析

受益于海运市场强劲的市场需求,2017年马士基集团旗下马士基航运整体运量1 073.1万FFE,同比增长3.0%。实现收入238亿美元,同比增长14.9%,整体平均运费为2005美元/FFE,同比增长11.7%。分航线看,东西航线平均运费增速最高,体现了欧美经济回暖对集运市场的拉动。2017年燃料价格同比上升了43%,受此影响,2017年马士基航运单箱成本为2 079美元/FFE,同比增长4.9%。

4. 运作模式

(1)领先的网络信息系统

马士基的网络系统和技术支持在业界可谓首屈一指,致力于数字化驱动,它投入巨额资金与IBM合作研发航运管理的相关系统,通过综合完善的信息管理系统来实现专业化操作模式,领先的技术为公司带来了有效的管理和高效的运输。目前,马士基和IBM正在积极展开合作,计划使用区块链技术来帮助全球跨境供应链实现改变,该解决方案将端到端的供应链流程数字化,可帮助企业管理和跟踪全球数千万个船运集装箱的书面记录,提高贸易伙伴之间的信息透明度并实现高度安全的信息共享,大规模应用后有望为该行业节省数十亿美元。

（2）行之有效的 CRM 管理

通过选择大型跨国集团作为重点客户进行专门管理,签署协议,以优惠的政策长期合作。典型例子是马士基与宜家的合作。马士基承揽着宜家在数十个国家和地区的物流任务。在宜家将亚太战略向中国转移的时候,马士基也在中国成立了独资公司,为宜家提供物流航运服务,两家企业在物流领域的合作是经典的"点对点"链条关系,长期的合作使彼此相互促进。如今这个链条上源源不断地连接着马士基的全球协议伙伴,如耐克、米其林轮胎、阿迪达斯等公司。

5. 企业战略动向

2016 年 9 月马士基集团宣布调整集团战略,致力于成为综合性的集装箱航运、港口和物流企业,这一战略取得重大进展。目前马士基集团正在陆续出售能源业务,在 2017 年报中将已经剥离和尚未完成剥离的能源板块业务从会计角度归类为非持续经营业务。同时,该公司刚刚完成对汉堡南美集团的收购,并正在整合其业务,与此同时与 IBM 和其他 IT 专业人员合作,将其业务数字化,以作为削减成本和提高资产生产率的一种方式。

（二）中国远洋海运集团有限公司

1. 公司简介

中国远洋海运集团有限公司(简称中国远洋海运集团)由中国远洋运输(集团)总公司与中国海运(集团)总公司重组而成,是中央人民政府直接管理涉及国计民生和国民经济命脉的特大型中央企业,总部设在上海,许立荣任集团董事长、党组书记,万敏任总经理、党组副书记。注册资本 110 亿元,拥有总资产 6 100 亿元人民币,员工 11.8 万人。

2. 企业发展状况

截至 2017 年底,中国远洋海运集团经营船队综合运力达到 8 635 万载重吨/1 123 艘,排名世界第一。其中,集装箱船队规模 189 万 TEU,居世界第四;干散货船队运力 3 811 万载重吨/422 艘,油轮船队运力 2 092 万载重吨/155 艘,杂货特种船队 461 万载重吨,均居世界第一。中国远洋海运集团在码头、物流、航运金融、修造船等上下游产业链形成了较为完整的产业结构体系。集团在全球集装箱码头超 52 个,泊位数超 218 个,集装箱年处理能力11 800 万 TEU,集装箱码头吞吐量居世界第一。全球船舶燃料销量超过 2 500 万吨,居世界第一。集装箱租赁规模超过 270 万 TEU,居世界第三。海洋工程装备制造接单规模以及船舶代理业务也稳居世界前列。

3. 经营效益分析

中国远洋海运集团在重组成立后对 4 家主要公司进行重新定位,确定了集装箱运输、港口经营、航运金融、能源运输四大专业化上市平台。中远海控主要负责集装箱航运业务,2017 年中远海控实现营业收入 905 亿元,同比增长 27.1%,归属母公司净利润 26.6 亿元。全年集运业务实现收入 868 亿元,完成运量 2 091 万 TEU,同比增长 23.7%,平均单箱收入3 895 元,集运成本 826 亿元,平均单箱航运成本同比下降 0.94%。中远海运港口主要负责港口运营,其码头组合遍布中国沿海五大港口群、东南亚、中东、欧洲和地中海等。2017 年中远海运港口实现营业收入 42.1 亿元,同比增长 14.35％。中远海发专门从事供应链综合金融服务,开展船舶租赁、集装箱租赁和非航运租赁等租赁业务。2017 实现收入 163.41 亿元,同比增长 2.36％。归属于母公司股东的净利润为 14.62 亿元,同比增长 296.61％。租赁业务营业收入为 103 亿元,占公司总收入的 63.55％,租赁业务营业成本主要包括自有船舶的折旧及维护成本、自有集装箱的折旧、船员工资、出售约满退箱之账面净值及租入的船舶及集装箱的租金支出等。2017 年租赁业务营运成本为 77 亿元,占本公司总成本的59.97％。中远海能负责能源运输业务,以油运、煤运为核心业务,2017 年实现营业收入97.6 亿元,同比下降 25.8％;实现归母净利润 17.7 亿元,同比下降 8.1％,业绩下降主要受国际油运市场周期下行拖累,公司外贸油运板块业绩下跌。

4. 体制机制

在体制机制创新方面,首先,在总部层面,按照管控上移、经营前移的原则,确立了“小总部、大产业”的管理模式,采用“职能部门＋共享中心”的组织架构,突出总部“战略管控”的定位和“定战略、配班子、管资源、抓考核、防风险”等五大决策管理职能,同步设立研究咨询、财务服务、人力资源、审计、集中采购和新闻媒体等 6 个共享中心,提供专业化的支持与服务。其次,在二级公司层面,集团积极“做大产业”,推进经营靠近市场,开展直属公司董事会制度建设,明确向直属公司董事会授权,在直属公司中建立健全权责对等、运转协调、有效制衡的决策执行监督机制,规范直属公司董事长、总经理行权行为,强化企业市场主体地位,提高企业决策的科学性和效率。

5. 企业发展战略

整合优势资源,打造以航运、综合物流及相关金融服务为支柱,多产业集群、全球领先的综合性物流供应链服务集团。围绕“规模增长、盈利能力、抗周期性和全球公司”四个战略维度,中国远洋海运集团着力布局航运、物流、金融、装备制造、航运服务、社会化产业和基于商业模式创新的互联网＋相关业务“6＋1”产业集群,进一步促进航运要素的整合,全力打造全球领先的综合物流供应链服务商。

(三)上海国际港务(集团)股份有限公司

1. 公司简介

上港集团是上海港公共码头运营商,是我国最大的港口股份制企业,上海港是货物吞吐量、集装箱吞吐量均居世界首位的综合性港口。上港集团主营业务分四大板块,即集装箱码头业务、散杂货码头业务、港口物流业务和港口服务业务,目前已形成了包括码头装卸、仓储堆存、航运、陆运、代理等服务在内的港口物流产业链。公司深化长江、东北亚、国际化三大战略,组建了长江港口物流有限公司,积极推动港口、航运、物流的协调发展,提高了集团在长江流域的集聚力和辐射力。

2. 企业发展状况

凭借背后的广阔腹地,上海港自 2010 年起就已成为国际第一集装箱大港,且其地位越发稳固。根据 2017 年最新排名,上海港以全年 4 023 万 TEU 的吞吐量继续位居全球第一,超过第二名新加坡港接近 700 万标箱,继续保持领先优势。2017 年完成货物吞吐量 5.61亿吨,同比增长 9.1％。其中散杂货完成吞吐量 1.64 亿吨,同比增长 11.4％;集装箱吞吐量完成 4 023.万 TEU,同比增长 8.3％,其中洋山港区完成集装箱吞吐量 1 655.2 万 TEU,同比增长 6%,占全港集装箱吞吐量的 41.1%。

3. 经营效益分析

2017 年实现营业收入 374.24 亿元,同比增长 19.34%;实现归属母公司净利润 115.36 亿元,同比增长 66.25%。分业务看,集装箱板块实现营业收入 134.8 亿元,同比增长 6.96%,毛利率 55.79%,同比增加 0.16 个百分点;港口物流板块实现营业收入 197.11 亿元,同比增长 7.75%,毛利率为 13.69%,同比增长 0.73 个百分点。

4. 经营模式

公司经营模式主要是为客户提供港口及相关服务,收取港口作业包干费、堆存保管费和港口其他收费。公司主要业绩驱动因素如下,一方面,宏观经济发展状况及发展趋势对港口行业的发展具有重要影响。另一方面,港口进出口货物需求总量与腹地经济发展状况也是密切相关,腹地经济发展状况会对集装箱货源的生成及流向产生重要作用,并直接影响到港口货物吞吐量的增减。综上,公司港口主业业务量的增减将直接影响到公司的经营业绩。

5. 公司战略

"十三五"期间,公司将以促进建成上海国际航运中心,巩固世界第一大集装箱港口地位,建设智慧港口、绿色港口、科技港口和效率港口为目标。致力于推进枢纽港建设、优化口岸环境和集聚港航资源要素;立足母港,稳健发展核心主业与适度多元化并举,持续提升经济运营效益和质量;联江系海,铺设高效集疏运网络,打造港口物流枢纽;走向世界,实现跨国经营、国际化发展的新格局;融入中心、服务大局,形成和谐有序发展的良好局面。积极融入国家"一带一路"倡议和长江经济带战略,加快推进上海国际航运中心和中国(上海)自由贸易试验区建设,致力于"成为全球卓越的码头运营商和港口物流服务商"。

五、中国海洋交通运输业发展重点及对策

(一)中国海洋交通运输业发展重点领域及重点企业

1. 重点领域

中国海洋交通运输业发展重点领域主要有:国际船舶运输,国际船舶管理,国际航运经纪,国际货运代理,现代物流,多式联运及中转、集拼,专业化码头泊位建设。

2. 重点企业或研究机构

中国海洋交通运输业的重点企业或研究机构有:(1)上海浦东国际集装箱码头有限公司;(2)中国远洋海运集团有限公司;(3)中国外运长航集团有限公司;(4)上海外高桥物流中心有限公司;(5)上海国际港务(集团)股份有限公司;(6)宁波舟山港股份有限公司;(7)天津港股份有限公司;(8)广州港股份有限公司;(9)宁波海运股份有限公司;(10)招商局能源运输股份有限公司;(11)中海发展股份有限公司;(12)上海国际航运研究中心。

(二)中国交通运输业的发展对策

1. 优化海铁联运体系

海洋运输与铁路运输都拥有大宗货物运输成本低、运量大等独特优势,衔接便利,在远距离运输时优势明显,可以大大提高交通效率。因此,需要多争取国家铁道部门在运输计划上给予倾斜与支持,开通更多的沿海港口集装箱定点班列,另外,最大限度吸引中西部城市集装箱货源。同时,港口与铁路在运作机制、装卸设备、信息管理等方面做好对接,加快铁路集装箱中心站及集疏运铁路、配套站场建设,建立口岸物流联检联动机制,实现快速通关,提高海铁联运的效率,构建集装箱海铁联运枢纽。

2. 构建航运人才高地

建立更加开放的人才引进制度,加大高端航运人才财政扶持力度,重点扶持航运细分产业紧缺人才引进,如航道设计与施工、港口技术管理、引航、航运经营管理、船舶驾驶与轮机等五类紧缺航运人才。积极与国际接轨,推进航运人才系统工程的建设,同时着力推动航运人才的国际交流合作,努力营造与国际接轨的航运人才服务环境。

3. 优化航运产业布局

目前港口服务功能的多元化已经成为现代港口生存和发展的基本条件,国内港口在这一方面必须重点攻关,突破港口物流单一装卸货物的简单功能,构建现代物流服务体系,完成从传统海洋运输业向现代物流服务业的升级,提供更为便利、快捷、低成本、安全、可靠、多元的全方位物流服务,使之成为具有多元化功能的综合物流服务中心。利用口岸优势,打造港口工业经济集聚区,完善上下游产业链,提供航运金融、保险、经纪、咨询等航运高端服务,满足客户不同需求,以此来吸引客户,使之成为层次更高、服务更优的物流网络节点。

4. 加快港航物流信息平台建设

使用现代信息技术,开发利用港口物流信息,构建具有管理信息化、办公自动化、物流供应链一体化特征的物流信息平台,提高海洋交通运输业生产经营活动效率。具体而言,一是继续推进港口物流信息互联共享,建立物流信息互联标准体系和基础交换网络。二是通过信息技术来处理利用港口物流信息,如通过大数据分析来挖掘数据价值、预测市场,辅助决策优化,合理控制成本,应用区块链技术实现上下游协同的货物追踪、解决船舶航行安全和运力调配优化等,向智慧港口、智慧航运的方向发展。

5. 推进配套制度改革

推进管制、税制、费制的综合配套制度体系改革,形成低成本、高效率的发展制度环境。探索完善监管模式,营造高效便捷的国际货物中转和国际物流增值服务的政策环境。积极推动启运港退税、船舶保税登记等政策落地,争取融资租赁飞机船舶登记制度改革,降低登记费率,减少航运企业综合成本,促进物流运输等航运企业发展。

(执笔:周飞)

3.5 中国海洋金融服务业分析

摘　要:海洋金融服务业为海洋经济开发提供重要的资金支持,在中国发展现代海洋经济的过程中发挥着日益重要的作用。本文从界定海洋金融的概念与分类入手,对比分析国外海洋金融发展特点与经验启示,比较研究中国 11 个沿海省、市、区的海洋金融发展特点与未来规划,重点探析上海的海洋金融服务业。最后,梳理出中国海洋金融在法律规范、融资渠道、人才供给与海洋保险业等方面存在的短板,并提出相应的对策建议。

关键词:海洋金融　发展规划　发展短板

一、海洋金融服务业的产业分类

(一)概念界定

目前,国际上没有对海洋金融(marine finance)一词的明确界定。海洋金融多作为各国和地区发展海洋经济的一个重要工具或是重要举措。在理论研究领域,海洋金融也缺少独立、完整的理论体系。一般来说,海洋金融服务业可以认为是为支持海洋经济发展、转型升级,各类金融机构提供的各项金融支持和服务,包括多元化的融资渠道、金融产品与金融服务,以及风险管控工具等。

(二)产业分类

海洋金融服务业属于海洋第三产业。据《第一次全国海洋经济调查海洋及相关产业分类》,中国海洋金融服务业统称为"涉海金融服务业",分为 6 个大类,其下再分为 13 个小类,具体产业分类内容见表 3-5-1 和图 3-5-1。

表 3-5-1　　　　　　　　　　　涉海金融服务业的细分产业内容

20 涉海金融服务业	201 涉海直接融资服务	2011 涉海股票经纪交易服务	指在金融市场上受涉海企业委托,发行股票和其他相关服务的活动
		2012 涉海债券经纪交易服务	指在金融市场上受涉海企业委托,发行债券和其他有关活动
		2019 其他直接融资服务	
	202 涉海间接融资服务	2021 涉海贷款服务	指由银行、非银行金融机构以及外资、侨资、中外合资金融机构为涉海企业提供贷款的服务
		2029 其他间接融资服务	
	203 涉海投资服务	2030 涉海投资服务	指对涉海企业和项目开展投资的服务
	204 涉海保险服务	2041 涉海人身意外保险	指为海洋从业人员和海洋游客提供的人身意外伤害保险的活动
		2042 涉海财产保险	指为保障海洋生产和管理提供的保险活动,涉海财产保险主要包括海上货物运输保险、海洋船舶保险、运费保险、船东责任保险、海洋石油开发保险等
		2043 涉海再保险	指承担所有海洋保险相关的所有或部分风险的活动
		2044 涉海保险经纪与代理服务	指涉海保险的销售、谈判和促合活动
		2045 涉海保险风险和损失评估	指涉海保险标的或事故的评估、鉴定、勘验、估损或理算(包括海损理算)等活动
		2049 其他涉海保险活动	
	205 涉海信托管理服务	2050 涉海信托管理服务	指根据委托书或代理协议等,募集和管理资金用于海洋开发投资的活动、如海洋产业基金
	209 其他涉海服务	2090 其他涉海金融服务	

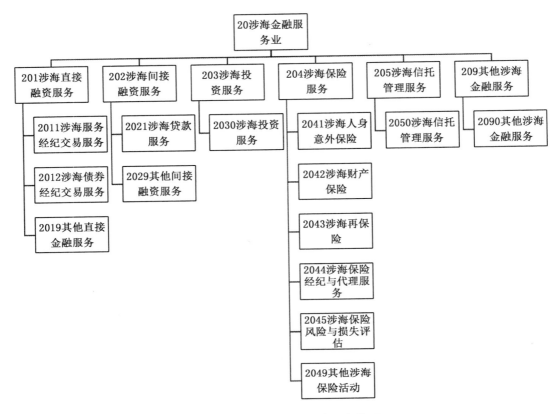

图 3－5－1　涉海金融服务业与代码

(三)战略意义

近年来,中国海洋金融服务业对海洋经济发展及转型升级有着举重若轻的作用。在战略意义上,金融是海洋经济发展强有力的宏观调控手段,对海洋资源配置起关键作用。有效的金融体系可通过金融工具合理促进资金流动,使不同地区间的各种资源有效流动起来,从而促进海洋经济结构调整。此外,金融服务在资金流、信息流上的优势还可以为海洋产业带来丰富的支持。

二、重点海洋国家与地区的海洋金融业的特点、启示

欧洲几个重要的海洋金融中心地区,包括英国、挪威向来是全球高附加值服务业的主要供应方,在涉海金融租赁、海洋油气开发、海洋运输等领域做出重要贡献。亚太地区的海洋产业近年来发展迅速,海洋金融也发展较好。表3－5－2反映了英国伦敦、挪威、新加坡和中国香港地区涉海金融的基本情况:

表 3-5-2 　　　　　　　　　　　重点国家、地区的社会金融发展特点与启示

	英国伦敦	挪威	新加坡和中国香港
重要性	是其发展海洋经济的主要优势	国际领先,是其海工设备、造船业和海上油气开发的重要支柱	亚洲涉海金融服务业的领先者
突出特点	①金融发达——资金聚集、金融机构汇聚、金融服务完善 ②法律健全; ③政府与海事行业有良好的沟通机制	①专业性 ②金融服务产业链完整 ③融资便利 ④政府提供充足出口信贷和保险支持 ⑤关注风险管理	①政府强有力的支持引导 ②发达的资本市场 ③完善的法律体系 ④银行、股票融资为主 ⑤海事保险及再保险业务突出
代表机构	① LAMM(伦敦仲裁员协会)——独立性、公正性、强制性、终局性 ②伦敦海事促进署(Maritime London)在海洋产业发展中发挥了重大的作用。	①奥斯陆证券交易——国际海洋经济金融中心之一 ②挪威银行 ③北欧联合银行	①汇丰银行 ②渣打银行 ③德国交通信贷银行
经验、启示	①形成完备的海洋产业集群,为海洋产业开发创造良好的整体环境 ②建立完善的海洋经济法律保障体系 ③政府有效的宏观调控,加强政策引导、支持作用 ④加强海洋开发的风险管控意识		

三、中国海洋金融省域发展情况

中国沿海地区共 11 个省份、54 个城市。其中,长三角、环渤海和珠三角地区是三大海洋经济区,每个省市区的海洋经济发展水平、海洋产业结构以及海洋战略规划存在巨大差异,相应的海洋金融服务业的发展水平、服务重点以及发展规划也各有千秋。

(一)广东、浙江、江苏海洋金融为整体海洋经济服务

1. 广东省海洋金融是其发展海洋服务业的重点内容

广东省海洋资源丰富,海洋经济实力强大。广东是中国海洋强国建设的核心区、海洋生态文明建设示范区、海洋科技创新集聚区、海洋现代治理体系建设先行区,也是"一带一路"建设的引领区。未来,广东计划打造具备国际竞争力的海洋经济,相对应的海洋金融服务业也是其发展海洋服务业中的一项重要内容。具体如图 3-5-2 所示。

2. 浙江省海洋金融各具特色

浙江省海洋经济发展过程中向来重视海洋金融的作用。各地的海洋金融发展也各有特色,且都颇具创新精神。舟山要创建浙江海洋金融创新示范区,宁波有梅山港金融特色小镇,温州则侧重民间资本的参与。具体如图 3-5-3 所示。

3. 江苏省海洋金融提供多方位服务

江苏省海洋经济在"一带一路"、长江经济带建设和海洋强国战略的背景下,海洋经济发展面临多重机遇。江苏省的财政金融政策以支持全方位现代海洋经济发展为主,来提升江苏海洋经济综合实力与竞争实力。具体如图 3-5-4 所示。

(二)山东、天津、福建海洋金融服务于高科技海洋产业

1. 山东省海洋金融重点面向高科技产业

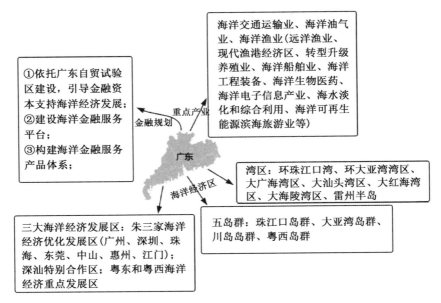

图3－5－2　广东省海洋金融服务业规划

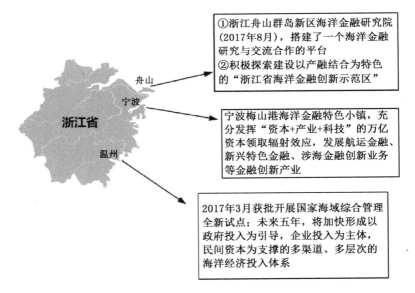

图3－5－3　浙江省海洋金融服务业规划

山东省同样是中国海洋产业大省,海洋产业体系比较健全,产业结构相对合理。"十三五"期间,山东海洋经济发展重视海洋高科技产业发展,其相应的海洋金融业服务业发展规划也向主要海洋高新产业靠拢。并且山东省海洋金融也重视金融服务业本身的机制体制改革,将进一步加快金融改革。具体如图3－5－5所示。

2. 天津市海洋金融支持海洋高新产业

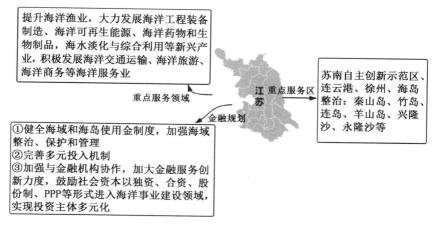

提升海洋渔业，大力发展海洋工程装备制造、海洋可再生能源、海洋药物和生物制品，海水淡化与综合利用等新兴产业，积极发展海洋交通运输、海洋旅游、海洋商务等海洋服务业

重点服务领域

金融规划

①健全海域和海岛使用金制度，加强海域整治、保护和管理
②完善多元投入机制
③加强与金融机构协作，加大金融服务创新力度，鼓励社会资本以独资、合资、股份制、PPP等形式进入海洋事业建设领域，实现投资主体多元化

江苏　重点服务区

苏南自主创新示范区、连云港、徐州、海岛整治：秦山岛、竹岛、连岛、羊山岛、兴隆沙、永隆沙等

图3－5－4　江苏省海洋金融服务业规划

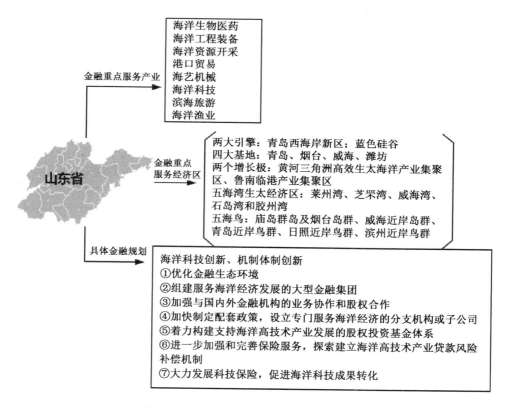

海洋生物医药
海洋工程装备
海洋资源开采
港口贸易
海艺机械
海洋科技
滨海旅游
海洋渔业

金融重点服务产业

山东省

金融重点服务经济区

两大引擎：青岛西海岸新区；蓝色硅谷
四大基地：青岛、烟台、威海、潍坊
两个增长极：黄河三角洲高效生太海洋产业集聚区、鲁南临港产业集聚区
五海湾生太经济区：莱州湾、芝罘湾、威海湾、石岛湾和胶州湾
五海鸟：庙岛群岛及烟台岛群、威海近岸岛群、青岛近岸鸟群、日照近岸鸟群、滨州近岸鸟群

具体金融规划

海洋科技创新、机制体制创新
①优化金融生态环境
②组建服务海洋经济发展的大型金融集团
③加强与国内外金融机构的业务协作和股权合作
④加快制定配套政策，设立专门服务海洋经济的分支机构或子公司
⑤着力构建支持海洋高技术产业发展的股权投资基金体系
⑥进一步加强和完善保险服务，探索建立海洋高技术产业贷款风险补偿机制
⑦大力发展科技保险，促进海洋科技成果转化

图3－5－5　山东省海洋金融服务业规划

　　天津市是国际港口城市和北方国际航运中心之一，是海上丝绸之路的战略支点，也是"一带一路"的交汇点。"十三五"期间，天津要着力在2020年前构建现代海洋产业体系，成为全国海洋强市。对此，天津的海洋金融服务业需要在金融改革过程中重视对与国家战略性创新有关的海洋产业的支持、创新。具体如图3－5－6所示。

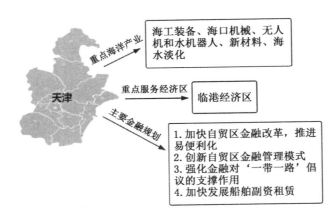

图 3－5－6　天津市海洋金融服务业规划

3. 福建省重视高端海洋金融服务

福建省海洋经济近年来发展平稳,海洋产业体系健全,并且积极借助厦门大学、海岛研究中心等海洋科技创新平台,向海洋高端产业进军,并且重视对海洋生态环境的保护。福建省的海洋金融相应向海洋高端产业服务靠拢。具体如图 3－5－7 所示。

图 3－5－7　福建省海洋金融服务业规划

(三)河北、辽宁、海南与广西海洋金融还有待发展

1. 河北海洋金融正在积极筹划

河北地处环渤海经济区的核心地带,是我国重要的沿海省份之一。虽然目前河北海洋经济在全国的水平并不靠前,但是借助海洋资源优势与国家政策扶持,未来有较强的发展潜力。河北的海洋金融发展不突出,仍正在积极筹备中,将为全省海洋经济迈上新的台阶提供

金融支持。具体如图 3－5－8 所示。

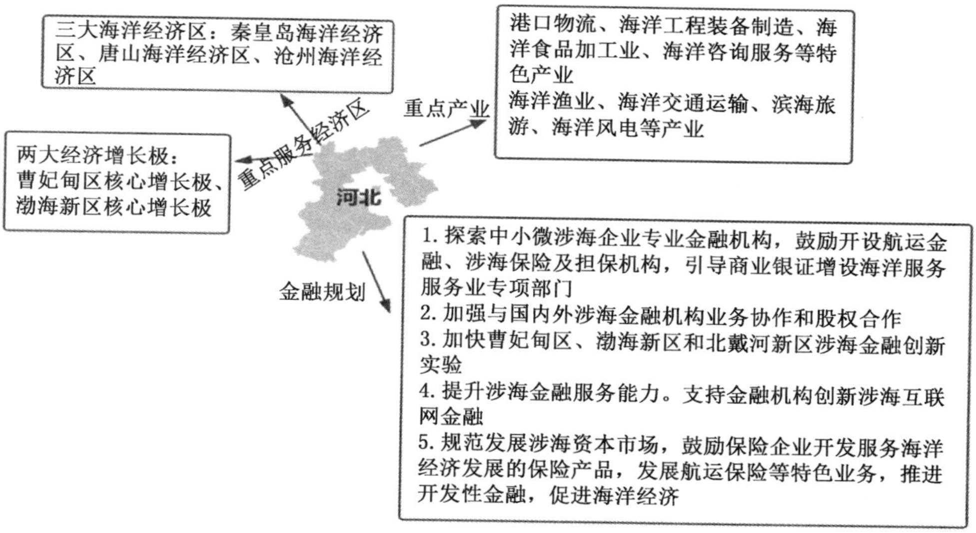

图 3－5－8　河北省海洋金融服务业规划

2. 辽宁、海南、广西海洋金融服务业亟待发展

辽宁海洋经济发展水平一般,海南与广西海洋经济发展比较落后,海洋经济的投融资需求不足,并且三者的海洋金融服务业尚未受到当地政府、企业的重视,缺少相应的政策指导与金融机构的实践探索,因而发展相对落后。未来,随着"十三五"规划的落实、"一带一路"倡议的推进,以及"21 世纪海上丝绸之路"的构建,海洋金融服务业会随着海洋经济的发展得到根本的改善。具体如表 3－5－3 所示。

表 3－5－3　　　　　　　辽宁省、海南省与广西的海洋经济与海洋金融情况

省份	海洋经济概况	海洋金融服务情况
辽宁	1. 以海洋渔业为主,近年来重视海洋生态环境保护 2. 出台了《海洋与渔业发展"十三五"规划》,构建现代渔业产业体系 3. 借助"一带一路"积极构建海洋经济发展布局,未来着眼于新兴海洋产业,提出发展海洋服务业,包括海洋旅游、海洋金融、海洋交通运输、海洋公共服务业等	1. 未出台具体的海洋金融规划,但是开始重视海洋金融对海洋经济的重要作用 2. 与浦发银行合作,来支持海洋渔业的进一步发展
海南	1. 以传统渔业与海洋旅游业为主要产业 2. 近年来发展休闲渔业、远洋渔业 3. 海洋经济发展仍然需要精细规划 4. 未来向海水淡化、船舶制造、海洋生物医药、海洋可再生能源等这些海洋高精产业发展靠拢	1. 没有具体的海洋金融服务政策规划 2. 海洋金融服务业需要重视并落实

省份	海洋经济概况	海洋金融服务情况
广西	1. 海洋经济发展规模小,海洋产业发展结构层次低,没有形成鲜明的主导产业 2. 出台了海洋经济可持续发展"十三五"规划,着力构建广西特色海洋经济体系 3. 各市发展特色产业:北海主临海先进制造业、海洋生物医药产业、南珠特色产业;防城港主临港工业、沿边贸易和生态旅游业;钦州市主石化、海洋工程、装备制造等现代临港产业、海洋生物医药和港航服务业 4.《规划》提出重点发展现代渔业、现代港口、滨海旅游、现代海洋服务业、海洋新兴产业等五大聚集区,并加强生态保护	缺少具体海洋金融服务业的相关政策、规划

(四)上海海洋金融服务业独树一帜

上海作为中国乃至东亚的金融中心,是金融贸易制度创新先行区,本身具备良好的金融基础。

上海浦东新区的陆家嘴金融贸易区是上海和浦东重要的金融集聚区和高档商务区。金融城的金融机构众多、服务套设施一流、科研机构健全、金融人才汇聚、交通便利,并得到政府政策的积极引导,是上海打造国际金融中心的核心区。

上海发展海洋经济具有金融机构高度集聚、海洋产业氛围浓厚,以及大量政府战略政策利好的优势。

1. 金融机构集聚

陆家嘴金融城内金融机构高度集聚,银行、证券、保险、私募股权、资产管理等国内外各类持牌类金融机构、专业金融机构以及新兴金融机构都在此汇集,金融市场体系较为完整。健全的金融体系、完善的金融服务、良好的金融环境为上海海洋经济的进一步发展提供了强大的融资保障。具体如图3-5-9所示。

2. 产业发展氛围优势

产业发展氛围优势如图3-5-10所示。

①产业集聚。上海浦东新区是集金融业、航运服务业与商贸为一体的现代综合服务业区域,本身具有海洋服务业的发展优势。国际航运产业与大型商贸与金融服务业起着相互促进的正向作用。浦东"十三五"规划中提出建设集金融、文化、商贸、会议咨询、医疗等于一体的现代综合服务业,打造世界级中央活动区的目标,浦东与上海的海洋经济将迎来新的发展前途,涉海金融服务业前景更加广阔。

②功能平台完善。上海浦东拥有中国自由贸易试验区,六大功能平台(陆家嘴金融贸易区、上海自贸区保税区、张江高科技园区、临港、浦东世博地区、国际旅游度假区)形成了金融、商贸、科研、文化、旅游的综合海洋产业投资体系。

③营商环境优良。上海是全国营商环境优良的城市之一。浦东,尤其是金融城里高端商务办公楼林立,并且配有发达便捷的交通、一流的餐饮服务、高端医疗保健,以及文化休闲、学习培训场所。在商业环境浓厚的上海,海洋产业投融资需求旺盛,海洋金融势必前景广阔。

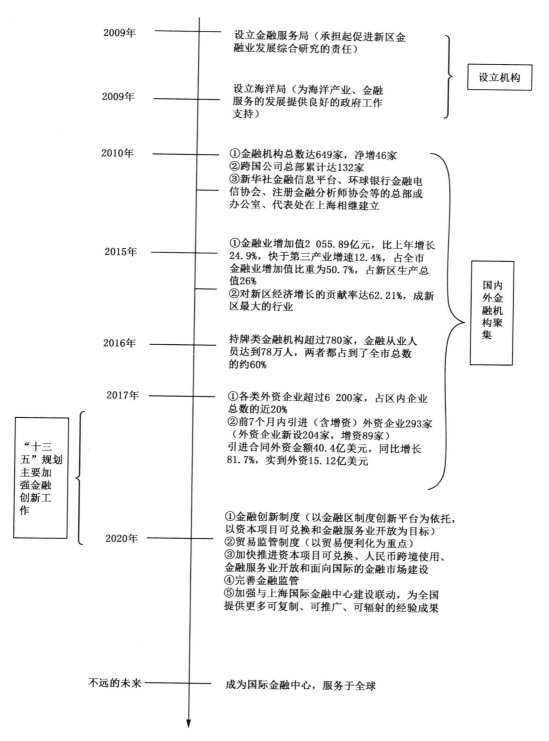

图 3—5—9　浦东金融机构

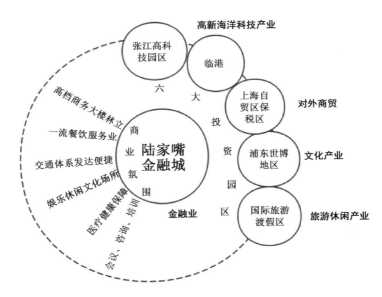

图 3-5-10　上海海洋产业、投资园区与商业环境

3. 战略政策优势

上海,尤其是浦东等地区对海洋金融业发展向来十分重视,依靠金融业促进资金、资源与人才流动,促进海洋经济发展是上海发展海洋经济的鲜明特点。在"十三五"建设期间,上海海洋金融服务业随着国家战略与政策利好,将会积极探索,努力创新,力争为海洋经济升级转型提供精益求精的高品质金融服务。具体如表 3-5-4 和表 3-5-5 所示。

表 3-5-4 　　　　　　　　　　　海洋金融的相关规划及政策

时　序	战略、政策利好	内容、意义
2016~2020 年	十三五规划	对接"一带一路"
2017 年 3 月	提出建设自由贸易试验区,探索建设自由贸易港	促进上海自贸试验区全面深化改革
2017 年 6 月	浦东新区成为第二批"国家海洋经济创新发展示范城区①"之一	浦东临港地区利用自身特色优势,将在海洋科技创新和产业集聚发展领域发挥引领示范作用。
2017 年 6 月	发布《上海陆家嘴金融贸易区暨上海自贸试验区陆家嘴片区发展"十三五"规划》	1. 对接"一带一路"倡议、长江经济带建设等国家战略 2. 建设国际一流的金融城,打造国家金融贸易创新先行区; 3. 推进金融开放,金融制度创新; 4. 加快发展航运金融业、航运经纪和航运信息咨询业、海事法律和仲裁

---

① 第一批"国家海洋经济创新发展示范城区"是:天津滨海新区、南通、舟山、福州、厦门、青岛、烟台、湛江;第二批"国家海洋经济创新发展示范城区"是:秦皇岛市、上海市浦东新区、宁波市、威海市、深圳市、北海市、海口市。

续表

时　序	战略、政策利好	内容、意义
2018 年 1 月	人民银行 海洋局等八部门联合印发《关于改进和加强海洋经济发展金融服务的指导意见》	1. 围绕推动海洋经济高质量发展,明确了银行、证券、保险、多元化融资等领域的支持重点和方向; 2. 要健全投融资服务体系,搭建海洋产业投融资公共服务平台,建立优质项目数据库,建立健全以互联网为基础、全国集中统一的海洋产权抵质押登记制度,建立统一的涉海产权评估标准; 3. 加大海洋经济示范区建设支持力度,探索以金融支持蓝色经济发展为主题的金融改革创新。鼓励海洋经济重点地区的银行业金融机构加强支持海洋经济发展的统计监测和效果评估。
2018 年 1 月	发布《上海市海洋"十三五"规划》	提出调整海洋产业结构,大力发展海洋金融业等现代海洋服务业
2018 年 2 月	《关于农业政策性金融促进海洋经济发展的实施意见》	1. 构建农业政策性金融支持海洋经济发展的金融服务体系,积极探索海洋领域投融资体制机制和模式创新 2. 重点支持现代海洋渔业、海洋战略性新兴产业、海洋服务业及公共服务体系、海洋经济绿色发展和涉海基础设施建设等五大领域

表 3—5—5　　　　　　　　　　上海海洋金融的各种实践探索

时　间	探索实践	内　容
2015 年 9 月	浦东发展银行设立专营机构来构建"海洋金融体系"	体系融入舟山群岛新区发展,并形成了"两点、一链、三圈"的海洋经济金融服务模式和体系。在海洋经济市场调研、营销企划、产品创新等方面先试先行,并逐步形成示范效应,推进浦发银行其他重点区域海洋经济金融服务的深化
"十三五"期间	上海自贸区扎实推进金融改革	上海自贸区的金融改革在改善金融便利、提高服务效率方面已经取得可喜成果,在新时代自贸区金融改革会走向更深处,在尝试混业经营、降低离岸业务所得税率、保持金融政策的稳定性和一致性等方面进行探索
2017 年 6 月	《关于共建上海海洋经济开发性金融综合服务平台的合作框架协议》	6 家单位将共建"上海海洋经济开发性金融综合服务平台",形成海洋经济开发性金融项目库,探索设立"海洋创投基金",在上海市建立完善中小微融资项目统贷功能、重大融资项目直贷功能
2016 年 6 月	国开行上海分行与上海市海洋局签订了《关于开发性金融促进上海海洋经济发展的战略合作框架协议》。	综合金融服务支持上海海洋经济高质量发展
2017 年 6 月	浦东新区成为第二批"国家海洋经济创新发展示范城区①"之一	各大金融机构开始纷纷将投资目标转向海洋产业,并相继成立相关金融部门以把握市场动态,分享海洋经济带来的红利。

①　第一批"国家海洋经济创新发展示范城区"是:天津滨海新区、南通、舟山、福州、厦门、青岛、烟台、湛江;第二批"国家海洋经济创新发展示范城区"是:秦皇岛市、上海市浦东新区、宁波市、威海市、深圳市、北海市、海口市。

续表

时　间	探索实践	内　容
2018 年 6 月	上海浦东新区、宁波市、南通市、舟山市签订《长三角区域海洋经济协同创新发展联盟》协议	上海临港、舟山新区、舟山彩虹鱼、江苏通州湾和宁波梅山 5 个涉海园区开展广泛合作,建立运筹涉海类人才、科技、金融、项目、市场等资源的跨区域协同平台

4. 未来发展规划

上海发展海洋金融在重点领域、重点企业、发展成效、布局规划和运行机制上都有明确安排。具体如表 3-5-6 所示。

表 3-5-6　　　　　　　　上海海洋金融服务业发展规划

"十三五"总目标:到 2020 年,初步形成要素集聚、体系完善、服务全国、面向世界的国际金融服务中心	重点领域	1. 加快发展涉海金融租赁业:探索开展海洋基础设施融资租赁、船舶融资租赁、海洋工程装备融资租赁等业务 2. 加快开展更多针对涉海产业的直接融资模式 3. 加快发展航运金融服务业 4. 加快开展其他融资模式(如海洋产业信贷、公募基金、私募股权投资、创业投资、天使投资等) 5. 支持海洋新兴产业(如海洋会展业、海洋文化创意产业、海洋信息产业、邮轮游艇滨海旅游业、海洋技术服务业等)发展 6. 加快建设"互联网金融" 7. 重点培育国际性人民币债券市场,使之成为离岸人民币回流与亚投行投融资的一个重点环节
	发展成效	1. 以"一带一路"战倡议为重心,把上海建设成为"一带一路"投融资中心和全球人民币金融服务中心,为沿线国家和地区发展、创新海洋经济相关产业提供充足的资金支持 2. 为上海自由贸易区建设提供足够资金来源,赋予上海自由贸易区更大的改革自主权,支持上海探索自由贸易港口的探索 3. 响应国家"生态文明体制改革,建设美丽中国"的号召,为水污染防治、流域环境和近岸海域综合治理提供相应的金融保障 4. 支持上海建设成为"国际航运中心"的目标 5. 大力实施海洋文化精品工程和品牌战略,为发展壮大海洋文化与创意产业提供足够资金支持
	重点企业、机构	1. 大新华船舶租赁有限公司 2. 中航技国际租赁有限公司 3. 远东宏信租赁有限公司 4. 恒信金融租赁有限公司 5. 包含国有银行等组成的银团 6. 太平洋产险航运保险事业部 7. 浦东发展银行 8. 银联国际
	布局规划	1. 重点聚焦陆家嘴金融贸易区 2. 整合上海自由贸易试验区
	运行机制	1. 争取国家支持先行先试,制定具有竞争力的金融发展政策,拓宽融资渠道,加强金融创新,完善金融体系,打开资本市场,引导民营资本进入 2. 依托资源区位优势,创新产业集聚发展模式,扶持建设一批产业优势凸显、产业链完善、龙头企业主导、辐射带动作用强的现代海洋服务业产业园区

四、中国海洋金融服务业的问题与对策

（一）发展短板

现阶段中国涉海金融服务业的问题主要体现在如下几个方面。

1. 制度供给不足

中国的海洋法律体系初具成效，但是缺少对于海洋投资、对海商贸、航运服务等一系列涉海领域的规范。虽然国家和沿海地方政府不断推出各项惠及海洋经济、海洋金融等相关政策文件，但依然没有形成整体性、有效性、规范性的涉海法律体系。高校以及立法机构对于海洋金融的立法研究尚处滞后状态。

2. 融资渠道少、方式单一

中国金融服务对海洋经济的支持还是以直接融资为主，并且直接融资的方式依然以银行贷款为主。银行贷款以担保、抵押为主，同样缺乏创新。而新兴融资方式在海洋金融这块发展十分缓慢，金融机构的涉海金融专门部门的设立也很少。导致海洋产业对银行贷款融资更加依赖。考虑到涉海产业在抵押融资方面受到政策法规的诸多约束，贷款难度大、数量有限。涉海产业还面临海洋自然灾害频发、国际汇率风险、主权国家海洋权益争端等不确定问题。

在缺乏适应现代海洋产业的新型风险管理工具的情况下，以银行为主的金融机构为海洋企业融资时，不得不面临较大的风险。

涉海产业和陆域经济相比区别很大，海洋产业投资周期长、风险巨大，但是中国金融机构为涉海项目提供金融服务时仍遵循传统服务模式，不能及时适应海洋经济的发展特点，金融服务方式不够灵活多样。

3. 相关人才缺少

海洋金融是一项专业性强、涉及领域广泛的综合性专业。但是目前中国高校对于海洋经济的人才培养刚起步，海洋金融相关专业课程的开展更加滞后，使得行业内缺少涉海金融的复合型人才。

4. 海洋保险业发展不足

海洋经济是高风险产业，但是中国保险业对涉海产业的服务既不丰富，也不专业。保险主要集中在船舶、货运、海洋渔业从业人员等方面，少有专门针对海洋经济的政策性保险和商业保险产品。海洋保险专业性高，对保险定价、估损、理赔等技术要求高，这也一定程度上限制了海洋保险业的进一步发展。

（二）对策建议

1. 加快形成高度集聚的海洋产业集群

高度集聚的海洋产业是海洋金融支持与服务的重点对象，是海洋金融的落脚点。沿海各地区需要建立符合当地特色、结构完整合理海洋产业体系，为海洋金融开拓服务范围、发挥为海洋经济提供投融资服务的强大作用做好产业准备。

2. 拓渠道、促保险、抓风控

在融资渠道和方式上，既要抓紧对涉海直接融资模式的创新，也要抓紧对新兴融资方式

的探索。各类商业银行可以设立专门涉海金融部门服务于海洋经济,有条件地区可以建立专门涉海金融机构,鼓励民间资本参与海洋金融,加强与外商涉海金融合作等。

在海洋保险上,可以探索专门的针对海洋经济的政策性保险和商业保险产品,例如:针对贸易违约风险的进出口信用保险,针对海洋产业新技术应用风险的科技创新保险和新产品责任保险,新兴海洋产业的企业财产保险、环境污染责任保险、涉海工程保险、涉海人身意外伤害保险等。

海洋产业多是高风险产业,要重点防范涉海金融风险的发生。一方面应当加强监管部门对金融风险的管控,完善监管组织,出台严格的监管政策,保证监管透明性和公正性,加强公众监管;另一方面应当创新传统的风险缓释机制,探索适应现代海洋经济的新型涉海金融保险机制。

3. 优化海洋金融服务的制度供给

国家应出台更多的统一海洋金融发展指导战略。沿海各省市应当结合自身海洋经济的发展特色,为海洋金融发展做好相应的战略规划体系,从而在大局上把握海洋金融服务业的整体发展方向。

应当发挥政府在产学研融合方面的强大优势。各级政府可以通过出台政策文件实施财政政策、货币政策,促进人才和资金合理配置、形成产业集聚、优化产业结构,从而给予海洋经济开发必要的支持。

法律体系是海洋金融服务业发展的必要保障,全国 11 个沿海地区政府应当加紧对相关涉海金融法律体系的建立与完善。

4. 建立海洋金融的人才智库中心

有必要建立海洋金融人才智库中心。一方面抓紧高校对涉海金融专业的设立,培养涉海金融的高素质复合人才;另一方面需要系统整合涉海金融乃至海洋经济的数据信息,建立统一、完整、及时、便利的海洋数据库系统,为涉海金融乃至海洋经济整体发展打好坚实的人才、信息基础。

（执笔：陈洁）

3.6　中国滨海旅游业发展方略

摘　要:近年来在国家加大投入的政策驱动下,中国滨海旅游业总体保持平稳发展,滨海旅游业增加值不断走高,其对于中国海洋经济的贡献度也在不断提升。本文主要分析中国滨海旅游业的市场规模、发展速度、重点邮轮产业分析和典型滨海旅游业公司等。中国滨海旅游产业是海洋经济的重要增长点,呈现发展速度快、规模不断壮大、国内需求日益旺盛等特点,邮轮产业成为重点产业市场份额居全球第二。文章最后对促进中国滨海旅游业有效提升提出了几点对策建议。

关键词:滨海旅游　滨海旅游带　邮轮产业

一、滨海旅游业发展情况

(一)滨海旅游定义

现代海洋服务业是海洋产业链的高端,根据《海洋及相关产业分类》(GB/T20794—2006),海洋服务业包括海洋交通运输业、滨海旅游业以及其他与海洋生产生活相关的服务业。滨海旅游是旅游业的一个重要组成部分,在沿海地区,它又是海洋产业构成中的一个很大部分。滨海旅游业是指以海岸带、海岛、海洋各种自然景观、人文景观为依托的旅游经营、服务活动。

(二)滨海旅游业发展历程

国外滨海旅游发展历史悠久,根据史料记载,世界上最早的海水浴出现于 1730 年英国的斯盖堡拉和布莱顿,二战后,在发展传统滨海旅游的同时,滨海度假旅游逐渐成为主要的滨海旅游形式,如西班牙的马洛卡岛、美国夏威夷、墨西哥的坎昆、泰国的普吉岛等,都是世界著名的滨海度假旅游胜地。

中国旅游业整体起步较晚,进入 21 世纪,中国滨海旅游、海岸带旅游、海洋旅游等开发活动进行得如火如荼。

二、国际滨海旅游业现状分析

(一)国际邮轮市场排名:中国位居第二

近十余年来,全球邮轮旅游消费市场需求保持较高增长态势,根据国际邮轮协会(CLIA)统计,2004～2016 年,全球邮轮市场游客量从每年的 1 314 万人次升到 2 470 万人次,增长了 88％。2016 年美国依旧为全球最大的邮轮客源地市场,中国以邮轮方式出境游客年总量达 210 万人次超越德国成为全球第二大邮轮市场(见图 3－6－1)。

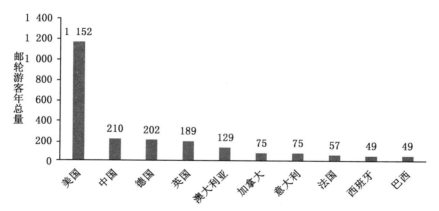

图 3－6－1　2016 年各国家邮轮游客年总量(万人次)

(二)邮轮市场"东移":亚洲邮轮市场增速最快,中国占比最高(见图 3－6－2)

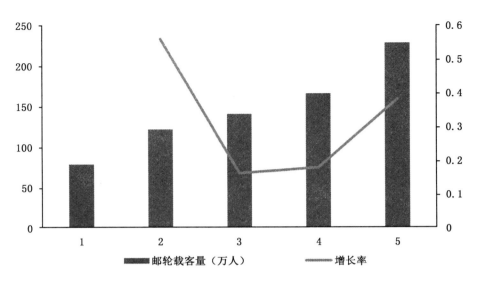

图 3—6—2 2016 年亚洲邮轮载客量(单位:万人,%)

邮轮市场"东移"特征凸显,亚洲以及大洋洲的邮轮游客人次增速远超欧美地区,邮轮市场需求激增,推动以大型豪华邮轮为代表的邮轮产业进入到一个"黄金时期"。亚洲地区是世界邮轮旅游市场中成长最快的新兴市场。2016 年亚洲地区邮轮载客量占全球邮轮市场份额 9.2%,相比 2015 年增长 38%。是全球增长最快的邮轮市场。从客源分布来看,中国占比 47.4%,为亚洲第一,CLIA 在《亚洲邮轮趋势 2017》中指出,中国市场是亚洲客运量增长的主要动力,新加坡占比 8.8%,日本占 8.6%,中国香港占 6.1%,印度占 6.0%,马来西亚占 3.0%,印度尼西亚占 1.9%,韩国占 1.7%,菲律宾占 1.6%,泰国占 1.2%,越南占 0.9%,其中 40%的游客年龄在 40 岁以下。从中可看出,中国是亚洲最大的邮轮客源市场,而亚洲最大的旅游目的地日本、韩国所占的客源比例较小(见图 3—6—2)。

三、国内滨海旅游业现状分析

(一)滨海旅游资源与发展规模

1. 中国滨海旅游资源分类

中国濒临太平洋西岸,拥有 1.8×10^4 km 的大陆海岸线,1.4×10^4 km 的海岛岸线,海洋资源丰富多样。从类型学角度看,滨海旅游资源一般分为两大类:滨海自然旅游资源和滨海人文旅游资源。

(1)滨海自然旅游资源:海洋其他物产、海洋生物、海洋地貌、海洋水体和海洋气候气象,其中海洋地貌还包括:海洋地貌旅游资源、大陆架地貌旅游资源、海岛地貌旅游资源,深海与大洋底地貌资源。

(2)滨海人文旅游资源:海洋古建筑、海洋古遗迹、海洋宗教信仰、海洋城市、海洋民风民俗、海洋文字艺术和海洋科学知识。

2. 中国现阶段的滨海旅游产品(见表 3—6—1)

表 3-6-1　　　　　　　　　　　　　　　　　　滨海旅游产品分类

类　型	内　容
海洋亲水活动	海上旅游休闲、康体健身活动、海底潜水、探险、海滨浴场
海洋文化体验	海洋物产工艺品、纪念品、保健品、海洋爱国主义教育基地、海洋科学考察、海洋影视文艺作品、各种形式的渔家乐、海鲜美食、化妆品及其生产基地海洋宗教朝拜
海洋主题活动	海洋主题公园(包括各种体现海洋科普知识和海洋科技的海洋馆、水族馆)、海洋体育赛事、海洋节庆
创造性的滨海旅游产品	海洋影视基地、大型海港、跨海大桥
滨海旅游产品的外延	海洋气象景观、海洋景观房产

(二)中国五大特色滨海旅游区

据前瞻产业研究院《2016～2021 年中国滨海旅游业市场前瞻与投资战略规划分析报告》显示,目前中国已经形成了五大特色区:环渤海滨海旅游区、长三角滨海旅游区、海峡西岸滨海旅游区、泛珠三角滨海旅游区、海南国际旅游岛(见图 3-6-3)。

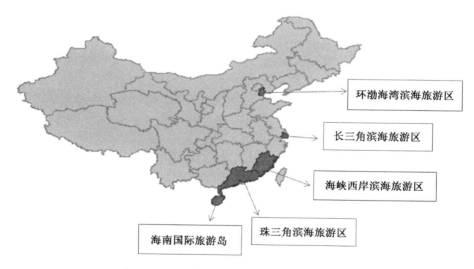

图 3-6-3　中国五大特色滨海旅游区分布

1. 环渤海湾滨海旅游区

以大连、秦皇岛、天津和青岛为中心环渤海湾滨海旅游区。区域内产业关联度和依存度不断增强,已经发展成为城市聚集、创新能力和综合实力最强的区域之一,2013 年 4 月国家旅游局批准的天津滨海旅游新区为中国邮轮发展实验区。

知名的旅游景点如青岛海底世界、日照海滨旅游区、天津滨海与天津海河、大连老虎滩。葫芦岛市是环渤海湾最年轻的城市之一,其滨海旅游资源众多,葫芦岛市是中国优秀的旅游城市。在旅游资源发展方面,天津市积极挖掘旅游资源价值,通过“深度亲海”新亮点打造滨海旅游品牌;秦皇岛依托滨海特色优势,做优休闲旅游经济(休闲旅游是指以旅游资源为依托,以休闲为主要目的,以旅游设施为条件,以特定的文化景观和服务项目为内容,离开定居地而到异地逗留一定时期的游览、娱乐、观光和休息）。

2. 海峡西岸滨海旅游区

以福州、厦门和泉州为中心的海峡西岸滨海旅游区，发展东部蓝色滨海旅游带与西部绿色生态旅游带。东部蓝色滨海旅游带：福州昙石山文化遗址、三坊七巷、屏南白水洋、雁荡山等；厦门鼓浪屿、海上丝绸之路等，发展滨海旅游与文化旅游的结合。

厦门以生态廊道为基底，打造由城区向滨海带渗透的山海景观廊道，构筑一条以休闲旅游为目的的滨海旅游浪漫线。

3. 长三角滨海旅游区

以上海、连云港和宁波为中心的长三角滨海旅游区。最近几年长三角区海洋旅游继续保持高速发展的态势。2012 年 9 月，国家旅游局批准上海宝山区、虹口区为中国邮轮旅游发展实验区。近年来苏、沪、浙、皖的旅游合作日益紧密。

上海市计划在"十三五"期间着力打造水陆联动、全域开发的大旅游空间格局，规划建设滨海临江旅游圈。上海市公布的"十三五"规划中强调完善现代产业体系，加快海洋经济集约化发展，重点发展海洋服务业，滨海旅游业的发展规划是创新滨海旅游产品，完善旅游服务功能。

4. 珠三角滨海旅游区

以香港和深圳为中心的珠三角滨海旅游区，广东省将珠三角、粤东、粤西三大海洋经济区作为发展海洋经济的主体区域，涵盖了广州、深圳、汕头和湛江为首的五大区域海洋经济重点市。

广东省大力开发滨海旅游资源，形成了八大海湾和海岛旅游圈、"海上丝绸之路"系列旅游线路和"一核两带三廊五区"的旅游布局，其中旅游圈包括环珠江口旅游圈、川岛—广海湾旅游圈、海陵岛—月亮湾旅游圈、水东湾—放鸡岛旅游圈、环湛江湾旅游圈、环大亚湾旅游圈、红海湾—品清湖旅游圈、南澳岛—汕头湾旅游圈；旅游线路分省内线路、跨省线路和国际线路（"重走海上丝绸之路"邮轮航线）。

5. 海南国际旅游岛

以海口和三亚为中心的国际旅游岛，依托邮轮游艇业、高尔夫休闲旅游业等的不断发展，为海南旅游创新奠定了基础。

三亚滨海旅游产品逐渐从起步走向成熟，出现了滨海旅游传统业态和新业态齐头并进的新局面，不断挖掘滨海休闲运动项目发展潜力，开展国际帆船赛、马拉松等国际赛事产品，推动海上休闲观光旅游，开发游艇、帆船、潜水和冲浪等海上娱乐产品，初步形成了颇具吸引力的滨海度假产品体系。

（三）发展速度

1. 滨海旅游业产值与增速分析：产值持续增加、增速加快

2012 年～2016 年，中国海洋生产总值年均增速达到 7.5%，高于同期国民经济增速 0.2 个百分点，高于同期世界经济增速 2.7 个百分点。2012～2016 年，海洋服务业增加值年均增速达到 9.3%。海洋邮轮游艇、海洋休闲娱乐等新兴业态不断涌现，成为海洋经济增长的新亮点和新动力，2016 年，中国邮轮出境旅客首次突破 200 万人次大关，达到 212.3 万人次，同比增长 91%。图 3-6-4 展示了全国滨海旅游业的发展情况，2011 年 12.5% 的增速

增长加到 2017 年 16.5％的增速,海洋旅游已经成为带动"蓝色经济"发展的重要力量。

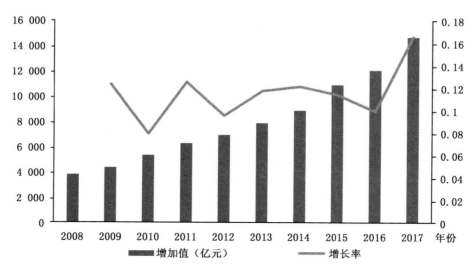

图 3—6—4　2008～2017 年中国滨海旅游业增加值和增长率(单位:亿元,%)

　　根据中国总体经济持续增长发展态势预测,未来中国旅游业发展同样会持续增长,而滨海旅游未来无论是资源利用深度或是品位等级层次都必然进一步得到拓展。图 3—6—5 可看出 2011～2016 年滨海旅游增加值占海洋产业总增加值比重的变化。

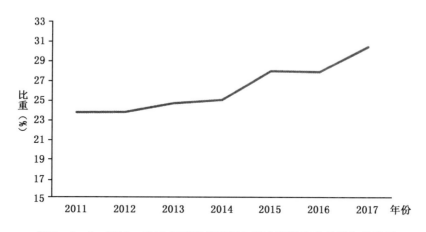

图 3—6—5　2011～2016 年滨海旅游增加值占海洋产业总增加值比重

　　2. 国内旅游:人数不断增多(见图 3—6—6)

　　2010～2017 年,中国旅游人数逐年增长。2011 年增速较快,达到 25.58％,为 2010～2017 年最大增幅;2012 年以后旅游人数增速趋于平稳,维持在 10％左右;2017 年国内旅游人数达到 50 亿人次,同比增长 12.64％。

　　(四)邮轮产业分析

　　1. 邮轮产业:旅游方式起步晚、发展快且市场逐渐由"高速发展"向"平稳发展"转变

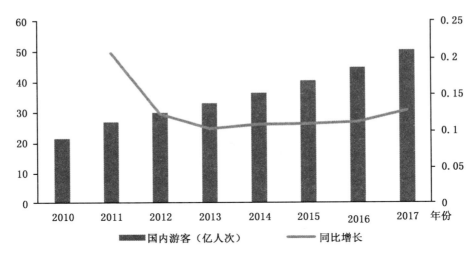

图3－6－6　2010～2017年中国国内旅游人数走势图(单位:亿人次,%)

国内邮轮产业的发展迅速:形成六个邮轮旅游发展实验区

国内邮轮旅游起步较晚,从外部看,从2006年开始的发展之路,中国在国际邮轮产业界快速崛起并受到高度重视,已成为世界邮轮产业发展新的增长点和突破口。近年来中国邮轮旅游市场以年均40%左右的速度增长。近年来邮轮游艇等新型业态快速涌现,助推中国滨海旅游业继续保持健康发展态势,产业规模持续增大,邮轮旅游发展试验区的设立时间间隔越来越短,邮轮发展速度迅猛(见图3－6－7)。

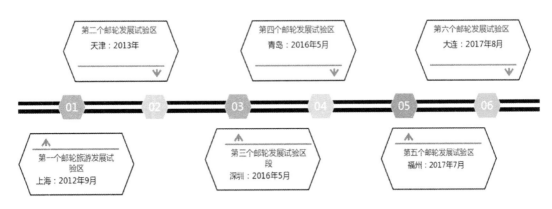

图3－6－7　中国六个邮轮旅游发展实验区

2. 国内邮轮接待游客人次:不断增长且增速加快(见图3－6－8)

中国现有上海、大连、天津、烟台、青岛、舟山、厦门、广州、海口、深圳、三亚这11个港口。根据中国交通运输协会邮轮游艇分会统计,2006年只有1艘邮轮在中国开通母港航线,出游不到2万人次;2016年,全国11大港口城市共接待邮轮1010艘次,18艘邮轮开通母港航线,出游旅客首次突破200万人次。2017年1～8月份,中国共接待的邮轮旅客为312万人次,比去年同期增长43%。

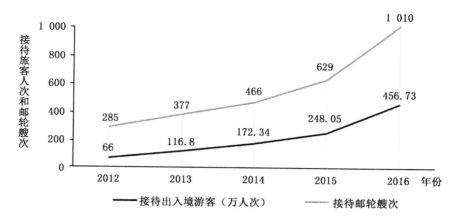

图 3—6—8　2012～2016 年中国邮轮接待旅客人次和邮轮艘次

2016 年,全球邮轮市场游客量达 2 470 万人次。从邮轮客源地市场来看,美国依然以年总量 1 152 万人次保持全球第一,中国邮轮出境游客年总量达 210 万人次,超越德国,跻身全球第二大邮轮市场。

3. 邮轮旅游市场消费特点:消费者年轻化,忠诚度趋高

乘坐过邮轮旅游的游客对邮轮具有较高的忠诚度,有大约 92% 的游客表示可能会或者一定会再次进行邮轮旅游。其中年轻一代的忠诚度最高,2/3 的千禧一代和 Y 代(1980 年~1995 年间生的人)将邮轮视为他们最喜欢的旅游方式。

4. 中国邮轮旅游城市排名:上海第一、天津第二、广州第三

2016 年中国母港出入境游客量增长 93%,在接待邮轮类别中,接待母港邮轮达到 927 艘次,比 2015 年增长 72%,接待访问港邮轮量达到 83 艘次,比 2015 年下降 8%。在邮轮游客接待量方面,中国 11 大邮轮港口共接待出入境游客总量达到 456.73 万人次,比 2015 年增长 84%,(见图 3—6—9)。

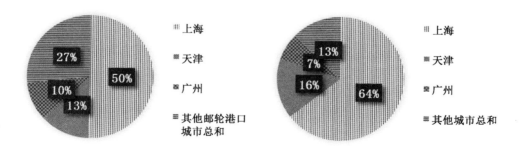

图 3—6—9　2016 年各城市邮轮艘次及游客量占国内市场份额

在全国十大邮轮港口游客接待量的排名中,上海邮轮港共接待邮轮 509 艘次占全国的市场份额为 50.3%,接待出入境邮轮游客量 294.44 万人次,占全国总量的 64.4%;广州邮轮市场发展十分迅猛,2016 年全年接待邮轮量达到 104 艘次,占全国总量的 10.29%,接待

出入境邮轮游客总量达到 32.59 万人次,占全国总量的 7.13%。

5. 中国邮轮产业发展趋势:由"高速发展"向"平稳发展"转变

中国邮轮旅游市场在新型邮轮投放、国际邮轮港口邮轮接待量、出入境邮轮游客规模等方面的增长速度趋于稳健发展。在 2016 年 1~6 月的上半年时期,中国邮轮港口接待量、出入境邮轮游客接待量的增长速度均超越 100%,但在 2017 年 1~6 月的上半年时期,其增长的速度均下降至 30% 左右。这与中国邮轮市场规模的基数大幅度提升有着直接的关系,但这也是中国邮轮旅游市场逐渐由成长期向成熟期转变的显著性标志。

6. 中国十大著名邮轮港口

上海港、三亚凤凰岛国际邮轮港、中国香港海运大厦邮轮码头、中国台湾邮轮码头(基隆港、台中港、高雄港和花莲港)、中国香港启德邮轮码头、三亚凤凰岛国际邮轮港、厦门海峡邮轮中心、上海吴淞口国际邮轮港、上海港国际客运中心码头(2008)、天津国际邮轮母港(2010)

四、滨海旅游业典型公司分析

(一)潍坊滨海旅游发展集团有限公司

1. 公司简介

潍坊滨海旅游发展集团有限公司是滨海区国有独资企业,成立于 2013 年 6 月 7 日,总公司位于潍坊市滨海经济开发区科教创新区。公司以蓝色海洋资源综合开发为主线,通过休闲度假、水上运动、游艇观光、休闲垂钓、海鲜美食、商务会议、旅游地产、古盐业遗址等系列旅游产品的深度开发,带动蓝色海洋产业链向纵深发展,加快海洋文化产业的功能集聚,力争成为助推区域经济发展,促进产业转型,在全省乃至全国享有较高知名度的大型旅游企业集团。

2. 企业发展状况

集团现拥有 36 家成员企业,集团正在规划建设国际一流的游艇码头、独具特色的欢乐海温泉度假酒店、前景广阔的海上粮仓、渔家特色的北海渔村、高端休闲的文昌湖商业街等海滨旅游项目。

3. 品牌建设

以创建自主品牌为目标,以"欢乐海"为主品牌,在现有欢乐海品牌基础上,结合企业愿景继续开发深化公司品牌,进行品牌推广,创建自有品牌体系(具体如图 3—6—10 所示)。

4. 旅游景点

城市艺术中心:潍坊滨海城市艺术中心有限公司位于潍坊滨海经济技术开发区海洋科技大学园区的核心区域。2016 年 1 月 7 日正式成立(见表 3—6—10)。

图 3－6－10　潍坊滨海旅游发展集团有限公司品牌建设

表 3－6－2　　　　　　　　　　　　城市艺术中心景点简介

景点	简　介	特色规划
欢乐海沙滩	省级旅游度假区、国家 4A 级旅游景区	水上游乐设施:豪华观光游艇、海上快艇、水上自行车、沙滩摩托车等 馆内特色设施:6D 影院、海洋科普馆、马来西亚馆
游艇码头	位于白浪河闸入海口处、风筝故乡潍坊滨海技术开发区北岸的"欢乐海"。	是具备商业、大众美食、俱乐部会所、专业游艇服务区于一体的游艇港
白浪河景区	主营业务包括白浪河景区范围内的游乐项目、水上项目的经营管理以及餐饮、商品销售、停车等配套服务。	白浪河摩天轮,是世界上首次采用编织网格形式设计的无轴式摩天轮。景区集交通、观光、旅游、商业和休闲为一体。
城市艺术中心	位于潍坊滨海经济技术开发区海洋科技大学园区	整体空间上分为东西两大区域,由规划展览区、会议区、康体文化区三大部分组成

5. 系列旅游服务

公司旗下有 11 个系列的旅游服务,主要包括旅行社、度假酒店、欢乐海商务酒店、潍坊迪拜商务酒店、餐饮、休闲渔业、旅游地产、游轮、有机蔬菜、交通和其他配套设施和服务。

(二)海昌海洋公园控股有限公司

1. 公司简介

中国最大的海洋主题公园运营商,海昌海洋公园控股有限公司是中国领先的主题公园和配套商用物业开发及运营商,在大连、青岛、重庆、成都、天津、武汉以及烟台经营了六座海洋主题公园、两座综合娱乐主题公园,此外,"上海海昌海洋公园""三亚海昌梦幻海洋不夜城"和"郑州海昌海洋公园"三座全新的大型主题公园综合项目正在建设和规划中。

2. 公司发展状况

2014年3月13日,海昌海洋公园控股有限公司在香港联交所主板成功上市,成为首家在香港上市的主题公园运营商。在2016~2017年的收入方面:公园收入从2016年的1 429.1百万元到2017年的1 617.2百万元,同比增长13.2%,门票收入从2016年的1 069.5到2017年1 182.7百万元,同比增长10.6%

3. 品牌建设

公司从2002年大连老虎滩海洋公园极地馆开业发展到郑州海昌海洋个公园奠基,发展历史悠久。品牌远景:打造中国第一海洋文化旅游休闲品牌,国际化海洋文化特色的旅游休闲平台型企业

4. 创新产品战略

开放式后场繁育空间,趣味科普娱教基地:以室内亲子娱乐、水族艺术、跨界业态、小型萌宠等为特色,打造轻量级、精致型、重跨界、强体验,突破传统海洋公园产品类型;

海洋文娱综合体:立足三四线城市,通过创新产品与传统产品的融合,构建城市休闲目的地;

Hi-Club海洋文化主题度假区:着眼一二线城市近郊,以"海洋+"复合功能,打造中小规模、中高消费、五感体验、精细设计的都市微度假目的地,实现从单景点模式到都市休闲娱乐+微度假模式的转型。

五、促进滨海旅游业有效提升的对策建议

(一)积极开发主题旅游,提高旅游产品吸引力

随着经济的快速发展,人们对生活的品质要求越来越高,而滨海旅游的热度也越来越高,越来越多的主题公园的出现,旅游产品的升级,也要求在发展旅游的同时应该注重对旅游产品文化吸引力方面的创造,使得旅游具有文化之魂。比如上海国际旅游度假区:充分放大迪士尼主题乐园溢出效应,整合周边旅游资源联动发展,培育主题娱乐、旅游度假、文化创意、特色会展、商贸服务、体育休闲等相关产业。

(二)注重邮轮产业的发展,提高旅游邮轮的渗透率

和发达国家相比,中国邮轮旅游渗透率偏低,行业空间较大。我们横向对比世界发达国家相似业务可以发现,中国的邮轮渗透率位居末位。然而,中国是亚洲国家中出境旅游潜力最大的国家。中国邮轮旅游人次数量占亚洲市场接近50%,低渗透率和高增长率说明中国邮轮行业具备发展空间。

(三)促进与滨海旅游业相关配套产业的发展

滨海旅游业的发展不是一个单产业链条的发展,促进滨海旅游业的上下产业链的发展,

可以加大滨海旅游的规模发展。滨海旅游业与交通运输业、文化设施、滨海房地产等等都可以配套发展。比如利用长江及东海区域,以及近海岛屿和海域资源,整合沿长江和杭州湾北岸线资源,开发亲水观光、休闲、度假产品,全面提升滨海度假、水上运动和居住疗养等功能;依托邮轮、游艇、游船和休闲度假区等旅游业态和功能区建设,拓展都市滨海临江休闲度假、生态体验等功能。

(四)增强公众的海洋环境意识,倡导滨海生态旅游

不完善的旅游开发方式和旅游资源的过度利用导致滨海旅游资源遭到破坏;部分游客随意丢弃垃圾,游客的大量涌入和消费膨胀,使得旅游设施和自然环境超负荷运转,滨海旅游业扩张的同时也引发了海洋景观的破坏与消亡,这都导致滨海旅游资源受损。滨海旅游方式越来越突出,今后发展要着重保护滨海旅游资源积极倡导滨海旅游业的可持续发展。

（执笔：江玉琴）

第四章　国内外海洋制度体系

4.1　中国海洋战略、政策、法规

一、国内涉海法规

1. 海域使用管理相关法规（见表 4－1－1）

表 4－1－1　　　　　　　　　　海域使用相关法规

级别效力	法规名称	通过或颁布期(生效日期)
国家法律	《中华人民共和国政府关于领海的声明》	1958/9/4
	《中华人民共和国领海及毗连区法》	1992/2/25
	《国家海域使用管理暂行规定》	1993/5/21
	《中华人民共和国专属经济区和大陆架法》	1998/6/26
	《中华人民共和国海域使用管理法》	2001/10/27(2002/1/1)
行政法规、国务院文件	《海域使用登记工作方案》	1997/8/5
	《海域使用管理示范区工作标准和要求》	1998/1/1
	《海域使用许可证管理办法》	1998/10/29
	《海域使用申报审批管理办法》	1998/10/29(2002/5/1)
	《海砂开采使用海域论证管理暂行办法》	1999/7/13
	《海域使用可行性论证资格管理暂行办法》	1999/2/24
	《海域使用可行性论证管理办法》	1999/2/24
	《海域使用权证书管理办法》	2002/6/27
	《海域使用论证资质管理规定》	2002/6/6
	《海域使用测量管理办法》	2002/6/28
	《海域勘界档案管理规定》	2002/8/6
	《海域使用金减免管理办法》	(2006/1/1)
	《海域使用权登记办法》	2006/10/13(2007/1/1)

资料来源:国家海洋局、国家海洋信息网、中华人民共和国自然资源部。

2. 海洋环境保护相关法规(见表4-1-2)

表4-1-2　　　　　　　　　　　　　　海洋环境保护相关法规

细分	效力级别	法规名称	通过或颁布日期(生效日期)	修正日期
总类	国家法律	《中华人民共和国海洋环境保护法》	1999/12/25(2000/4/1)	2017/11/4
		《中华人民共和国环境影响评价法》	2002/2/28(2003/9/1)	2016/7/2
勘探类	国家法律	《中华人民共和国深海海底区域资源勘探开发法》	2016/2/26(2016/5/1)	
	行政法规、国务院文件	《中华人民共和国海洋石油勘探开发环境保护管理条例》	1983/12/29	
		《海洋石油勘探开发环境保护管理若干问题暂行规定》	1999/10/9	
		《深海海底区域资源勘探勘探开发许可管理办法》	2017/4/27	
防治污染类	行政法规、国务院文件	《关于建立海洋环境污染损害事件报告制度的通知》	1999/3/12	
		《中华人民共和国防止船舶污染海域管理条例》	1983/12/29	
		《中华人民共和国海洋倾废管理条例》	1985/3/6	
		《中华人民共和国防止拆船污染环境管理条例》	1988/5/18	
		《防治海岸工程建设项目污染损害海洋环境管理条例》	1990/5/25(1990/8/1)	
		《防治陆源污染物污染损害海洋环境管理条例》	1990/5/25(1990/8/1)	
		《防治海洋工程建设项目污染损害海洋环境管理条例》	2006/8/30(2006/11/1)	
		《防治船舶污染海洋环境管理条例》	2009/9/2(2010/3/1)	
		《黄海跨区域浒苔绿潮灾害联防联控工作机制》	2016/4/15	
监测类	行政法规、国务院文件	《中国海洋环境监测系统—海洋站和志愿船观测系统建设项目管理办法》	2000/1/12	
		《海洋生物质量监测技术规程》	2002/4/1	
		《海水浴场环境监测技术规程》	2002/4/1	
		《海洋倾倒区监测技术规程》	2002/4/1	
		《海洋大气监测技术规程》	2002/4/1	
		《海洋观测预报及防灾减灾标准体系》	2016/6/1	

细分	效力级别	法规名称	通过或颁布日期（生效日期）	修正日期
自然保护区	行政法规、国务院文件	《中华人民共和国自然保护区条例》	1994/10/9(1994/12/1)	
		《海洋自然保护区管理办法》	1995/5/29	
其他相关	国家法律	《中华人民共和国野生动物保护法》	1988/11/8(1989/3/1)	2004/8/28 第一次修正 2009/8/27 第二次修正 2016/7/2 第三次修正
		《中华人民共和国测绘法》	1992/12/28(1993/7/1)	2002/8/29 第一次修正 2002/4/27 第二次修正
	行政法规、国务院文件	《海洋资料浮标网管理规定》	1991/10/1	
		《中华人民共和国渔业法实施细则》	1987/10/14（1987/10/19)	
		《中华人民共和国水生野生动物保护实施条例》	1993/10/5	
		《关于加强海洋赤潮预防控制治理工作的意见》	2001/5/8	
		《基础测绘条例》	2009/5/12(2009/8/1)	
		《海洋资料浮标网管理规定》	1991/10/1	

资料来源：国家海洋局、国家海洋信息网、中华人民共和国自然资源部、中国海洋环境监测网。

3. 海洋交通运输相关法规（见表 4－1－3）

表 4－1－3   海洋交通运输相关法规

效力级别	法规名称	通过或颁布日期（生效日期）	修正日期
国家法律	《中华人民共和国海上交通安全法》	1983/9/2(1984/1/1)	2016/11/7
	《中华人民共和国港口法》	2003/6/28(2004/1/1)	
行政法规、国务院文件	《中华人民共和国航道管理条例》	1987/8/22	
	《中华人民共和国渔港水域交通安全管理条例》	1989/7/3	
	《中华人民共和国海上交通事故调查处理条例》	1990/1/11	
	《中华人民共和国船舶和海上设施检验条例》	1993/2/14	
	《中华人民共和国航标条例》	1995/12/3	
	《中华人民共和国国际海运条例》	2001/12/5(2001/12/15)	

续表

效力级别	法规名称	通过或颁布日期（生效日期）	修正日期
交通部部门规章	《港口建设管理规定》	2007/1/25（2007/7/1）	
	《中华人民共和国国际船舶保安规则》	2007/3/12（2007/7/1）	
	《中华人民共和国船员条例》	2007/3/28（2007/9/1）	
	《中华人民共和国船舶签证管理规则》	2007/5/9（2007/10/1）	
	《中华人民共和国航运公司安全与防污染管理规定》	2007/5/9（2008/1/1）	
	《游艇安全管理规定》	2007/7/8（2008/1/1）	
	《中华人民共和国船员服务管理规定》	2007/7/8（2008/10/2）	
	《国内船舶管理业规定（修正版）》	2009/1/5（2009/7/1）	
	《中华人民共和国海员外派管理规定》	2010/12/30（2011/7/1）	
	《交通运输部关于加强救助打捞工作的意见》	2014/6/30	
	《港口安全设施目录》	2014/8/20	
	《船舶和港口污染防治白皮书》	2014/7/30	
	《"国际货物运输代理服务增值税免税管理"问题解答》	2014/7/15	
	《"十三五"港口集疏运系统建设方案》	2017/2/16	

资料来源：国家海洋局、国家海洋信息网、中华人民共和国自然资源部、中国交通运输协会。

4. 海岛保护相关法规（见表4－1－4）

表4－1－4　　　　　　　　　　　　海岛保护相关法规

效力级别	法规名称	通过或颁布日期（生效日期）
国家法律	《中华人民共和国海岛保护法》	2009/12/26（2010/3/1）
行政法规、国务院文件	《中华人民共和国政府关于中华人民共和国领海基线的声明》	1996/6/15
	《无居民海岛保护与利用管理规定》	2003/6/17
	《省级海岛保护规划编制管理办法》	2010/8/25
	《海岛名称管理办法》	2010/6/28
	《无居民海岛使用申请审批试行办法》	2011/4/20
	《无居民海岛开发利用审批办法》	2016/12/26

资料来源：国家海洋局、国家海洋信息网、中华人民共和国自然资源部、中国海岛网。

5. 海底管理相关法规（见表 4—1—5）

表 4—1—5   **海底管理相关法规**

效力级别	法规名称	通过或颁布日期（生效日期）
行政法规、 国务院文件	《铺设海底电缆管道管理规定》	1989/1/20
	《中华人民共和国水下文物保护管理条例》	1989/10/20
	《海底电缆管道保护规定》	2003/12/30（2004/3/1）
	《外商参与打捞中国沿海水域沉船沉物管理办法》	1992/7/12

资料来源：国家海洋局、国家海洋信息网、中华人民共和国自然资源部。

6. 其他涉海相关法规（见表 4—1—6）

表 4—1—6   **其他涉海相关法规**

效力级别	法规名称	通过或颁布日期 （生效日期）	修正日期
国家法律	《中华人民共和国渔业法》	1986/1/20（1986/7/1）	2000/10/31 第一次修正 2004/8/28 第二次修正 2009/8/27 第三次修正 2013/12/28 第四次修正
	《中华人民共和国矿产资源法》	1986/3/19（1986/10/1）	1996/8/29
	《中华人民共和国海关法》	1987/1/22（1987/7/1）	2000/7/8 第一次修正 2013/6/29 第二次修正 2013/12/28 第三次修正 2017/11/4 第四次修正
	《中华人民共和国测绘法》	1992/12/28（1993/7/1）	2002/8/29 第一次修正 2002/4/27 第二次修正
	《中华人民共和国可再生能源法》	2005/2/28（2006/6/1）	2009/12/26
	《中华人民共和国治安管理处罚法》	2005/8/28（2006/3/1）	2012/10/26
	《中华人民共和国物权法》	2007/3/16（2007/10/1）	2000/10/31 第一次修正 2004/8/28 第二次修正 2009/8/27 第三次修正 2013/12/28 第四次修正
行政法规、 国务院文件	《中华人民共和国海关行政处罚实施条例》	2004/9/1（2004/11/1）	
	《中华人民共和国涉外海洋科学研究管理规定》	1996/6/18（1996/10/1）	
	《中华人民共和国对外合作开采海洋石油资源条例》	1982/1/12（1982/1/30）	
	《围填海计划管理办法》	2011/12/29	
	《南极考察活动行政许可管理规定》	2014/6/5	
	《区域建设用海规划编制技术规范（试行）》	2016/8/31	
	《南极考察活动环境影响评估管理规定》	2017/5/18	
	《海岸线保护与利用管理办法》	2017/1/19	

资料来源：国家海洋局、国家海洋信息网、中华人民共和国自然资源部。

二、中国海洋战略规划

1.《中共十九大报告》相关内容(见表4—1—7)

表4—1—7　　　　　　　　　　　　　　《十九大报告》相关内容

十九大对十八大在海洋方面取得的成就总结	1. 经济建设取得重大成就。区域发展协调性增强,"一带一路"建设成效显著 2. 创新驱动发展战略大力实施,创新型国家建设成果丰硕,天宫、蛟龙、天眼、悟空、墨子、大飞机等重大科技成果相继问世 3. 南海岛礁建设积极推进
十九大提出要加快建设海洋强国	1. 相比于十八大的区别:"加快"两字 海洋强国的基本条件是海洋经济高度发达,在经济总量中的比重和对经济增长的贡献率较高,海洋开发、海洋保护能力强。当前,蓝色正逐渐渗入中国经济的底色。中国经济形态和开放格局呈现出前所未有的"依海"特征,中国经济已是高度依赖海洋的开放型经济。此前已经提出,要提高海洋及相关产业、临海经济对国民经济和社会发展的贡献率,努力使海洋经济成为推动国民经济发展的重要引擎。有理由认为,今后中国将在发展海洋经济、加强陆海统筹方面投入更大精力。 2. 十九大与十八大对海洋的政策态度不变 ①中国建设海洋强国绝不是要"称霸海洋" ②中国将一如既往重视海洋生态环境保护
十九大未来五年与海洋发展相关的规划部署	1. 实施区域发展战略。坚持陆海统筹,加快建设海洋强国 2. 推动形成全面开放新格局。要以"一带一路"建设为重点,坚持引进来和走出去并重,遵循共商共建共享原则,加强创新能力开放合作,形成陆海内外联动、东西双向互济的开放格局 3. 赋予自由贸易试验区以更大改革自主权,探索建设自由贸易港口 4. 加快生态文明体制改革,建设美丽中国。着力解决突出环境问题。加快水污染防治,实施流域环境和近岸海域综合治理 5. 加大生态系统保护力度,强化湿地保护和恢复 6. 深化金融体制改革,增强金融服务实体经济能力

资料来源:《中共十九大报告》、中国海洋经济信息网。

2."十三五"规划相关内容(见表4—1—8)

表4—1—8　　　　　　　　　　　　　　"十三五"规划相关内容

篇　目	章节的相关内容
第二篇 实施创新驱动 发展战略	第六章　强化科技创新引领作用 第一节　推动战略前沿领域创新突破 加强深海、深地、深空、深蓝等领域的战略高技术部署 专栏:《"十三五"国家科技创新规划》的中国制造2030重点项目 深海空间站:开展深海探测与作业前沿共性技术及通用与专用型、移动与固定式深海空间站核心关键技术研究
第五篇 优化现代产业体系	第二十三章　支持战略性新兴产业发展 第二节　培育发展战略性产业 加强前瞻布局,在空天海洋、信息网络、生命科学、核技术等领域,培育一批战略性产业 第二十四章　加快推动服务业优质高效发展 第二节　提高生活性服务业品质 大力发展旅游业,深入实施旅游业提质增效工程,加快海南国际旅游岛建设,支持发展生态旅游、文化旅游、休闲旅游、山地旅游等

篇　目	章节的相关内容
第六篇 拓展网络经济空间	第二十五章　构建泛在高效的信息网络 第二节　构建先进泛在的无线宽带网 加快边远山区、牧区及岛礁等网络覆盖
第七篇 构筑现代基础 设施网络	第二十九章　完善现代综合交通运输体系 第一节　构建内通外联的运输通道网络 构建横贯东西、纵贯南北、内畅外通的综合运输大通道,加强进出疆、出入藏通道建设,构建西北、西南、东北对外交通走廊和海上丝绸之路走廊
	专栏:交通建设重点工程——港航设施 优化提升环渤海、长三角、珠三角港口群,加快长江、珠江—西江、淮河、闽江等内河高等级航道建设,大力推进上海、天津、大连、厦门等国际航运中心建设,有序推进沿海港口集装箱、原油、液化天然气等专业化泊位建设,稳步推进海南凤凰岛等国际邮轮码头建设,提高港口智能化水平
	第三十章　建设现代能源体系 第一节　推动能源结构优化升级 加快发展生物质能、地热能,积极开发沿海潮汐能资源。完善风能、太阳能、生物质能发电扶持政策 加强陆上和海上油气勘探开发,有序开放矿业权,积极开发天然气、煤层气、页岩油(气) 专栏:能源发展重大工程 (1)可再生能源:有序优化沿海风电项目 (2)非常规油气:推动深海石油勘探开发 (3)能源关键技术装备:加快推进非常规油气勘探开发、深海油气开发、海上风电等技术研发应用
第九篇 推动区域协调发展	第三十八章　推动京津冀协同发展 第四节　扩大环境容量和生态空间 加强饮用水源地保护,联合开展河流、湖泊、海域污染治理
	第三十九章　推进长江经济带发展 第一节　构建高质量综合立体交通走廊 大力发展江海联运、水铁联运,建设舟山江海联运服务中心
	第四十一章　拓展蓝色经济空间 坚持陆海统筹,发展海洋经济,科学开发海洋资源,保护海洋生态环境,维护海洋权益,建设海洋强国 第一节　壮大海洋经济 优化海洋产业结构,发展远洋渔业,推动海水淡化规模化应用,扶持海洋生物医药、海洋装备制造等产业发展,加快发展海洋服务业。发展海洋科学技术,重点在深水、绿色、安全的海洋高技术领域取得突破。推进智慧海洋工程建设。创新海域海岛资源市场化配置方式。深入推进山东、浙江、广东、福建、天津等全国海洋经济发展试点区建设,支持海南利用南海资源优势发展特色海洋经济,建设青岛蓝谷等海洋经济发展示范区 第二节　加强海洋资源环境保护 深入实施以海洋生态系统为基础的综合管理,推进海洋主体功能区建设,优化近岸海域空间布局,科学控制开发强度。严格控制围填海规模,加强海岸带保护与修复,自然岸线保有率不低于35%。严格控制捕捞强度,实施休渔制度。加强海洋资源勘探与开发,深入开展极地大洋科学考察。实施陆源污染物达标排海和排污总量控制制度,建立海洋资源环境承载力预警机制。建立海洋生态红线制度,实施"南红北柳"湿地修复工程和"生态岛礁"工程,加强海洋珍稀物种保护

篇　目	章节的相关内容
第九篇 推动区域协调发展	加强海洋气候变化研究,提高海洋灾害监测、风险评估和防灾减灾能力,加强海上救灾战略预置,提升海上突发环境事故应急能力。实施海洋督察制度,开展常态化海洋督察。 第三节　维护海洋权益 有效维护领土主权和海洋权益。加强海上执法机构能力建设,深化涉海问题历史和法理研究,统筹运用各种手段维护和拓展国家海洋权益,妥善应对海上侵权行为,维护好我管辖海域的海上航行自由和海洋通道安全。积极参与国际和地区海洋秩序的建立和维护,完善与周边国家涉海对话合作机制,推进海上务实合作。进一步完善涉海事务协调机制,加强海洋战略顶层设计,制定海洋基本法。 专栏:海洋重大工程 (一)蓝色海湾整治 在胶州湾、辽东湾、渤海湾、杭州湾、厦门湾、北部湾等开展水质污染治理和环境综合整治,增加人造沙质岸,恢复自然岸线、海岸原生风貌景观在辽东湾、渤海湾等围填海区域开展补偿性环境整治和人工湿地建设。 (二)蛟龙探海 突破"龙宫一号"深海实验平台建造关键技术,建造深海移动式和坐底式实验平台。研发集深海环境监测和活动探测于一体的深海探测系统。推进深海装备应用共享平台建设 (三)雪龙探极 在北极合作新建岸基观测站,在南极新建科考站,新建先进破冰船,提升南极航空能力,初步构建极地区域的陆海空观测平台。研发适用于极地环境的探测技术及装备,建立极地环境与资源潜力信息和业务化应用服务平台。 (四)全球海洋立体观测网 统筹规划国家海洋观(监)测网布局,推进国家海洋环境实时在线监控系统和海外观(监)测站点建设,逐步形成全球海洋立体观(监)测系统,加强对海洋生态,洋流,海洋气象等观测研究
第十篇 加快改善生态环境	第四十二章　加快建设主体功能区 第一节　推动主体功能区布局基本形成 推动形成可持续的海洋空间开发格局
	第四十三章　推进资源节约集约利用 专栏:资源节约集约循环利用重大工程 全民节水行动:实施海岛海水淡水示范工程
	第四十四章　加大环境综合治理力度 第一节　深入实施污染防治行动计划 加强重点流域、海域综合治理
	第四十五章　加强生态保护修复 专栏:山水林田湖重点工程 国土综合整治:开展重点流域、海岸带和海岛综合治理
第十一篇 构建全方位 开放新格局	第四十九章　完善对外开放战略布局 第一节　完善对外开放区域布局 加快海关特殊监管区域整合优化升级,提高边境经济合作区、跨境经济合作区发展水平。提升经济技术开发区的对外合作水平 支持沿海地区全面参与全球经济合作和竞争,发挥环渤海、长三角、珠三角地区的对外开放门户作用,率先对接国际高标准投资和贸易规则体系,培育具有全球竞争力的经济区

续表

篇 目	章节的相关内容
	第一节 深入推进国际产能和装备制造合作 以钢铁、有色、建材、铁路、电力、化工、轻纺、汽车、通信、工程机械、航空航天、船舶和海洋工程等行业为重点,采用境外投资、工程承包、技术合作、装备出口等方式,开展国际产能和装备制造合作,推动装备、技术、标准、服务走出去。
	第五十章 健全对外开放新体制 第一节 营造优良营商环境 提高自由贸易试验区建设质量,深化在服务业开放、金融开放和创新、投资贸易便利化、事中事后监管等方面的先行先试,在更大范围推广复制成功经验。
	第五十一章 推进"一带一路"建设 第一节 畅通"一带一路"经济走廊 支持中欧等国际集装箱运输和邮政班列发展。 积极推进"21世纪海上丝绸之路"战略支点建设,参与沿线重要港口建设与经营,推动共建临港产业集聚区,畅通海上贸易通道。推进公铁水及航空多式联运,构建国际物流大通道,加强重要通道、口岸基础设施建设。建设新疆丝绸之路经济带核心区、福建"21世纪海上丝绸之路"核心区。打造具有国际航运影响力的海上丝绸之路指数
	第二节 推动完善国际经济治理体系 积极参与网络、深海、极地、空天等领域国际规则制定
第十七篇 加强和创新 社会治理	第七十二章 健全公共安全体系 第一节 提升防灾减灾救灾能力 全面提高抵御气象、水旱、地震、地质、海洋等自然灾害综合防范能力。健全防灾减灾救灾体制,完善灾害调查评价、监测预警、防治应急体系
	第一节 强化突发事件应急体系建设 强化危险化学品处置、海上溢油、水上搜救打捞、核事故应急、紧急医疗救援等领域核心能力,加强应急资源协同保障能力建设
第十九篇 统筹经济建设 和国防建设	第七十八章 推进军民深度融合发展 实施军民融合发展工程,在海洋、太空、网络空间等领域推出一批重大项目和举措,打造一批军民融合创新示范区,增强先进技术、产业产品、基础设施等军民共用的协调性。加强国防边海防基础设施建设

资料来源:《中华人民共和国国民经济和社会发展第十三个五年规划纲要》。

3.《全国海洋经济发展"十三五"规划》(见表4—1—9～表4—1—18)

(1)基本原则与发展目标

基本原则:①开放拓展、合作共享。②陆海统筹、协调发展。③绿色发展、生态优先。④改革创新、提质增效。

表4—1—9 "十三五"海洋经济发展主要目标

指标名称		2015	2020	指标属性
综合实力	海洋生产总值年均增长(%)	8.1	7	预期性
	海洋生产总值占国内生产总值的比重(%)	9.4	9.5	预期性

续表

指标名称		2015	2020	指标属性
科技创新	海洋研究与试验发展经费投入强度（％）	2	＞2.5	指导性
	海洋科技成果转化率（％）	＞50	＞55	预期性
产业结构	海洋新兴产业增加值年均增速（％）	19.8	（＞20）	预期性
	海洋服务业增加值占海洋生产总值比重（％）	52	＞55	预期性
实会民生	新增涉海就业人员数（万人）	［239］	［250］	预期性
	海洋科普与教育基地（个）	［206］	［400］	指导性
资源环境	近岸海域水质优良（一、二类）比例（％）	68	70	约束性
	大陆自然岸线保有率（％）		＞35	约束性

注：［ ］内为五年累计数，（ ）内为五年平均数。

（2）优化海洋经济发展布局

表 4—1—10　　　　　　　　三大海洋经济圈及其主要海域的功能定位

经济圈	海域	功能定位
北部海洋经济圈	辽东半岛沿岸及海域	东北地区对外开放的重要平台 东北亚重要的国际航运中心 全国先进装备制造业和新型原材料基地 重要的科技创新与技术研发基地 重要的海洋生态休闲旅游目的地 生态环境优美和人民生活富足的宜居区
	渤海湾沿岸及海域	京津冀协同发展和环渤海合作发展的重点地区 是区域整体协同发展改革引领区 全国创新驱动经济增长新引擎 生态修复环境改善示范区
	山东半岛沿岸及海域	具有较强国际竞争力的现代海洋产业集聚区 具有世界先进水平的海洋科技教育核心区 海洋经济改革开放先行区 全国重要的海洋生态文明示范区
东部海洋经济圈	江苏沿岸及海域	"丝绸之路经济带"与"21世纪海上丝绸之路"的重要交汇点 新亚欧大陆桥经济走廊重要战略节点 陆海统筹和江海联动发展先行区 东中西区域合作示范区 生态环境优美、人民生活富足的宜居区
	上海沿岸及海域	国际经济、金融、贸易、航运和科技创新中心
	浙江沿岸及海域	我国重要的大宗商品国际物流中心 海洋海岛开发开放改革示范区 现代海洋产业发展示范区 海洋渔业可持续发展示范区 海洋生态文明和清洁能源示范区

经济圈	海域	功能定位
南部海洋经济圈	福建沿岸及海域	两岸人民交流合作先行先试区 "21世纪海上丝绸之路"建设核心区 东部沿海地区先进制造业的重要基地 我国重要的自然和文化旅游中心,生态文明试验区
	珠江口及其两翼沿岸及海域	全国新一轮改革开放先行地 我国海洋经济国际竞争力核心区 "21世纪海上丝绸之路"重要枢纽 促进海洋科技创新和成果高效转化集聚区 海洋生态文明建设示范区 南海资源保护开发的重要基地 海洋综合管理先行区
	广西北部湾沿岸及海域	构建西南地区面向东盟的国际出海主通道 打造西南中南地区开放发展新的战略支点 形成"丝绸之路经济带"与"21世纪海上丝绸之路"有机衔接的重要门户
	海南岛沿岸及海域	我国旅游业改革创新的试验区 世界一流的海岛休闲度假旅游目的地 全国生态文明建设示范区 国际经济合作和文化交流的重要平台 南海资源开发和服务基地 国家热带现代农业基地

表 4—1—11　　　　　　　　　海岛开发保护与深远海空间开发

海岛开发与保护	推进重点海岛开发建设
	合理开发近岸海岛
	支持边远海岛发展
	严格海岛资源保护和开发管理
深远海空间拓展	持续开展国际海底矿产资源调查与评估,积极推动新矿区申请
	加强对国际海域勘探区、通航区及典型区域的环境调查与评价
	着力提升深海技术装备能力,实施"蛟龙探海"工程,深入开展深海生物资源调查和评价,建设国家深海生物资源库及服务平台
	推进深海矿业、深海装备制造、深海生物资源利用产业化
	创新国际海域管理机制,推进国际海域资源调查与开发,由国家为主体向国家主导、社会广泛参与转变
	开展极地环境综合考查与资源潜力评估,实施"雪龙探极"工程

（3）推进海洋产业优化升级（见表4－1－12）

表 4－1－12　　　　　　　　　　推进海洋产业升级

优化升级 内容	海洋产业	内　容
调整优化 海洋传统 产业	海洋渔业	严格控制近海捕捞强度 加快调整和改革渔业油价补贴政策 加快建设海洋牧场示范区,实现海洋渔业可持续发展 发展远洋渔业 大力发展海水健康养殖 支持海洋渔业育种研究,构建现代化良种繁育体系 完善水产疫病防控体系 提升水产品精深加工能力 发展水产品交易市场 提高国际大宗水产品定价权,大力发展多元化休闲渔业 加强渔政渔港等基础设施建设 开展"互联网＋"现代渔业行动,提升海洋渔业信息化水平
	海洋油气业	建立油气开发用海协调机制,继续推进近海油气勘探开发;支持深远海油气勘探开发 进一步加大对海上稠油、低渗等难动用油气储量开发的支持力度 海洋油气产量稳步增长 积极加强国际合作 加强沿海 LNG 接卸能力建设,提高周转调配能力 支持社会资本通过参股等形式,参与海洋油气资源勘探开发
	海洋船舶工业	加快海洋船舶工业产能调整 调整优化船舶产品结构,提升高技术船舶的自主设计建造能力 培育提升船舶设计开发研究机构的能力和水平 推进军民船舶装备科研生产融合发展和成果共享 推进重点船用设备集成化、智能化、模块化发展 鼓励有实力的企业建立海外销售服务基地
	海洋交通 运输业	推动海运企业转型升级 优化海运船队结构 进一步优化沿海港口布局 建设区域港口联盟,推动资源整合优化 加强专用码头资源整合,优先发展公用码头 促进港口与城市协调发展 强化安全责任制,加强应急处置能力 加快水路与铁路、公路、航空运输协同发展,推进多式联运 发展以港口为枢纽的物流体系
	海洋盐业 及化工业	科学规划原盐生产布局,加快盐田改造 重点发展海洋精细化工 推进"水—电—热—盐田生物—盐—盐化"一体化,形成一批重点海洋化学品和盐化工产业基地 重点开发生产海洋防腐涂料、海洋无机功能材料、海洋高分子材料等新产品,建设一批海洋新材料产业基地 积极开发海藻化工新产品 推进石化产业结构调整和优化升级,建设安全、绿色的石化基地,形成具有国际竞争力的产业集群

优化升级内容	海洋产业	内　　容
培育壮大海洋新兴产业	海洋装备制造业	面向深远海资源开发,开展关键共性技术和工程设备的自主设计与制造,提升海工装备设计和建造能力,形成总装建造能力 推动海洋工程装备测试基地、海上试验场建设,形成全球高端海洋工程装备主要供应基地 提升潮汐能、波浪能及潮流能施工安装与发电装备的研发和制造能力 发展大中型海水淡化工程高效节能核心装备,建设海水淡化装备制造基地
	海洋药物和生物制品业	重点支持具有自主知识产权、市场前景广阔的、健康安全的海洋创新药物 开发具有民族特色用法的现代海洋中药产品 开发绿色、安全、高效的新型海洋生物功能制品 重点发展海洋特色酶制剂产品,微生态制剂、饲料添加剂、高效生物肥料等绿色农用制品,海洋生物基因工程制品以及海洋功能食品 发展海洋生物材料 在具备海洋生物技术研发优势和生物产业发展基础的城市,组建产学研相结合的创新战略联盟
	海水利用业	推动海水淡化水进入市政供水管网,积极开展海水淡化试点城市、园区、海岛和社区的示范推广,实施沿海缺水城市海水淡化民生保障工程 在滨海地区严格限制淡水冷却,推动海水冷却技术在沿海电力、化工、石化、冶金、核电等高用水行业的规模化应用 支持城市利用海水作为大生活用水的示范 推进海水化学资源高值化利用 加快海水提取钾、溴、镁等系列化产品开发,开展示范工程建设
	海洋可再生能源业	因地制宜、合理布局海上风电产业 健全海上风电产业技术标准体系和用海标准 加快海洋能开发应用示范,突破工程设计等瓶颈 建设海岛多能互补示范工程 重点加强山东海洋能试验区、浙江潮流能潮汐能示范区、广东潮流能波浪能示范区、南海海洋能综合利用示范基地等示范电站建设
拓展提升海洋服务业	海洋旅游业	发展观光、度假、休闲、娱乐、海上运动为一体的海洋旅游 推进以生态观光、度假养生、海洋科普为主的滨海生态旅游 加强滨海景观环境建设,规划建设一批海岛旅游目的地、休闲度假养生基地 统筹规划邮轮码头建设,对国际海员、国际邮轮游客实行免签或落地签证,推进上海、天津、深圳、青岛建设"中国邮轮旅游发展实验区" 发展邮轮经济,拓展邮轮航线 支持沿海地区开发建设各具特色的海洋主题公园 在有条件的滨海城市建设综合性海洋体育中心和海上运动产业基地 发展海上竞技和休闲运动项目
	航运服务业	加快国际航运中心建设与布局 鼓励港口联盟建设 丰富上海国际航运中心指数,发展指数衍生品 支持企业参与国际海运标准规范制定,推进航运交易信息共享和服务平台建设 积极发展各类所有制航运服务企业,进一步探索国际航运发展综合试验区示范政策

续表

优化升级内容	海洋产业	内　容
拓展提升海洋服务业		引进涉海行业组织、中介机构、高等院校、科研机构等,建设海洋服务业集聚区,推进涉海金融、航运保险、船舶和航运经纪、海事仲裁等业态发展,形成国际航运中心的核心功能区和总部经济
	海洋文化产业	加大海洋意识与海洋科技知识的普及与推广力度 建立一批海洋科普与教育示范基地,促进海洋文化传播 严格保护海洋文化遗产,积极推进"海上丝绸之路"文化遗产专项调查和研究 推动国家水下文化遗产保护基地建设 继续办好世界海洋日暨全国海洋宣传日、中国海洋经济博览会、世界妈祖文化论坛、中国海洋文化节、厦门国际海洋周、中国(象山)开渔节等活动 挖掘具有地域特色的海洋文化 发展海洋文化创意产业 规范建设一批海洋特色文化产业平台 支持海洋特色文化企业和重点项目发展 重点推进"21世纪海上丝绸之路"海洋特色文化产业带建设
	涉海金融服务业	加快构建多层次、广覆盖、可持续的海洋经济金融服务体系 发挥政策性金融在支持海洋经济中的示范引领作用 鼓励各类金融机构发展海洋经济金融业务,为海洋实体经济提供融资服务 鼓励金融机构探索发展以海域使用权、海产品仓单等为抵(质)押担保的涉海融资产品 引进培育并规范发展若干涉海融资担保机构,加快发展航运保险业务,探索开展海洋环境责任险 壮大船舶、海洋工程装备融资租赁,探索发展海洋高端装备制造、海洋新能源、海洋节能环保等新兴融资租赁市场
	海洋公共服务业	加快互联网、云计算、大数据等信息技术与海洋产业的深度融合,加强海洋信息化体系建设 统筹规划和整合海洋观测资源,建设我国全球海洋立体观测网 提升海洋环境专项预报水平,丰富海洋安全生产、环境保障、气象预报等专题服务产品 加快海洋咨询与论证机构建设,提高海洋工程环境影响评价、海域使用论证、海洋工程勘察等服务水平 推动海洋测绘工程建设,构建现代海洋测绘基准体系,建设海洋地理信息多层次应用服务系统 健全海洋标准计量服务体系,建设全国海洋标准信息服务平台;对海上渔船安全实行实时监控,完善海上搜救应急服务,积极推进搜救活动的双边、多边和区域合作
促进产业集群化发展		创新体制机制,加大支持力度,促进产业集聚,以海洋经济发展示范区为引领,培育壮大一批海洋特色鲜明、区域品牌形象突出,产业链协同高效、核心竞争力强的优势海洋产业集群和特色产业链

（4）促进海洋经创新发展（见表4—1—13）

表 4-1-13 促进海洋经创发展

创新内容	领 域	内 容
支持海洋重大科技创新	深海关键技术与装备领域	重点突破全海深潜水器和载人装备研制、深远海核动力浮动平台技术等关键技术,建设深海空间站,开展深海能源矿产开发核心技术装备研发及运用
	深水油气资源开发领域	突破深水钻井设施、深水平台及系泊等核心关键技术
	海水养殖与海洋生物技术领域	发展深远海养殖装备与技术,加强海洋候选药物成药技术研究,攻克海洋药物先导化合物发现技术
	海水淡化领域	加快推进海水淡化反渗透膜材料及元件等核心部件和关键设备的研发应用,开展新型海水淡化关键技术研究
	船舶与海洋工程装备制造领域	进一步加强绿色环保船舶、高技术船舶、海洋工程装备设计建造的基础共性技术、核心关键技术、前瞻先导性技术研发,加强船舶与海洋工程装备配套系统和设备等研制
推动海洋科技成果转化	企业创新	强化企业创新主体地位和主导作用,支持涉海科技型中小企业发展,鼓励企业开展海洋技术研发与成果转化
	平台建设	海洋重大科技创新平台建设:促进海洋科技资源优化整合、协同创新
		海洋产业创新联盟:以市场为导向、金融为纽带、产学研相结合
		海洋众创平台建设
		新型创业创新服务机构
		与互联网融合创新打造众创、众包、众扶、众筹空间
	示范	继续推进海洋经济创新发展示范工作、海洋高技术产业示范基地和国家科技兴海产业示范基地的试点工作
	科研	建设海洋科技成果交易和转化的公共服务平台,支持涉海高等学校、科研院所、重点实验室向社会开放,共享科研仪器设备、科技成果。
		鼓励社会资本投资国家深海生物基因库、深海矿产样品库等,通过企业化运作,为社会科学研究与产业发展提供服务
深化海洋经济发展试点	重点任务	优化海洋经济空间发展格局
		构建现代海洋产业体系
		强化涉海基础设施建设
		完善海洋公共服务体系
		构建蓝色生态屏障
		创新海洋综合管理体制机制
	深入推进全国海洋经济发展试点建设	建设一批海洋经济发展示范区
		进一步优化海洋经济发展布局
		提高海洋经济综合竞争力
		探索海洋资源保护开发新路径和海洋综合管理新模式
		打造海洋经济发展重要增长极,总结可复制、可推广的经验,为全国海洋经济发展提供示范借鉴

续表

创新内容	领　域	内　容
创新海洋人才体制机制	培养模式创新	紧密结合重大项目和关键技术攻关,引导推动海洋人才培养链与产业链、创新链有机衔接
		加强多层次、跨行业、跨专业的海洋人才培养,支持一批综合性大学、海洋大学和涉海科研院所组建海洋科技创新团队
		健全海洋科技创新和人才培养机制
		引导和鼓励涉海企业建立创新人才培养、引进和股权激励制度
		支持科研单位和科研人员分享科技成果转化收益
	科研人员	落实涉海科研人员离岗创业政策,建立健全科研人员双向流动机制
		提升海洋产业人才信息服务,促进海洋人才资源合理流动

（5）加强海洋生态文明建设（见表 4－1－14）

表 4－1－14　　　　　　　　　　　加强海洋生态文明建设

建设方面	重　点	内　容
强化海洋生态保护修复	加强海洋生态保护	建立海洋生态保护红线制度,实施强制保护和严格管控
		实施沿海防护林体系建设工程,加大沿海基干林带建设和修复力度
		加快海洋自然保护区、水产种质资源保护区、海洋公园等海洋类保护区的选划与建设,加大保护区规范化建设投入,加强海洋类保护区生态监控,实现国家级海洋类保护区管理全覆盖
		加快建立陆海统筹的生态系统保护修复和污染防治区域联动机制,建立健全环渤海、长三角区域海洋生态环境保护机制
		加强海岸带生态保护与修复,在滨海城市实施"蓝色海湾"工程
		防范海洋生态损害与生物入侵,加强入境船舶检疫监管
		完善海洋生态环境补偿制度与机制,探索多元化生态补偿方式
		完善海洋生态环境保护责任追究和损害赔偿制度,加强海洋生态环境损害评估,落实生态环境损害修复责任
	推进海洋生态整治修复	在湿地、海湾、海岛、河口等重要生境,开展生态修复和生物多样性保护
		实施"南红北柳"湿地修复工程,构筑沿海地区生态安全屏障
		实施"生态岛礁"修复工程,选取典型海岛开展植被、岸线、沙滩及周边海域等修复,恢复受损海岛地貌和生态系统
加强海洋环境综合治理	指标	加强污染源监控的数据共享,实施联防联治,建立并实施重点海域排污总量控制制度,确定主要污染物排海总量控制指标
	监督、执法	沿海地方政府要加强对沿海城镇入海直排口的监督与管理
		严格海洋石油开采、海水养殖、海洋船舶等海上污染检查执法,加强沿海地区生活垃圾收集、储运和安全处置

建设方面	重　点	内　　容
加强海洋环境综合治理	制度	推进国内船舶环境保护责任延伸制度建设
		建立海洋环境通报制度,沿海地方政府要向同级人大报告海洋环境状况
		沿海各级政府要建立海洋环境信息公开发布制度,完善公众参与程序
	监测	提升国家海洋环境监测能力,推进国家海洋环境实时在线监控系统建设,进一步完善海洋环境观测网
		继续加强渤海环境综合整治
		开展区域海洋资源环境承载能力监测预警,推进近岸海域水质评估考核,实施海上污染物排放许可证制度,开展重大工程建设、海洋倾废全过程监管
集约节约利用海洋资源	围填海	严格执行《围填海管控办法》《围填海计划管理办法》,对围填海面积实行约束性指标管理
		引导新增建设项目向区域用海规划范围内聚集
	政策	制定出台加强沿海滩涂保护与开发管理的政策意见
		严格落实海洋主体功能区规划,依法执行海洋功能区划、海域权属管理、海域有偿使用制度,实施差别化用海政策
		保障国家重大基础设施、海洋新兴产业、绿色环保低碳与循环经济产业、重大民生工程等建设项目用海需求
		根据《海岸线保护与利用管理办法》,实行海岸线严格保护、限制开发和优化利用制度,严格限制改变海岸自然属性的开发利用活动
	工程	统筹实施退养还滩、退养还湿、岸线整护、增殖放流、人工鱼礁等综合整治修复工程,到2020年整治和修复的海岸线不少于2 000公里
		严格无居民海岛管理,禁止炸岛、采挖砂石、采伐林木
		严格限制实体坝连岛工程等损害岛屿及周围海域自然生态的活动
促进海洋产业低碳发展	海洋产业能耗结构调整	鼓励发展低耗能、低排放的海洋服务业和高技术产业
		强化能评环评约束作用,对海洋油气、海洋化工、海洋交通运输等高耗能产业实施节能减排
		加快淘汰落后、过剩产能
	清洁能源	因地制宜发展海岛太阳能、海上风能、潮汐能、波浪能等可再生能源
		围绕海水养殖、海洋药物与生物制品、海水利用、海洋化工、海洋盐业等领域,继续开展循环利用示范
	活动	依托海洋产业园区,促进企业间建立原料、动力综合利用的产业联合体
		鼓励开展海洋产业节能减排、低碳发展的信息咨询和技术推广活动

续表

建设方面	重点	内容
提高海洋防灾减灾能力	防灾	加强防灾减灾基础设施建设和海洋灾害风险评估,危险品生产企业严格执行预警信息发布和上报制度
		提高防灾标准,努力实现从减少海洋自然灾害损失向降低海洋自然灾害风险转变
		加强渔业生产、海洋航线、海上工程、海上搜救等专项预报保障能力
	减灾	充分发挥海洋碳汇作用,启动蓝色碳汇行动
		建立海洋环境灾害和重大突发事件风险评估体系,针对赤潮(绿潮)高发区、石油炼化、油气储运、核电站等重点区域,开展海洋环境风险源排查和综合性风险评估
		加强海洋气象综合保障,完善海洋气象综合观测、预报预警和公共服务系统,提高海洋气象防灾减灾能力
		加强海上石油勘探开发溢油风险实时监测及预警预报,防范海上石油平台、输油管线、运输船舶等发生泄漏,完善海上溢油应急预案体系,建立健全溢油影响评价机制
		提高灾害信息服务水平,深化灾害应急联动协作机制
		建立专业应急救援队伍,发展应对灾害的救援产品与特种装备,研究制定海洋应急处置管理办法

（6）加快海洋经济合作发展（见表4－1－15）

表 4－1－15　　　　　　　　　　加快海洋经济合作发展

合作发展	重点	内容
推进海上互联互通建设	推进国内航运港口建设	整合国内沿海港口资源,构筑"21世纪海上丝绸之路"经济带枢纽和对外开放门户
		推进深圳、上海等城市建设全球海洋中心城市,在投融资、服务贸易、商务旅游等方面进一步提升对外开放水平和国际影响力,打造成为"21世纪海上丝绸之路"的排头兵和主力军
		继续推进环渤海、长三角、珠三角、东南沿海、西南沿海等区域港口群建设,拓展开发国际航线和出海通道,对接全球互联互通大格局
	推进海外航运港口支点建设	加强国际港口间合作,支持大型港航企业实施国际化发展战略
		结合市场需求,通过收购、参股、租赁等方式,参与海外港口管理、航道维护、海上救助,为远洋渔业、远洋运输、海外资源开发等提供商业服务
促进海洋产业有效对接	"走出去"战略	引导涉海企业按照市场化原则建立境外生产、营销和服务网络
		鼓励涉海企业、科研院所与国外相关机构开展联合设计与技术交流
		建立产业技术创新联盟,推动海洋工程建筑、海洋船舶、海洋工程装备制造等海洋先进制造业对外合作
	产业合作	加快推进海水养殖、海水淡化与综合利用、海洋能开发利用等产业的产能合作和技术输出
		支持渔业企业在海外建立远洋渔业和水产品加工物流基地

合作发展	重　点	内　容
推动海洋经济交流合作	产业园区	开展国际邮轮旅游,与周边国家建立海洋旅游合作网络,促进海洋旅游便利化
		依托海外港口支点建设,与周边国家合作建设临港海洋产业园区
		吸引国内涉海企业到园区落户,规避投资风险,提高投资效率,优化产业链条,提升配套能力,促进产业集群发展
	海洋科技教育	结合海洋科技重点需求、国际科技合作总体布局,支持海外联合研究中心(实验室)建设,开展海洋与气候变化研究及预测评估合作
		推动形成国际区域海洋科技产业联盟,促进海洋技术产业化
		开展涉海职业培训合作、涉海资格互认
		推动建立并完善海洋科技教育合作机制和海洋科技论坛,联合举办各类海洋教育培训班
		加强中外海洋教育机构合作办学,提供中国政府奖学金资助国外相关专业学生来华学习
	海洋生态环保	开展典型海洋生态系统和生物多样性保护、海洋濒危物种保护和外来入侵物种监测与防范合作,建立海洋生物样品库和重要海洋生物种质资源库
		发起和开展联合航次调查,提高深远海海洋观测能力
		开展基于生态系统的海洋综合管理研究,合作研发海洋环境保护与生态修复技术,联合实施海洋生态监测和环境灾害管理
		拓展海洋预报预警系统研制的区域合作
		搭建海洋保护区交流平台,开展海洋保护区管理经验交流和技术分享
	海洋防灾减灾	加强与沿海国家特别是"21世纪海上丝绸之路"沿线国家的海上救援国际合作,进一步完善海上救援合作机制
		在南海及其他重要海域建设海上救援基地,加强海上救援联合演练
		强化区域海洋灾害、海洋气象灾害的观测预警基础能力,提升南海区域海啸预警能力,推动"21世纪海上丝绸之路"沿线国家灾害信息共享
健全对外合作支撑体系	加强政府指导与服务	推动与重点国家商签政府间投资合作协议
		充分发挥丝路基金、中国—东盟海上合作基金及亚洲基础设施投资银行等作用,鼓励政策性银行对符合条件的涉海项目提供信贷支持,推动商业性投资基金和社会资本共同参与国际海洋经济合作
		发挥中国—东盟海洋合作中心、东亚海洋合作平台等作用,提升海洋对外交流合作水平
		建立海洋产业海外投资信息库,定期发布各国投资环境信息报告,引导投资主体或中介机构建立行业细分信息交流平台
		建立沿线国家对外合作风险评估与预警机制,降低企业海外投资风险
		支持沿海地方发挥优势,积极引导企业开展国际合作,广泛参与"21世纪海上丝绸之路"建设

续表

合作发展	重　点	内　容
	完善市场化服务	完善对外投资社会中介服务体系,发展金融服务、信息咨询、法律咨询和援助、会计审计、税务咨询、市场调查和营销咨询等服务功能
		完善海外投资保险业务,鼓励和引导国内保险机构结合实际自主开发涉海企业海外投资风险险种
		鼓励在海外投资的涉海企业利用海外资本市场,推动符合条件的跨国涉海企业发行不同期限的债务与股权融资工具

（7）深化海洋经济体制改革(见表4-1-16)

表4-1-16　　　　　　　　　　　**深化海洋经济体制改革**

改革	重　点	内　容
健全现代海洋经济市场体系	市场制度	加快形成统一开放、竞争有序的现代海洋经济市场体系,促进海洋经济要素自由有序流动
	产权制度	建立归属清晰、权责明确、保护严格、流转顺畅的海洋产权制度,在沿海中心城市推动建立海洋产权交易服务平台,开展海域使用权抵押及交易,探索海洋碳排放交易试点,实现海洋各类资源与要素的市场化配置
		加快培育海洋领域技术市场,健全知识产权运用体系和技术转移机制
	社会服务	加快涉海科研事业单位改革步伐,加强与社会资本合作
		加快海洋公共服务领域开放,扩大海洋环境专项预报、海上搜救服务、海洋地理信息服务、重大科研设施等面向社会的服务功能
		建立海洋公共服务有偿使用制度,推进调查船队、海洋装备测试基地、深海生物资源样品库等市场化应用。
理顺海洋产业发展体制机制	产业结构	推进重点产业结构性改革,加速海洋产业结构调整
	渔业	整合优化各类中央财政涉渔专项资金,引导渔民减船转产
	海水淡化	重点推进海水淡化供给体制改革,将海水淡化水作为沿海地区水资源的重要补充和战略储备,纳入水资源统一配置,在天津、青岛、舟山等一批沿海缺水城市和海岛,统筹规划、建设、管理海水淡化供给的市政配套设施,制定海水淡化水入网,水价政府补贴政策
加快海洋经济投融资体制改革	创新	创新财政资金投入方式,利用现有资金对海洋产业发展予以适当支持,鼓励和引导金融资金和民间资本进入海洋领域,支持涉海高技术中小企业在产业化阶段的风险投资、融资担保
	基金	支持有条件的地区建立各类投资主体广泛参与的海洋产业引导基金
	分类	分类引导政策性、开发性、商业性金融机构,各有侧重地支持和服务海洋经济发展
	拓展	引导海洋产业与多层次资本市场对接,拓展涉海企业融资渠道

改革	重　点	内　　容
推动海洋信息资源共享	机制	建立跨领域、跨行业、跨地区的海洋信息共享机制和军民联动机制
		推动涉海部门、行业内部海洋信息整合及部门间核心业务系统的互联互通
	信息互通	开发智能化的海洋综合管控、开发利用与公共智慧应用服务,推动海洋信息互联互通,实现国家海洋信息的有效共享
		加快建立海洋数据资料的社会化和公开性服务机制,逐步实现政府海洋数据面向社会的安全有效开放。。
		形成与建设海洋强国要求相适应的国家海洋信息保障体系

(8)保障措施(见表4－1－17)

表 4－1－17　　　　　　　　　保障措施

措施	重　点	内　　容
加强宏观指导	全国规划	充分发挥促进全国海洋经济发展部际联席会议作用,加强对全国海洋经济发展规划实施的指导、监督和评估,协调解决海洋经济发展政策与机制创新中的重大问题
	国务院	国务院各有关部门要按照职责分工,落实责任,提高行政管理效能,制定促进海洋经济发展的政策措施
	中央与地方	提高中央与地方海洋经济管理工作的联动性,健全完善跨区域协调机制,建立促进军民融合发展的工作机制
	沿海政府	沿海地方政府加大对海洋经济发展的支持力度,研究制定促进本地区海洋经济发展的政策措施
	企业	发挥企业在海洋经济领域的主导作用,在产业集中度较高的城市,支持组建各类涉海行业协会、商会,增强行业自律、信息互通、资源共享和产业合作
完善制度体系	主体功能区	切实发挥海洋主体功能区规划的基础性和指导性作用,加快编制与实施沿海省级海洋主体功能区规划
		严格执行海洋功能区划制度,加强海洋功能区划实施的跟踪与评估
	专项规划	编制实施海岛保护、国际海域资源调查与开发、海洋科技创新、海水利用、海洋工程装备等专项规划,加强专项规划的环境影响评价
	法规	推进海洋基本法、南极立法相关工作,加强海洋防灾减灾、海洋科研调查、海水利用等方面的立法,完善深海海底矿产资源开发法、海域使用管理法、海洋环境保护法、海岛保护法、海上交通安全法、矿产资源法、渔业法等法律法规的配套制度
		加强地方海洋立法工作的指导,支持沿海地区进行制度创新和改革
	行政	加强行政决策程序建设,完善海洋行政许可制度,强化执法监督检查
	监督	实施海洋督察制度,开展常态化海洋督察。健全海洋普法宣传教育机制
		建立海洋质量技术监督体系,加强海洋标准化、计量、检验检测和认证认可,建立海洋质量考核评价制度和质量事故责任追究制度

续表

措施	重点	内　　容
强化政策调节	财政政策	合理保障海洋领域节能减排、海洋生态环境保护、防灾减灾等经费需求
		通过国家科技计划（专项、基金等），统筹支持符合条件的海洋基础科学和关键技术研发
		积极支持海水利用、海水养殖、海洋可再生能源、海洋药物与生物制品、海洋装备制造、海洋文化等海洋产业的发展
		鼓励符合条件的海洋重大技术装备制造企业，按规定申请首台（套）重大技术装备保费补贴
		继续落实企业从事远洋捕捞、海水养殖、符合条件的海水淡化和海洋能发电项目的所得，免征、减征企业所得税
	投融资政策	鼓励多元投资主体进入海洋产业，研究制定海洋产业投资指导目录，确定国家鼓励类、限制类和淘汰类海洋产业
		整合政府、企业、金融机构、科研机构等资源，共同打造海洋产业投融资公共服务平台
		推进建立项目投融资机制，通过政府和社会资本合作，设立产业发展基金、风险补偿基金、贷款贴息等方式，带动社会资本和银行信贷资本投向海洋产业
		积极发展服务海洋经济发展的信托投资、股权投资、产业投资和风险投资等各类投融资模式，为涉海中小微企业提供专业化、个性化服务
	用海用岛政策	建立健全海域和无居民海岛开发利用市场化配置及流转管理制度
		推进海域使用权和无居民海岛开发利用招拍挂，支持开展无居民海岛保护开发试点，探索无居民海岛开发模式
		严格控制重点养殖区和捕捞区的建设用海和围填海，完善渔业水域补偿制度
		完善海域和海岛使用金制度，加强海域整治、保护和管理
		加强海域海岛集约节约利用，加强项目用海用岛的监督管理
开展监测评估	监测评估	加强海洋经济监测评估，提升海洋经济管理的能力和水平
	海洋报告	推进国家和省级海洋经济运行监测与评估能力建设，定期发布海洋经济发展报告、海洋经济统计公报、海洋发展指数、海洋经济景气指数等产品，引导社会预期
	海洋	健全海洋经济统计制度，完善海洋经济核算体系，推进国家、省（自治区、直辖市）、市海洋经济核算工作
	海洋调查	开展全国海洋经济调查
	海洋问题	加强海洋经济运行分析和海洋经济重大问题研究，为各级政府海洋经济的调控与调节提供支撑

措施	重 点	内 容
健全实施机制	建立与落实责任	国务院有关部门要建立规划实施与政策落实责任制,加强对本规划实施的指导、检查和监督
	各级规划	沿海地方各级人民政府要根据本规划确定的发展方向和重点,制定本地区海洋经济发展规划,创新机制,明确责任,加强领导,确保规划提出的各项任务落到实处
		规划实施中涉及的重大政策、改革试点和建设项目按规定程序另行报批
	部门规划与监督	国家发展改革委、国家海洋局会同有关部门建立健全规划评估机制,加强对本规划实施情况的评估,
		对政策落实进行督促检查,研究解决实施过程中出现的新情况、新问题,重大问题及时报告国务院

4. 重要海洋战略政策规划分类整理(见表 4—1—18)

表 4—1—18　　　　　　　　　　　要海洋战略政策规划

分类	名 称	发布日期	内 容
国家新兴战略	《国家中长期科学和技术发展纲要》	2006 年	1. 优先主题:沿海风电、海水淡化、海洋资源高效开发利用、海洋生态与环境保护、近海滩涂、浅海水域养殖和淡水养殖技术,发展远洋渔业和海上贮藏加工技术与设备、大型海洋工程技术与装备、大型高技术船舶、大型远洋渔业船舶以及海洋科考船等 2. 加强资源勘探开发装备的创新:海洋开发平台等技术 3. 前沿技术——海洋技术 　海洋环境立体监测技术 　大洋海底多参数快速探测技术 　天然气水合物开发技术 　深海作业技术
	《中国制造 2025》	2015/5/28	海洋工程装备及高技术船舶 大力发展深海探测、资源开发利用、海上作业保障装备及其关键系统和专用设备。推动深海空间站、大型浮式结构物的开发和工程化。形成海洋工程装备综合试验、检测与鉴定能力,提高海洋开发利用水平。突破豪华邮轮设计建造技术,全面提升液化天然气船等高技术船舶国际竞争力,掌握重点配套设备集成化、智能化、模块化设计制造核心技术
	《国家创新驱动发展战略纲要》	2016/5	(1)推动产业技术体系创新,创造发展新优势 ①发展智能绿色制造技术,推动制造业向价值链高端攀升:发展大飞机、航空发动机、核电、高铁、海洋工程装备和高技术船舶、特高压输变电等高端装备和产品 ②发展安全清洁高效的现代能源技术,推动能源生产和消费革命:开发深海深地等复杂条件下的油气矿产资源勘探开采技术,加快核能、太阳能、风能、生物质能等清洁能源和新能源技术开发、装备研制及大规模应用 ③发展海洋和空间先进适用技术,培育海洋经济和空间经济 (2)强化原始创新,增强源头供给 加强面向国家战略需求的基础前沿和高技术研究:加大对空间、海洋、网络、核、材料、能源、信息、生命等领域重大基础研究和战略高技术攻关力度,实现关键核心技术安全、自主、可控

续表

分 类	名　称	发布日期	内　容
			(3)实施重大科技项目和工程,实现重点跨越 面向 2030 年,坚持有所为有所不为,在深空深海探测等领域,充分论证,把准方向,明确重点,再部署一批体现国家战略意图的重大科技项目和工程
	《"十三五"国家战略性新兴产业发展规划》	2016/11/29	海洋工程装备 1. 增强海洋工程装备国际竞争力 2. 重点发展主力海洋工程装备 3. 加快发展新型海洋工程装备 4. 加强关键配套系统和设备研发及产业化 专栏:海洋工程装备创新发展工程 推动大型浮式结构物等新型装备、3 600 米以上超深水钻井平台等深远海装备、海洋极地调查观测装备等研究开发,实现科研成果工程化和产业化,促进总装及配套产业协调发展。完善海洋工程装备标准体系
	《全国科技兴海规划(2016 年~2020 年)》	2016/12/13	(1)发展目标 ①到 2020 年,我国将形成有利于创新驱动发展的科技兴海长效机制,构建起链式布局、优势互补、协同创新、集聚转化的海洋科技成果转移转化体系 ②海洋科技引领海洋生物医药与制品、海洋高端装备制造、海水淡化与综合利用等产业持续壮大的能力显著增强,培育海洋新材料、海洋环境保护、现代海洋服务等新兴产业的能力不断加强,支撑海洋综合管理和公益服务的能力明显提升 ③海洋科技成果转化率超过 55%,海洋科技进步对海洋经济增长贡献率超过 60%,发明专利拥有量年均增速达到 20%,海洋高端装备自给率达到 50% ④基本形成海洋经济和海洋事业互动互进、融合发展的局面,为海洋强国建设和我国进入创新型国家行列奠定坚实基础 (2)重点任务 ①加快高新技术转化,打造海洋产业发展新引擎 ②推动科技成果应用,培育生态文明建设新动力 ③构建协同发展模式,形成海洋科技服务新能力 ④加强国际合作交流,开拓开放共享发展新局面 ⑤创新管理机制体制,营造统筹协调发展新环境
海洋标准	《全国海洋标准化"十三五"发展规划》	2016/9/18	总结"十二五"期间海洋标准化工作成果、需求与问题,提出"十三五"期间海洋标准化的发展目标、主要任务、重大工程与保障措施等内容
海洋计量	《全国海洋标准化"十三五"发展规划》	2016/10/28	总结"十二五"期间海洋计量工作成果、需求与问题,提出"十三五"期间海洋计量的发展目标、主要任务、保障措施等内容
	《全国海洋计量"十三五"发展规划》	2016/10/28	1. 推进海洋计量科技基础研究 2. 加强海洋计量检测服务与监督 3. 健全海洋计量体系 4. 加强海洋计量检测能力建设 5. 提升海洋计量国际化水平

分类	名　　称	发布日期	内　　容
海洋运输业	《"十三五"现代综合交通运输体系发展规划》	2017/2/3	1. 加快推进21世纪海上丝绸之路国际通道建设; 2. 加强"一带一路"通道与港澳台地区的交通衔接 3. 沿海港口:稳步推进天津、青岛、上海、宁波—舟山、厦门、深圳、广州等港口集装箱码头建设 推进唐山、黄骅等北方港口煤炭装船码头以及南方公用煤炭接卸中转码头建设 实施黄骅、日照、宁波—舟山等港口铁矿石码头项目 推进唐山、日照、宁波—舟山、揭阳、洋浦等港口原油码头建设 有序推进商品汽车、液化天然气等专业化码头建设 4. 深海远海监管搜救工程:研究启动船舶自动识别系统,配置中远程监管救助载人机和无人机,提升大型监管救助船舶远海搜救适航性能,推动深海远海分布式探测作业装备研发与应用。提升南海、东海等重点海域监管搜救能力 5. 邮轮游艇服务工程:有序推进天津、大连、秦皇岛、青岛、上海、厦门、广州、深圳、北海、三亚、重庆、武汉等地邮轮码头建设,在沿海沿江沿湖等地区发展公共旅游和私人游艇业务,完善运动船艇配套服务
海洋能源	《能源发展十三五规划》	2016/12/30	海洋风电、海洋潮汐能等重点工程
	《海洋可再生能源发展"十三五"规划》	2016/12/30	提出"十三五"期间发展海洋潮汐能、潮流能、波浪能、温差能、盐差能、生物质能和海岛可再生能源等的目标、布局、任务和保障等内容
海洋渔业	《全国渔业发展第十三个五年规划》	2016/12/31	提出"十三五"全国渔业发展的总目标、发展理念、产业升级转型、各个流域产业与生态保护等内容
	《"十三五"渔业科技发展规划》	2017/1/18	分析渔业科技的发展形势,明确"十三五"期间发展目标、重大工程和保障措施等内容
	《"十三五"全国远洋渔业发展规划》	2017/12/21	总结"十二五"期间远洋渔业发展情况,分析复杂的环境形势,提出"十三五"期间远洋渔业发展的目标、重点任务、产业布局、保障措施等内容
海洋环境保护	《海洋观测预报和防灾减灾"十三五"规划》	2017/7/31	总结"十二五"期间海洋观测预报和防灾减灾工作,提出"十三五"期间的任务规划
海岛海礁	《全国生态岛礁工程"十三五"规划》	2016/9/20	阐明了规划期内全国生态岛礁工程的总体要求、空间布局、重点任务和保障措施,是引导全社会开展生态岛礁建设的行动指南,是实施生态岛礁工程的纲领性文件
	《全国海岛保护工作"十三五"规划》	2016/12/28	提出了"十三五"期间全国海岛保护与管理工作的总体要求、主要任务、重大工程和保障措施,是"十三五"期间全国海岛保护与管理工作的指导性文件
	《海岛统计调查制度》	2018/4/19	明确海岛统计工作的调查对象、调查内容、调查方法等,以便及时、准确了解和掌握我国海岛生态保护、开发利用和海岛管理等方面的情况,为各级海洋主管部门及相关部门制定有关政策提供数据支撑

续表

分类	名 称	发布日期	内 容
海洋立法	《2017 年全国海洋立法工作计划》	2017/5/17	1. 研究修订《海洋石油勘探开发环境保护管理条例》 2. 研究制定《海洋观测站点管理办法》和《海洋观测资料管理办法》 3. 研究修订《铺设海底电缆管道管理规定实施办法》
海洋文化与海洋意识	《全民海洋意识宣传教育和文化建设"十三五"规划》	2016/3/7	提升全民海洋意识的重要性、存在的问题、发展机遇,提出"十三五"期间海洋意识宣传教育和文化建设的总体思路、基本原则、发展目标
	《全国海洋系统法治宣传教育第七个五年规划（2016 ～ 2020 年)》	2017/3/15	宣传海洋法律法规、提高全国海洋法律意识的 5 年规划
涉海金融	《关于改进和加强海洋经济发展金融服务的指导意见》	2018/1/25	紧紧围绕推动海洋经济高质量发展,明确了银行、证券、保险、多元化融资等领域的支持重点和方向
海洋人才	《全国海洋人才发展中长期规划纲要（2010－2020 年)》	2011/7/18	对未来十几年海洋人才发展进行总体谋划和设计,明确人才发展的指导方针、战略目标、重点任务和主要举措

资料来源:国家海洋局、国务院、中国农业部、中国海洋经济信息网、中华人民共和国自然资源部、中华人民共和国科学技术部等。

4.2 国际海洋战略、政策、法规

一、国际公约(见表 4—2—1)

表 4—2—1 国际公约

公约名称	签署日期(生效日期)
《国际油污损害民事责任公约》	1969/11/29(1975/6/19)
《对公海上发生油污事故进行干涉的国际公约》	1969/11/29
《防止倾倒废物及其他物质污染海洋的公约》	1972/12/(1975/8/30,1982/12/15 对中国生效)
《联合国海洋法公约(及专栏件)》	1982/12/10(1994/11/16)
《联合国气候变化框架公约》	1992/6/4(1994/3/21)
《21 世纪议程》	1993/6/3

续表

公约名称	签署日期(生效日期)
《〈联合国气候变化框架公约〉京都议定书》	1997/12/11(2005/2/16)
《生物多样性公约》	1992/6/5(1993/12/29)

(来源:联合国网、中国海洋环境监测网)

二、世界重要海洋国家的海洋战略、政策、法规

1. 美国

(1)美国海洋政策与战略的大致历程(见表4—2—2)

表4—2—2　　　　　　　　　　　　　美国的海洋战略与政策

时　间	事　件	内　容
20世纪 60年代	1. 制定了国家层面的综合海洋政策 2. 成立海洋科学、工程和资源委员会 3. 启动国家海洋基金计划(National Sea Grant Program)等计划并延续至今 4. 发布一系列"海洋宣言"和"海洋战略"	
1986年	制定"全球海洋科学规划"	更好地利用和开发海洋
1990年	发表《90年代海洋科技发展报告》	发展海洋科技,保持和增强海洋科技的领导地位
2000年	通过《海洋法案》(Ocean Act of 2000)	指出海洋、海岸带、大湖的重要性
2004年9月	成立全国海洋委员会 该委员会同年发布了《21世纪海洋蓝图》	强调海洋环境保护和海洋资源的可持续利用
2006年	发布《2006年美国海洋政策报告》	
	制定了相对完整的海上力量发展战略——《21世纪海上力量合作战略》	该战略是对马汉"制海权"理论的创新和发展,它强调了加强海上力量以赢得未来战争的重要性
2004年12月17日	布什总统发布《美国海洋行动计划》是对《蓝图》的具体落实	成为21世纪美国海洋科技研究指南 1. 加强海洋工作的领导和合作 2. 推进关于海洋、海岸带和大湖的科学理解 3. 加强海洋、海岸带和大湖资源的利用和保护 4. 管理海岸带及其水域 5. 支撑海洋运输 6. 推进国际海洋政策和科学研究
2007年1月	国家海洋政策委员会发布《绘制美国未来十年海洋科学发展路线——海洋科学研究优先领域和实施战略》	1. 自然和文化的海洋资源管理 2. 提高对自然灾害的恢复能力 3. 实施海上作业 4. 气候系统中海洋的作用 5. 提高生态系统健康水平 6. 提高人类的健康水平

续表

时 间	事 件	内 容
2009 年 6 月	奥巴马政府成立海洋政策工作组 海洋发展战略被提升到一个新的高度	就美国国家海洋政策优先领域、部门间协调管理架构、战略实施和海洋空间规划等开展战略研究
2010 年奥巴马签署13547 号行政令	1. 确立了美国历史上第一个国家海洋政策《国家海洋政策》	在充分利用海洋资源的同时实现海洋环境的有效保护
	2. 成立国家海洋委员会	该委员会由美国环境质量委员会、科技政策局、海洋与大气管理局等 27 个联邦机构组成；下设部门间海洋科技政策委员会负责国家海洋政策的协调和执行
	3. 要求加强美国海洋科学研究,为海洋事务决策提供参考和支撑	
2013 年 4 月	出台《国家海洋政策执行计划》	内容:提出联邦政府机构应采取 6 个方面举措,并明确了采取的具体行动;鼓励州和地方政府参与美国联邦政府的海洋决策 亮点: 强调科技的支撑作用; 更加关注北极的海洋环境; 重视国际合作交流
2015 年 8 月 21 日	发布《亚太海上安全战略》	全面阐述了美国对于亚太海上安全的立场

(2)美国海洋科技战略与政策(见表 4－2－3)

表 4－2－3   美国海洋科技战略与政策

时 间	事 件	内 容
2013 年(总体规划)	美国国家科学技术委员会(NSTC)年发布了《海洋国家的科学:海洋研究优先计划》	(一)旨在应对海平面上升、海岸侵蚀、风暴潮频发等环境、社会和经济挑战,抓住可再生能源等海洋产业发展机遇,加强对海洋酸化、北极变化等海洋科学新热点开展研究,在推动美国海洋科学发展的同时利用海洋研究成果支撑决策 (二)系统梳理部署美国海洋科技优先领域和重点任务 六大社会主题 1. 海洋自然资源与文化资源管 2. 提高海洋自然灾害和环境事故的应对和恢复能力 3. 海洋运输与海洋环境 4. 海洋与气候变化 5. 改善海洋生态系统健康 6. 增进人类健康 (三)五大综合性领域:全球气候变化、社会科学、海洋文化、能力要素(观测体系和建模)、加强合作

续表

时　　间	事　　件	内　　容
2013 年（重视科研对经济的促进）	美国国家海洋委员会发布《美国国家海洋政策：实施规划》	要求政府各部门要协力保持稳定的海洋观测,提供更准确的海图和导航工具,提供更及时、准确、有效的海洋数据信息,支撑美国海洋经济和新兴海洋产业的发展 (一)海洋生物医药产业 1.2004 年,美国国立卫生研究院(NIH)与国家科学基金会共同启动了"海洋与人类健康研究计划",资助跨学科的海洋科学与生物医药联合研究,将海洋生物医药作为重要支持方向 2.2007 年,美国环境质量委员会与白宫科技政策办公室(OSTP)联合发布了《跨部门海洋与人类健康研究实施计划》,指导 2007~2017 年"海洋与人类健康研究计划"实施 3.2012 年,美国联邦政府发布了《国家生物经济蓝图》,描绘了美国生物经济的未来并制定了美国国家生物经济发展战略 (二)高端海洋装备制造产业 主要从技术研发、成果转化和产品采购方面对高端海洋装备制造产业给予支持,包括投资建立全国甚至全球性的海洋观测网络,资助潮汐能、离岸风电等可再生能源技术研发并为有关项目提供税收抵免等
2015 年（基础研究规划）	美国国家研究理事会(NRC)2015 年发布《海洋科学 2015~2025 年发展调查》报告	八大优先科学问题: (1)海平面上升的速度、机理、影响及在不同区域有何差异? (2)全球水循环、土地使用及上升海流对近海、河口海域及其生态系统有何影响? (3)海洋生物地化和物理过程是如何影响气候及其变化的?整个系统在未来 100 年间会有怎样的变化? (4)物种多样性对海洋生态系统恢复力的作用是什么? 自然和人类造成的变化会对此产生什么影响? (5)海洋食物网在未来 50 到 100 年间会变成怎样? (6)海洋盆地的形成和演进过程由什么控制? (7)怎样更好地表征海洋危害并提高预测地质灾害能力,如大型地震、海啸、海下泥石流、火山爆发等? (8)海床的地质物理、化学以及生物特征是怎样的? 如何影响全球物质循环? 如何通过它们来了解生命起源以及进化? 未来 10 年的投入重点主要在海洋科研船队、大洋科学钻探和大洋观测计划(OOI)
2016 年 10 月	美国国家科学技术委员会海洋科学与技术分委会决定启动新海洋研究规划编制工作	通过白宫和联邦公报网站对外公告,就未来 10 年美国海洋研究计划和应关注的重点领域面向公众征集意见和建议

(3)美国主要涉海科技管理机构(见表 4-2-4)

表 4-2-4　　　　　　　　　美国主要涉海科技管理机构

机　　构	职　　责
美国国家科学基金会(NSF)	资助海洋基础研究和科研设施建设
美国国家大气海洋局(NOAA)	主要关注地球的大气和海洋变化,提供对灾害天气的预警,提供海图和空图,管理对海洋和沿海资源的利用和保护,研究如何改善对环境的了解和防护

续表

机　构	职　责
美国国家环境保护局(EPA)	负责维护自然环境和保护人类健康不受环境危害影响
美国地质勘探局(USGS)	负责对自然灾害、地质、矿产资源、地理与环境、野生动植物信息等方面的科研、监测、收集、分析;对自然资源进行全国范围的长期监测和评估。为决策部门和公众提供广泛、高质量、及时的科学信息。
美国海军研究实验室(NRL)	利用新型材料、技术、设备、系统,面向海洋应用,进行多学科的科研与技术开发,并为海军提供广泛的专门性科技开发

(4)美国主要海洋科研设施与平台(见表4－2－5)

表4－2－5　　　　　　　　　　美国主要海洋科研设施与平台

名　称	内容、职责
联邦科研船队	分为全球级、大洋级、地区级和当地级4大类,在海域开展考察和研究活动
综合海洋观测系统(IOOS)	在全美建立了近700个国家级观测平台和254个地区级观测平台,针对赤潮、海洋生态、海平面与表层流开展观测研究,为气候环境与渔业资源等国家目标服务
大洋观测计划	是由美国国家科学基金会大型研究设施建设计划支持的海洋观测网络,通过传感器系统对海洋、海床和近海大气的物理、化学、地质、生态特征进行系统观测,可大大增进对海洋子系统间联系与作用的理解与认识,获得的观测数据信息通过专门的数据共享平台向研究人员和公众开放

2. 日本

(1)日本海洋战略与法律体系

日本在二战后十分重视海洋的规划,日本的海洋法律体系是实施海洋战略的根本保证,构成了日本发展海洋产业的基本政策依据和重要实施指南(见表4－2－6)。

表4－2－6　　　　　　　　　　日本海洋战略与法律体系

时　间	事　件	内　容
20世纪60年代	十分重视海洋领域的开发	未形成独立的海洋发展战略规划,但是在历次国土开发计划中,海洋经济、海洋产业相关政策均有所体现,且重要性逐渐提高
2005年11月	日本海洋政策研究财团(OPRF)向日本政府提交了《21世纪海洋政策建议书》	分为4大部分: 1. 以海洋立国为目标 2. 海洋政策大纲的制定 3. 以制定海洋基本法为目标推进体制完善 4. 扩大到海上的国土管理和国际协调

时　　间	事　　件	内　　容
2007 年 7 月	《海洋基本法》	居于中心地位 规定了日本海洋领域 12 项施政重点:推进海洋资源的开发与利用、保护海洋环境、推进专属经济区开发、确保海上运输、确保海洋安全、推进海洋调查、推进海洋科技研发、振兴海洋产业与强化国际竞争力、实施沿海地区综合管理、保护离岛、确保国际联系和推进国际合作、增进国民对海洋的理解
2008 年 3 月	《海洋基本计划》	
2012 年 12 月	《海上保安厅法》 《领海等外国船舶航行法》修改法案	是应对与邻国间的领土和海洋争端、加强实际控制的法律举措
2013 年 4 月	《第二期海洋基本计划》	1. 阐明了日本海洋立国的基本立场及制定海洋基本计划的意义 2. 海洋相关政策实施的基本方针 3. 阐述了应按计划综合推进的政策,与《海洋基本法》规定的 12 项施政重点相呼应 4. 规定了为推进海洋相关政策实施而必须改进的体制机制问题、各部门之间的协调配合以及相关信息的发布等 5. 细化了促进海洋产业发展的施政措施,这些政策措施主要包括海洋能源矿物资源的开发、促进海洋可再生能源的用、振兴海洋产业及强化国际竞争、水产资源的有效利用、确保海上运输、整备海上输送据点等
2013 年 4 月	《2013~2018 海洋基本计划》	作为日本未来 5 年海洋政策方针的海洋基本计划,并将根据这一计划加强日本周边海域的警戒监视体制,并推进海洋资源的开发
2013 年 12 月 17 日	新的《防卫计划大纲》《国家安全保障战略》	这是为期 10 年的新防卫计划,内容包括增加军事支出和扩建海上自卫队,以反制中国

（2）日本的海洋行政管理体系

日本海洋行政管理体系是推进海洋战略的制度保障（见表 4－2－7）。

表 4－2－7　　　　　　　　　　　日本海洋行政管理体系

机构/职位	设　　立	职　　责
综合海洋政策本部	根据《海洋基本法》的规定于 2007 年在内阁官房中设立	在承担海洋事物的政府部门中处于中枢地位; 主要职责是制定、实施、推进与海洋发展有关的各种政策计划以及相关事务
干事会		协调、处理具体的政策问题
海洋政策担当大臣		专门负责海洋政策的国务大臣 职责包括制定日本的海洋基本计划,实施渔业及海洋资源的开发、保护和安全运输等方面的海洋政策,负责妥善解决与周边邻国在海上专属经济区方面的争议

3. 英国

(1)21 世纪之前的英国海洋法规

21 世纪之前的英国海洋法规是单一、分散的,根据具体的海洋规范领域来立法(见表 4—2—8)。

表 4—2—8　　　　　　　　　21 世纪之前英国的海洋政策法规

时　　间	法规、政策	领　域
1949 年	《海岸保护法》	海域
1961 年	《皇室地产法》	皇室地产
1964 年	《大陆架法》	海域
1971 年	《城乡规划法》(规定海域的使用)	海域规划
1975 年	《海上石油开发法》(苏格兰)	资源勘探
1981 年	《渔业法》	渔业
1992 年	《海洋渔业(野生生物养护)法》	渔业
1992 年	《海上安全法》	安全
1992 年	《海上管道安全法令》(北爱尔兰)	安全
1995 年	《商船运输法》	海运
1998 年	《石油法》	资源勘探
2001 年	《渔业法修正案》(北爱尔兰)	渔业

(2)21 世纪的英国海洋战略、政策与法规

21 世纪英国的海洋战略、政策与法规是高层次、综合性的(见表 4—2—9)。

表 4—2—9　　　　　　　　　21 世纪英国的海洋战略与政策

时　　间	法规、政策	内　容
2000 年	英国海洋、食物与乡村事务部发布了《保护我们的海洋》研究报告	提出英国在海洋领域的目标是"清洁健康安全和富有生产力与生物多样性的海洋"
2003 年	英国政府发布了《变化中的海洋》	建议用新的管理方法对各类海洋活动进行综合管理和制定综合性海洋政策
2008 年	英国自然环境研究委员会发布《2025 海洋研究计划》	主要包括气候、海洋环流和海平面、海洋生物地球化学循环、大陆架和海岸带过程、生物多样性和生态系统功能等 10 个研究领域
2009 年	《英国海洋法》	是英国海洋政策制度化、法律化的具体体现
2010 年 2 月	《英国海洋科学战略(2010—2025)》	描述了英国海洋科学战略的需求、目标、实施以及运行机制,并对英国 2010~2025 年的海洋科学战略进行了展望
2010 年	《海洋能源行动计划》	提出在政策、资金、技术等多方面支持新兴的海洋能源的发展

时　间	法规、政策	内　容
2011 年	英国商业、创新和技能部发布了《英国海洋产业增长战略》	该战略是在对企业、政府和学术界的思想不断整合基础上形成的第一个海洋产业增长战略（海洋休闲、产业装备、产业商贸和海洋可再生能源产业）
2013 年 8 月	英国商业、创新和技术部(BIS)和英国能源和气候变化部(DECC)联合发布了英国最新的海上风电产业展战略《海上风电——产业和政府行动》	

4. 加拿大

(1)加拿大重视海洋环境保护

加拿大海洋经济发展历史悠久,向来重视对海洋生态环境的保护与海洋的可持续发展(见表 4—2—10):

表 4—2—10   加拿大重视海洋环境保护

战略、法规	内　容
1868 年的《渔业法》	包含了海域内渔业的管理,禁止危害海洋生物多样性的行为
1869 年《沿海渔业保护法》	
1988 年《环境保护法》	核心内容是海洋环境保护
1970 年《加拿大防止北极水域污染法》	
1973 年《加拿大防止油类污染法》	1. 对污染物质、加拿大水域和渔区、加拿大水域和渔区以外的水域、货物、燃料及压仓水的处理等 2. 详细规定了油类排放的总量控制
1996 年《海洋法》	1. 是世界上第一部综合性海洋法律,是管理海洋的基本法律 2. 为加拿大海洋生态保护提供了根本性的法律依据 3. 该法授权加拿大渔业和海洋部负责组织并督促《加拿大海洋战略》的制定工作
《环境评价法》	
《航运法》	包含了对海洋环境污染物的治理办法
《港口企业法》	管理所有联邦的港口,并规定污染者应负责赔偿港口财产损失和清除有害物质
联邦政府对海洋倾废的管理	是《伦敦倾废公约》的签字国之一 政府要求对海洋倾废特别诸如放射性废物之类的有害物质实施控制 《绿色计划》将《五年海洋倾废行动规划》纳入其中 ①改进管理,禁止工业废物的海洋倾倒,更好地控制疏浚物的海洋倾倒 ②加强监测,以保证新规定的履行 ③实施全国研究和教育计划,以减少将塑料和持久性碎屑排入到海洋中

续表

战略、法规	内　容
海洋环境保护计划	1994 年 9 月,根据《加拿大环境保护法》制定的管理修正案开始生效,禁止海洋处置放射性废物和工业废物
	1995 年,着手制订《1995～1996 国家行动计划》,该计划致力于处理陆源污染和海岸带管理问题(分别由加拿大环境部和渔业和海洋部牵头)
	加拿大环境部还监测贝类养殖区,以便根据《加拿大贝类卫生计划》帮助保证公众健康安全
	加拿大环境部还负责《渔业法》中的污染防治条款,包括控制向海洋环境的排废
海洋保护区建设与发展	1911 年,不列颠哥伦比亚省建立了加拿大第一个海岸保护区——斯特克纳省立公园
	1923 年,第一个联邦级海洋保护区——维多利亚港候鸟禁猎区成立
	1955 年,建立了第一个真正意义上的海洋保护区——马奎纳海洋公园,标志着加拿大海洋保护区建设新时代的开始
	1986 年,加拿大联邦公园管理局批准了《国家海洋公园政策》
	1994 年修订为《国家海洋保全区政策》
	2002 年正式颁布《国家海洋保全区法》,目的在于保护海洋生物及其栖息地
	目前,加拿大联邦公园管理局建立了具有代表性的国家海洋保护区网络体系

(2)21 世纪加拿大的海洋发展战略(见表 4—2—11)

表 4—2—11　　　　　　　　　　21 世纪加拿大的海洋发展战略

时　间	名　称	内　容
2002 年 7 月	《加拿大海洋战略》	1. 完善了渔业海洋制度 2. 将海洋可持续发展战略放于首要地位 3. 提出海洋资源的综合管理 4. 提出保护海洋的预防措施等二项基本原则 5. 确立了海洋管理的三项基本目标,认识和保护海洋资源,最大限度地利用海洋经济的潜能 6. 确保海洋的可持续开发,力争使加拿大在海洋开发、保护和管理方面处于世界领先地位
2005 年	《加拿大海洋行动计划》	1. 国际海洋管理 2. 制定北极海洋战略计划框架,与 8 个北极国家和土著民族解决污染、生物多样性、生态系统的完整性和人类健康等问题 3. 解决大西洋西北海岸的过度捕捞问题 4. 海洋的综合管理,划定 5 个管理规划的优先领域
2005 年	《联邦海洋保护区战略》	加拿大海洋发展的主要计划,用于改善海洋气候与海洋生态环境,加拿大政府对此实施了为期 5 年的扶持计划
2007 年	《健康海洋引导计划》	

续表

时　间	名　称	内　容
2009 年	《我们的海洋，我们的未来联邦的计划和行动》	

5. 韩国(见表4－2－12)

表 4－2－12　　　　韩国海洋的战略、政策与法规

时　间	战略、政策、法规	内　容
1952 年	《关于毗邻海域主权的总声明》	划定了韩国在黄海海域的"国家资源控制和保护区域"
20 世纪 50 年代起	《渔业资源保护法》	确定了海洋开发首先以渔业为中心，然后进行综合开发发展的方向
20 世纪 60～70 年代	确定了"贸易立国"的经济发展战略	带动以远洋运输为主的海运产业的兴起 造船业逐渐成为韩国制造业的一个部门，而且在海洋产业中占有非常重要的地位
20 世纪 60 年代后期	制定了"船舶工业先行，带动国民经济起飞"战略方针	
1973 年 1 月	韩国政府发布了"重化工业化宣言"积极推动重工业现代化	积极推动重工业现代化 造船业成为海洋经济与重工业部门的重要分支
20 世纪 70 年代	实行"以养为主"的渔业政策	保护本国的渔业资源，并借以满足人们对水产品的日益增长的需求 1. 增殖渔业资源 2. 保护和改善海水养殖环境 3. 建设海水养殖基地
20 世纪 80 年代	由捕捞渔业向养殖渔业发展	保护其近海渔业资源
20 世纪 90 年代	制订了宏大的"西海岸开发计划"(1989)、《海洋开发计划(1996—2005)》	
1996 年 1 月 29 日	正式批准《联合国海洋法公约》	
1996 年 8 月	《专属经济区法》	正式提出 200 海里专属经济区主张
1996 年	成立海洋水产部	对全国的海洋事务进行集中管理 标志着韩国开始实行海洋综合管理体制
1998 年	"21 世纪海洋水产蓝图"	
1999 年 7 月	确定树立海洋开发基本计划的基本方针	
2000 年 5 月	《海洋韩国 21 世纪》	设定了关于海洋的开发与保全的长期的、综合的方向，明确了三大基本目标：创造有生命力的海洋国土、发展高科技为基础的海洋产业、保持海洋资源的可持续开发

续表

时　间	战略、政策、法规	内　容
2010 年 2 月	《海洋与水产发展基本计划(2011～2020)》	是韩国第二个中长期海洋发展规划,延续了"到 2020 年将韩国建设成世界第五大海洋强国"的目标; 提出了三大目标:加强保护及管理海洋环境的可持续发展、发展海洋新兴产业及升级传统海洋产业、积极应对海洋新秩序、努力扩大海洋领域;

6. 俄罗斯(见表 4－2－13)

表 4－2－13　　　　　　　　俄罗斯的海洋战略、政策与法规

时　间	战略、政策、法规	内　容
1997 年 1 月	叶利钦颁布制定"俄罗斯联邦世界海洋目标纲要的总统令"和《俄罗斯联邦"世界洋"目标纲要构想》	开始谋划如何保持和增进俄罗斯海洋强国地位的战略与策略
1998 年 8 月 10 日	俄联邦政府第 919 号决议正式批准了一系列海洋相关战略文件	《俄罗斯联邦"世界洋"目标纲要》 《世界海洋环境研究子纲要》 《俄罗斯在世界海洋的军事战略利益子纲要》 《开发和利用北极子纲要》 《考察和研究南极子纲要》 《建立国家统一的世界海洋信息保障系统子纲要》
1999 年	《俄罗斯联邦海军战略》	
2000 年	发布《俄罗斯联邦 2010 年前海上军事活动的政策原则》	
2001 年 7 月 27 日	普京批准发布了《2020 年前俄罗斯联邦海洋学说》	标志着俄罗斯进入了积极拓展海洋利益的新阶段 把其海洋战略分成了五个区域方向:大西洋、北极、太平洋、里海、印度洋
2008 年 9 月 18 日	批准了《2020 年前及更远的未来俄罗斯联邦在北极地区的国家政策原则》	
2010 年 10 月 1 日	批准了《2020 年前及更远未来罗斯联邦在南极活动的发展战略》	
2010 年 12 月	普京签署了《2030 年前俄罗斯联邦海洋工作发展战友略》	
2013 年 2 月	公布了《2020 年前北极地带发展战略》	
2014 年 4 月 24 日	梅德韦杰夫签署《俄罗斯 2020 年前北极地区社会经济发展国家纲要》	

续表

时　间	战略、政策、法规	内　容
2015 年 7 月 26 日	普京签署了《俄罗斯联邦海洋学说》	再次详细规定了俄罗斯的海洋战略目标，详细论述了俄罗斯在世界海洋活动的具体政策； 确定了海洋活动的六个地区方向：大西洋、北极、太平洋、里海、印度洋和南极

参考文献：

[1]杨振姣.加拿大：完善海洋发展战略强化生态安全治理[N].中国海洋报,2017－08－22(004).

[2]仲平,钱洪宝,向长生.美国海洋科技政策与海洋高技术产业发展现状[J].全球科技经济瞭望,2017,32(03):14－20＋76.

[3]左凤荣,刘建.俄罗斯海洋战略的新变化[J].当代世界与社会主义,2017(01):132－138.

[4]杨金森,王芳.他国海洋战略与借鉴[J].中国工程科学,2016,18(02):119－125.

[5]张浩川,麻瑞.日本海洋产业发展经验探析[J].现代日本经济,2015(02):63－71.

[6]齐晓丰.浅析世界主要国家的海洋发展战略[J].海洋信息,2015(01):59－62.

[7]林香红,高健,何广顺,李巧稚,刘彬.英国海洋经济与海洋政策研究[J].海洋开发与管理,2014,31(11):110－114.

[8]侯典芹.从海洋政策的演变看韩国的海洋意识[J].中国海洋大学学报(社会科学版),2014(04):38－42.

[9]郁鸿胜.发达国家海洋战略对中国海洋发展的借鉴[J].中国发展,2013,13(03):70－75.

[10]高峰,王金平,汤天波.世界主要海洋国家海洋发展战略分析[J].世界科技研究与发展,2009,31(05):973－976＋909.

[11]高战朝.加拿大海洋环境管理立法状况[J].海洋信息,2005(01):28－30.

（汇编：陈洁　张醒）

第五章　海洋相关统计数据

5.1　海洋经济核算

海洋经济核算见表5－1－1～表5－1－10。

表5－1－1　　　　　　　　　　　全国海洋生产总值及其构成

年份	海洋生产总值（亿元）	海洋第一产业（亿元）	第一产业占比（%）	海洋第二产业（亿元）	第二产业占比（%）	海洋第三产业（亿元）	第三产业占比（%）	海洋生产总值占国内生产总值比重（%）	海洋生产总值增速（%）
2001	9 518.4	646.3	6.8	4 152.1	43.6	4 720.1	49.6	8.68	
2002	11 270.5	730.0	6.5	4 866.2	43.2	5 674.3	50.3	9.37	19.8
2003	11 952.3	766.2	6.4	5 367.6	44.9	5 818.5	48.7	8.80	4.2
2004	14 662.0	851.0	5.8	6 662.8	45.4	7 148.2	48.8	9.17	16.9
2005	17 655.6	1 008.9	5.7	8 046.9	45.6	8 599.8	48.7	9.55	16.3
2006	21 592.4	1 228.8	5.7	10 217.8	47.3	10 145.7	47.0	9.98	18.0
2007	25 618.7	1 395.4	5.4	12 011.0	46.9	12 212.3	47.7	9.64	14.8
2008	29 718.0	1 694.3	5.7	13 735.3	46.2	14 288.4	48.1	9.46	9.9
2009	32 277.6	1 857.7	5.8	14 980.3	46.4	15 439.5	47.8	9.47	9.2
2010	39 572.2	2 008.0	5.1	18 935.0	47.8	18 629.8	47.1	9.86	14.7
2011	45 570.0	2 327.0	5.1	21 835.0	47.9	21 408.0	47.0	9.70	10.4
2012	50 087.0	2 683.0	5.3	22 982.0	45.9	24 422.0	48.8	9.60	7.9
2013	54 313.0	2 918.0	5.4	24 908.0	45.8	26 487.0	48.8	9.50	7.6
2014	59 936.0	3 226.0	5.4	27 049.0	45.1	29 661.0	49.5	9.40	7.7

年份	海洋生产总值（亿元）	海洋第一产业（亿元）	第一产业占比（%）	海洋第二产业（亿元）	第二产业占比（%）	海洋第三产业（亿元）	第三产业占比（%）	海洋生产总值占国内生产总值比重（%）	海洋生产总值增速（%）
2015	65 534	3 292.0	5.1	27 492.0	42.5	33 885.0	52.4	9.50	7.0
2016	70 507.0	3 566.0	5.1	28 488.0	40.4	38 453.0	54.5	9.50	6.8
2017	77 611	3 600	4.6	30 092	38.8	43 919	56.6	9.40	10.1

注：2001～2010 年数据来源于《中国海洋统计年鉴》，2011～2017 年数据来源于《中国海洋统计公报》。

数据来源：《中国海洋统计年鉴 2011》《中国海洋统计公报》。

表 5－1－2 　　　　　　　　　　海洋及相关产业增加值及其构成

年份	合计（亿元）	海洋产业（亿元）	主要海洋产业（亿元）	海洋科研教育管理服务业（亿元）	海洋产业占比（%）	主要海洋产业占比（%）	海洋科研教育管理服务业占比（%）	海洋相关产业（亿元）	海洋相关产业占比（%）
2001	9 518.4	5 733.6	3 856.6	1 877.0	60.2	40.5	19.7	3 784.8	39.8
2002	11 270.5	6 787.3	4 696.8	2 090.5	60.2	41.7	18.5	4 483.2	39.8
2003	11 952.3	7 137.3	4 754.4	2 383.3	59.7	39.8	19.9	4 814.6	40.3
2004	14 662.0	8 710.1	5 827.7	2 882.5	59.4	39.7	19.7	5 951.9	40.6
2005	17 655.6	10 539.0	7 188.0	3 350.9	59.7	40.7	19.0	7 116.6	40.3
2006	21 592.4	12 696.7	8 790.4	3 906.4	58.8	40.7	18.1	8 895.6	41.2
2007	25 618.7	15 070.6	10 478.3	4 592.3	58.8	40.9	17.9	10 548.0	41.2
2008	29 718.0	17 591.2	12 176.0	5 415.2	59.2	41.0	18.2	12 126.8	40.8
2009	32 277.6	18 822.0	12 843.6	5 978.4	58.3	39.8	18.5	13 455.6	41.7
2010	39 572.7	22 831.0	16 187.0	6 643.1	57.7	40.9	16.8	16 741.7	42.3
2011	45 496.0	26 422.0	18 865.2	7 556.8	58.1	41.5	16.6	19 074.1	41.9
2012	50 045.2	29 264.4	20 829.9	8 434.6	58.5	41.6	16.9	20 780.8	41.5
2013	54 313.2	31 969.5	22 681.1	9 288.4	58.9	41.8	17.1	22 343.7	41.1
2014	59 936.0	35 611.0	25 156.0	10 455.0	59.4	42.0	17.4	24 315.0	40.6
2015	64 669.0	38 991.0	26 791.0	12 199.0	60.3	41.4	18.9	25 678.0	39.7
2016	70 507.0	43 283.0	28 646.0	14 637.0	61.4	40.6	20.8	27 224.0	38.6
2017	77 611.0	48 234.0	31 735.0	16 499.0	62.2	40.9	21.3	29 377.0	37.8

注：2001～2014 年数据来源于《中国海洋统计年鉴》，2015～2017 年数据来源于《中国海洋统计公报》。

数据来源：《中国海洋统计年鉴 2014》《中国海洋统计公报》。

表 5—1—3

全国主要海洋产业增加值

（单位：亿元）

主要海洋产业	2001 年	2002 年	2003 年	2004 年	2005 年	2006 年	2007 年	2008 年	2009 年	2010 年	2011 年	2012 年	2013 年	2014 年	2015 年	2016 年	2017 年
海洋电力业	1.8	2.2	2.8	3.1	3.5	4.4	5.1	11.3	20.8	38.1	59.2	77.3	86.7	99.0	116	126	138
海洋船舶工业	109.3	117.4	152.8	204.1	275.5	339.5	524.9	742.6	986.5	1 215.6	1 352.0	1 291.3	1 182.8	1 387.0	1 441	1 312	1 455
海洋生物医药	5.7	13.2	16.5	19.0	28.6	34.8	45.4	56.6	52.1	83.8	150.8	184.7	224.3	258.0	302	336	385
海洋工程建筑	109.2	145.4	192.6	231.8	257.2	423.7	499.7	347.8	672.3	847.2	1 086.8	1 353.8	1 680.0	2 103.0	2 092	2 172	1 841
滨海旅游业	1 072.0	1 523.7	1 105.8	1 522.0	2 010.6	2 619.6	3 225.8	3 766.4	4 352.3	5 303.1	6 239.9	6 931.8	7 851.4	8 882.0	10 874	12 047	14 636
海水利用业	1.1	1.3	1.7	2.4	3.0	5.2	6.2	7.4	7.8	8.9	10.4	11.1	12.4	14.0	14	15	14
海洋油气业	176.8	181.8	257.0	345.1	528.2	668.9	666.9	1 020.5	614.1	1 302.2	1 719.7	1 718.7	1 648.3	1 530.0	939	869	1 126
海洋交通运输	1 316.4	1 507.4	1 752.5	2 030.7	2 373.3	2 531.4	3 035.6	3 499.3	3 146.6	3 785.6	4 217.5	4 752.6	5 110.8	5 562.0	5 541	6 004	6 312
海洋渔业	966.0	1 091.2	1 145.0	1 271.2	1 507.6	1 672.0	1 906.0	2 228.6	2 440.8	2 851.6	3 202.9	3 560.5	3 872.3	4 293.0	4 352	4 641	4 676
海洋化工业	64.7	77.1	96.3	151.5	153.3	440.4	506.6	416.8	465.3	613.8	695.9	843.0	907.6	911.0	985	1 017	1 044
海洋矿业	1.0	1.9	3.1	7.9	8.3	13.4	16.3	35.2	41.6	45.2	53.3	45.1	49.1	53.0	67	69	66
海洋盐业	32.6	34.2	28.4	39.0	39.1	37.1	39.9	43.6	43.6	65.5	76.8	60.1	55.5	63.0	69	39	40

注：2001～2014 年数据来源于《中国海洋统计年鉴》，2015～2017 年数据来源于《中国海洋统计公报》。

数据来源：《中国海洋统计年鉴 2014》《中国海洋统计公报》。

表 5－1－4　　　　　　　　　2003～2017 年区域海洋产业发展情况

年份	环渤海地区海洋生产总值（亿元）	长江三角洲地区海洋生产总值（亿元）	珠江三角洲地区海洋生产总值（亿元）	环渤海地区海洋生产总值占全国海洋生产总值比重	长江三角洲地区海洋生产总值占全国海洋生产总值比重	珠江三角洲地区海洋生产总值占全国海洋生产总值比重
2003	2 778.53	3 398.87	2 112	27.60%	33.70%	21%
2004	4 116	4 169	2 417	32.10%	32.50%	18.80%
2005	5 510	5 860	3 000	32.40%	34.50%	17.70%
2006	6 906	6 869	3 998	33.00%	33.00%	19.10%
2007	9 542	7 748	4 755	38.30%	31.10%	19.10%
2008	10 706	9 584	5 825	36.10%	32.30%	19.60%
2009	12 015	9 466	6 614	37.60%	29.60%	20.70%
2010	13 271	12 059	8 291	34.50%	31.40%	21.60%
2011	16 442	13 721	9 807	36.10%	30.10%	21.50%
2012	18 078	15 440	10 028	36.10%	30.80%	20.00%
2013	19 734	16 485	11 284	36.30%	30.40%	20.80%
2014	22 152	17 739	12 484	37.00%	29.60%	20.80%
2015	23 437	18 439	13 796	23.20%	28.50%	21.30%
2016	24 323	19 912	15 895	34.5%	28.2%	22.5%
2017	24 638	22 952	18 156	31.7%	29.6%	23.4%

数据来源：《中国海洋统计公报》。

表 5－1－5　　　　　　　　2013 年沿海地区海洋生产总值及其构成

地区	海洋生产总值（亿元）	海洋第一产业（亿元）	海洋第二产业（亿元）	海洋第三产业（亿元）	海洋第一产业占比（%）	海洋第二产业占比（%）	海洋第三产业占比（%）	海洋生产总值占沿海地区生产总值比重（%）
合计	54 313.2	2 918.0	24 909.0	2 648.2	5.4	45.9	48.8	15.8
天津	4 554.1	8.7	3 065.7	1 479.7	0.2	67.3	32.5	31.7
河北	1 741.8	77.9	911.4	752.5	4.5	52.3	43.2	6.2
辽宁	3 741.9	499.6	1 402.7	1 839.6	13.4	37.5	49.2	13.8
上海	6 305.7	3.9	2 318.0	3 983.8	0.1	36.8	63.2	29.2
江苏	4 921.2	225.6	2 432.2	2 263.5	4.6	49.4	46.0	8.3
浙江	5 257.9	378.1	2 258.2	2 621.5	7.2	42.9	49.9	14.0

地区	海洋生产总值（亿元）	海洋第一产业（亿元）	海洋第二产业（亿元）	海洋第三产业（亿元）	海洋第一产业占比（%）	海洋第二产业占比（%）	海洋第三产业占比（%）	海洋生产总值占沿海地区生产总值比重（%）
福建	5 028.0	450.6	2 026.2	2 551.2	9.0	40.3	50.7	23.1
山东	9 696.2	715.7	4 593.9	4 386.6	7.4	47.4	45.2	17.7
广东	11 283.6	192.7	5 352.6	5 738.3	1.4	47.4	50.9	18.2
广西	899.4	154.0	376.9	368.6	17.1	41.9	41.0	6.3
海南	883.5	211.2	171.3	501.0	23.9	19.4	56.7	28.1

数据来源：《中国海洋统计年鉴 2014》。

表 5－1－6　2014 年沿海地区海洋生产总值及其构成

地区	海洋生产总值（亿元）	海洋第一产业（亿元）	海洋第二产业（亿元）	海洋第三产业（亿元）	海洋第一产业占比（%）	海洋第二产业占比（%）	海洋第三产业占比（%）	海洋生产总值占沿海地区生产总值比重（%）
合计	60 699.1	3 109.5	26 660.0	30 929.6	5.1	43.9	51	16.3
天津	5 032.2	14.6	3 127.3	1 890.4	0.3	62.1	37.6	32.0
河北	2 051.7	75.2	1 008.3	968.2	3.7	49.1	47.2	7.0
辽宁	3 917.0	418.7	1 411.0	2 087.3	10.7	36.0	53.3	13.7
上海	6 249.0	4.3	2 278.4	3 966.2	0.1	36.5	63.5	26.5
江苏	5 590.2	316.2	2 894.7	2 379.3	5.7	51.8	42.6	8.6
浙江	5 437.7	427.6	2 004.5	3 005.7	7.9	36.9	55.3	13.5
福建	5 980.2	480.8	2 299.3	3 200.2	8.0	38.4	53.5	24.9
山东	11 288.0	794.5	5 089.0	5 404.5	7.0	45.1	47.9	19
广东	13 229.8	201.0	5 993.9	7 034.9	1.5	45.3	53.2	19.5
广西	1 021.2	175.9	373.5	471.7	17.2	36.6	46.2	6.5
海南	902.1	200.8	180.1	521.2	22.2	20	57.8	25.8

数据来源：《中国海洋统计年鉴 2015》。

表 5－1－7　2015 年沿海地区海洋生产总值及其构成

地区	海洋生产总值（亿元）	海洋第一产业（亿元）	海洋第二产业（亿元）	海洋第三产业（亿元）	海洋第一产业占比（%）	海洋第二产业占比（%）	海洋第三产业占比（%）	海洋生产总值占沿海地区生产总值比重（%）
合计	65 534.4	3 327.7	27 671.9	34 534.8	5.1	42.2	52.7	16.8
天津	4 923.5	15.2	2 803.3	2 105.1	0.3	56.9	42.8	29.8

地区	海洋生产总值（亿元）	海洋第一产业（亿元）	海洋第二产业（亿元）	海洋第三产业（亿元）	海洋第一产业占比（%）	海洋第二产业占比（%）	海洋第三产业占比（%）	海洋生产总值占沿海地区生产总值比重（%）
河北	2 127.7	77.3	986.4	1 064	3.6	46.4	50	7.1
辽宁	3 529.2	404.1	1 236.7	1 888.4	11.4	35	53.5	15.5
上海	6 759.7	4.4	2 436.2	4 319.1	0.1	36	63.9	26.9
江苏	6 101.7	409.5	3 071.5	2 620.7	6.7	50.3	43	8.7
浙江	6 016.6	462	2 164.2	3 390.4	7.7	36	56.4	14
福建	7 075.6	512.7	2 625.4	3 937.4	7.2	37.1	55.6	27.2
山东	12 422.3	790	5 522.4	6 110	6.4	44.5	49.2	19.7
广东	14 443.1	254	6 223.3	7 965.9	1.8	43.1	55.2	19.8
广西	1 130.2	183.1	404.6	542.6	16.2	35.8	48	6.7
海南	1 004.7	215.4	198	591.3	21.4	19.7	58.8	27.1

数据来源：《中国海洋统计年鉴 2016》。

表 5—1—8　　　　　　　　2013 年沿海地区海洋及相关产业增加值及其构成

年份	合计（亿元）	海洋产业（亿元）	主要海洋产业（亿元）	海洋科研教育管理服务业（亿元）	海洋产业占比（%）	主要海洋产业占比（%）	海洋科研教育管理服务业占比（%）	海洋相关产业（亿元）	海洋相关产业占比（%）
合计	54 313.2	31 969.5	22 681.1	9 288.4	58.9	41.8	17.1	22 343.7	41.1
天津	4 554.1	2 457.4	2 235.2	222.2	54.0	49.1	4.9	2 096.7	46.0
河北	1 741.8	938.6	851.6	87.0	53.9	48.9	5.0	803.2	46.1
辽宁	3 741.9	2 372.8	1 857.2	515.6	63.4	49.6	13.8	1 369.1	43.6
上海	6 305.7	3 757.0	2 335.3	1 422.0	59.6	37.0	22.6	2 548.2	40.4
江苏	4 921.2	2 820.8	2 054.9	765.9	57.3	41.8	15.6	2 100.5	42.7
浙江	5 257.9	3 025.9	2 078.2	947.7	57.6	39.5	18.0	2 232.0	42.4
福建	5 028.0	2 841.6	2 091.4	750.2	56.5	41.6	14.9	2 186.3	43.5
山东	9 696.2	5 726.5	4 232.7	1 493.8	59.1	43.7	15.4	3 969.7	40.9
广东	11 283.6	6 852.3	4 040.3	2 811.9	60.7	35.8	24.9	4 431.4	39.3
广西	899.4	546.3	461.9	84.4	60.7	51.4	9.4	353.2	39.3
海南	883.5	630.0	442.5	187.5	71.3	50.5	21.2	253.5	28.7

数据来源：《中国海洋统计年鉴 2014》。

表 5-1-9　　　　　　　　　　**2014 年沿海地区海洋及相关产业增加值及其构成**

年份	合计（亿元）	海洋产业（亿元）	主要海洋产业（亿元）	海洋科研教育管理服务业（亿元）	海洋产业占比（%）	主要海洋产业占比（%）	海洋科研教育管理服务业占比（%）	海洋相关产业（亿元）	海洋相关产业占比（%）
合计	60 699.1	36 364.9	25 303.4	11 061.5	59.9	41.7	18.2	24 334.1	40.1
天津	5 032.2	2 788.8	2 533.0	255.8	55.4	50.3	5.1	2 243.5	44.6
河北	2 051.7	1 136.7	1 046.6	90.1	55.4	51.0	4.4	915.1	44.6
辽宁	3 917.0	2 507.2	1 927.8	579.4	64	49.2	14.8	1 409.8	36.0
上海	6 249.0	3 756.1	2 081.1	1 675.0	60.1	33.3	26.8	2 492.9	39.9
江苏	5 590.2	3 152.0	2 264.9	887.2	56.4	40.5	15.9	2 438.2	43.6
浙江	5 437.7	3 335.8	2 263.2	1 072.6	61.3	41.6	19.7	2 101.9	38.7
福建	5 980.2	3 407.9	2 617.6	790.0	57.0	43.8	13.2	2 572.3	43.0
山东	11 288.0	6 832.3	4 835.0	1 997.3	60.5	42.8	17.7	4 455.7	39.5
广东	13 229.8	8 167.6	4 763.7	3 403.9	61.7	36.0	25.7	5 062.1	38.3
广西	1 021.1	639.4	539.5	100.0	62.6	52.8	9.8	381.7	37.4
海南	902.1	641.2	431.1	210.1	71.1	47.8	23.3	260.9	28.9

数据来源：《中国海洋统计年鉴 2015》。

表 5-1-10　　　　　　　　　　**2015 年沿海地区海洋及相关产业增加值及其构成**

年份	合计（亿元）	海洋产业（亿元）	主要海洋产业（亿元）	海洋科研教育管理服务业（亿元）	海洋产业占比（%）	主要海洋产业占比（%）	海洋科研教育管理服务业占比（%）	海洋相关产业（亿元）	海洋相关产业占比（%）
合计	65 534.4	39 554.9	26 838.8	12 716	60.4	41	19.4	25 979.5	39.6
天津	4 923.5	2 765	2 471.2	293.9	56.2	50.2	6	2 158.5	43.8
河北	2 127.7	1 174.2	1 069.5	104.8	55.2	50.3	4.9	953.5	44.8
辽宁	3 529.2	2 258.9	1 633.5	625.5	64	46.3	17.7	1 270.3	36.0
上海	6 759.7	4 076.1	2 220.1	1 856.1	60.3	32.8	27.5	2 661.3	39.7
江苏	6 101.7	3 440.4	2 402.2	1 038.3	56.4	39.4	17	2 659.9	43.6
浙江	6 016.6	3 731.5	2 472.5	1 259	62	41.1	20.9	2 285.1	38
福建	7 075.6	4 082.4	3 118	964.4	57.7	44.1	13.6	2 993.2	42.3

年份	合计（亿元）	海洋产业（亿元）	主要海洋产业（亿元）	海洋科研教育管理服务业（亿元）	海洋产业占比（%）	主要海洋产业占比（%）	海洋科研教育管理服务业占比（%）	海洋相关产业（亿元）	海洋相关产业占比（%）
山东	12 422.3	7 515.2	5 239.8	2 275.4	60.5	42.2	18.3	4 907.1	39.5
广东	14 443.1	9 085.8	5 140.7	3 945.1	62.9	35.6	27.3	5 357.4	37.1
广西	1 130.2	710.6	596.7	113.9	62.9	52.8	10.1	419.6	37.1
海南	1 004.7	714.7	475	239.7	71.1	47.3	23.9	290	28.9

数据来源：《中国海洋统计年鉴2016》。

5.2 主要海洋产业活动

主要海洋产业活动见表5－2－1～5－2－4。

表5－2－1　　　　　　　　　　海洋捕捞养殖产量　　　　　　　　（单位：吨）

年份	海水水产品产量	海洋捕捞产量	海水养殖产量
2003 年	26 856 182	14 323 121	12 533 061
2004 年	27 677 907	14 510 858	13 167 049
2005 年	28 380 831	14 532 984	13 847 847
2006 年	25 096 234	12 454 668	12 641 566
2007 年	25 508 880	12 435 480	13 073 400
2008 年	27 844 671	13 408 617	14 436 054
2009 年	28 805 399	13 440 772	15 364 627
2010 年	27 975 312	12 035 946	14 823 008
2011 年	29 080 487	12 419 386	15 513 292
2012 年	30 333 437	12 671 891	16 438 105
2013 年	31 388 253	12 643 822	17 392 453
2014 年	30 934 852	12 808 371	18 126 481
2015 年	31 904 088	13 147 811	18 756 277

数据来源：根据《中国海洋统计年鉴2006～2016年》数据整理。

表5-2-2　沿海地区海洋捕捞养殖产量

（单位：吨）

地区	海洋捕捞产量					远洋捕捞产量					海水养殖产量				
	2011年	2012年	2013年	2014年	2015年	2011年	2012年	2013年	2014年	2015年	2011	2012年	2013年	2014年	2015年
合计	12 419 386	12 671 891	12 643 822	12 808 371	13 147 811	1 147 809	1 223 441	1 351 978	2 027 318	2 192 000	15 513 292	16 438 105	17 392 453	18 126 481	18 756 277
天津	17 051	16 516	53 432	45 548	47 094	7 986	10 793	13 027	20 046	18 000	13 305	14 285	12 269	11 627	10 543
河北	251 761	252 570	230 539	239 595	250 447	—	—	—	—	4 000	311 520	382 061	452 270	491 999	506 484
辽宁	1 061 607	1 079 288	1 079 259	1 076 005	1 107 857	161 167	178 376	204 434	330 295	270 000	2 435 184	2 635 627	2 827 609	2 890 525	2 941 965
上海	21 457	20 387	19 639	19 945	16 997	100 129	110 198	105 186	149 649	153 000	—	—	—	—	—
江苏	568 108	566 085	553 787	547 952	554 314	10 324	13 770	19 549	19 907	34 000	842 408	904 959	938 742	935 947	893 524
浙江	3 030 202	3 160 189	3 192 000	3 242 724	3 366 966	234 703	290 881	368 186	532 666	570 000	844 941	861 364	871 700	897 940	933 431
福建	1 916 560	1 927 150	1 937 300	1 975 062	2 003 917	183 570	212 330	230 526	264 487	318 000	3 161 489	3 326 595	3 548 960	3 794 298	4 041 301
山东	2 384 444	2 363 321	2 315 178	2 297 194	2 282 340	127 993	134 982	113 062	365 042	469 000	4 134 775	4 362 443	4 566 350	4 799 107	4 995 654
广东	1 452 615	1 510 457	1 490 821	1 493 656	1 505 126	73 896	55 616	63 181	68 370	55 000	2 655 746	2 757 362	2 870 020	2 943 981	3 032 177
广西	665 281	666 603	650 599	650 599	652 028	4 140	4 012	2 789	2 787	3 000	923 804	977 307	1 056 461	1 090 975	1 142 166
海南	1 050 300	1 109 325	1 121 263	1 220 091	1 360 725	—	—	—	—	—	190 120	216 102	248 072	270 082	259 032

数据来源：根据《中国海洋统计年鉴（2012～2014）》数据整理。

表5—2—3

沿海地区原油、天然气、矿业及海盐产量

地区	海洋原油产量（万吨）					海洋天然气产量（万立方米）					海洋矿业产量（吨）					海盐产量（万吨）				
	2011年	2012年	2013年	2014年	2015年	2011年	2012年	2013年	2014年	2015年	2011年	2012年	2013年	2014年	2015年	2011年	2012年	2013年	2014年	2015年
合计	4 451.97	4 444.79	4 541.09	4 613.95	5 416.35	1 214 519	1 228 188	1 176 455	1 308 899	1 472 400	—	—	—	—	—	3 322.42	2 986.42	2 681.13	3 085.3	3 138.9
天津	2 770.20	2 680.34	2 634.68	2 674.09	3 113.82	213 719	246 705	261 682	282 592	289 771	—	—	—	—	—	181.00	169.95	152.18	161.1	168.7
河北	229.05	237.77	239.87	237.74	219.84	50 987	55 570	67 201	85 250	77 634	—	—	—	—	—	402.25	344.69	287.64	336.3	344.7
辽宁	10.75	10.75	11.29	48.27	52.99	2 370	1 580	1 410	1 881	1 991	—	—	—	—	—	133.62	117.39	98.28	128.7	139.5
上海	16.10	16.10	18.65	19.53	32.52	71 789	88 044	79 702	88 071	123 977	—	—	—	—	—	—	—	—	—	—
江苏	—	—	—	—	—	—	—	—	—	—	2 749.84	2 726.98	2 134.42	2 243.7	2 591.1	94.25	78.10	77.63	81.4	84.1
浙江	—	—	—	—	—	—	—	—	—	—	259.87	264.57	299.51	316.7	204	13.99	10.88	15.85	8.9	7.6
福建	—	—	—	—	—	—	—	—	—	—	945.37	1 018.4	1 318.44	1 507.0	1 327.7	48.50	27.04	29.22	38.1	26.5
山东	257.15	257.15	291.30	300.30	309.2	12 280	12 521	12 911	12 900	11 676	—	—	—	—	—	2 418.63	2 219.10	1 989.92	2 316.6	2 345.7
广东	1 168.72	1 222.75	1 345.30	1 334.02	1 687.98	863 374	823 768	753 549	838 205	967 351	260	356.6	481	454.4	494.4	15.80	8.62	7.75	8.4	12.3
广西	—	—	—	—	—	—	—	—	—	—	—	—	—	—	—	3.63	16.43	16.10	0.6	0.8
海南	—	—	—	—	—	—	—	—	—	—	249.9	305.7	200.9	205.6	204.1	10.75	4.22	6.56	5.3	9.1

数据来源：《中国海洋统计年鉴 2012～2016》。

表 5－2－4

沿海国际标准集装箱运量和吞吐量

地区	国际标准集装箱运量（万吨）					国际标准集装箱吞吐量（万吨）				
	2011 年	2012 年	2013 年	2014 年	2015 年	2011 年	2012 年	2013 年	2014 年	2015 年
合计	49 348	52 301	54 765	59 739	64 869	157 969	175 986	194 693	210 056	217 788
天津	85	62	168	524	626	11 929	13 442	15 216	15 904	15 492
河北	36	20	18	91	71	1 251	1 351	2 051	2 723	3 588
辽宁	521	473	427	463	411	19 115	24 733	28 381	30 834	31 044
上海	22 981	26 378	23 722	25 242	23 793	31 220	32 480	34 243	35 335	35 850
江苏	3 961	4 063	4 218	3 850	4 393	4 626	5 012	5 536	5 074	5 091
浙江	2 781	2 948	3 291	3 671	3 769	15 747	17 811	19 659	22 224	22 914
福建	4 673	4 373	5 419	6 868	7 968	12 099	13 308	14 890	16 502	17 754
山东	2 345	1 927	1 414	1 287	792	17 738	19 912	22 758	24 845	26 851
广东	7 342	6 618	7 244	7 462	9 399	41 315	44 495	47 947	51 871	53 957
广西	2 367	2 598	3 080	4 410	4 767	1 165	1 358	1 703	1 960	2 549
海南	2 256	2 839	1 874	2 949	1 567	1 764	2 084	2 310	2 784	2 698
其他	—	—	—	2 922	7 313	—	—	—	—	—

数据来源：《中国海洋统计年鉴 2012～2016》。

表5-2-5　沿海主要城市旅游人数及国际旅游收入

城市	国内旅游人数（万人次）					入境旅游者人数（人次）					国际旅游（外汇）收入（万美元）		
	2010年	2011年	2012年	2013年	2014年	2011年	2012年	2013年	2014年	2015年	2011年	2012年	2013年
天津	6 118	10 605	—	—	—	730 615	737 481	758 594	766 326	784 766	175 553	222 641	259 128
秦皇岛	1 861	2 101	2 313	2 565	2 796	264 372	286 401	188 041	184 355	157 140	13 770	19 451	25 573
大连	3 777	4 261	4 687	5 231	5 620	1 170 035	1 284 176	734 605	965 615	984 647	80 519	87 349	81 341
上海	21 463	23 079	—	6 606	26 818	6 686 144	6 512 347	6 140 911	6 396 150	7 535 887	575 118	549 323	524 470
南通	1 483	2 109	2 408	2 716	3 066	404 852	440 788	216 944	187 185	172 999	39 916	42 995	11 196
连云港	1 210	1 656	1 894	2 136	2 415	132 289	144 684	24 228	22 972	20 345	12 869	14 434	1 668
杭州	6 305	7 181	8 237	9 409	10 538	3 063 140	3 311 225	1 060 360	984 701	1 417 404	195 710	220 165	216 047
宁波	4 624	5 181	5 748	6 226	6 973	1 073 872	1 162 088	426 258	520 641	723 960	65 472	73 428	79 656
温州	3 537	4 123	4 887	5 677	6 358	470 504	575 397	290 335	479 898	482 081	25 602	31 887	42 064
福州	2 275	2 680	3 107	3 446	3 860	761 665	851 328	568 853	569 487	551 572	102 854	110 817	128 932
厦门	2 178	2 569	2 979	3 411	3 820	1 799 205	2 124 163	1 072 263	1 170 058	1 273 178	129 901	157 728	160 712
泉州	1 351	1 083	2 170	1 480	1 658	846 389	951 424	622 476	675 944	663 824	79 661	90 446	105 483
漳州	1 002	951	1 348	1 435	1 608	293 728	330 669	238 194	270 336	292 426	18 781	22 878	21 855
青岛	4 397	4 956	5 591	6 166	6 659	1 156 391	1 270 076	782 632	836 605	880 080	68 933	82 459	79 363

续表

城市	国内旅游人数（万人次）					入境旅游者人数（人次）					国际旅游（外汇）收入（万美元）		
	2010 年	2011 年	2012 年	2013 年	2014 年	2011 年	2012 年	2013 年	2014 年	2015 年	2011 年	2012 年	2013 年
烟台	3 272	3 863	4 450	4 952	5 348	548 533	530 184	328 872	358 748	382 398	46 816	48 146	46 313
威海	2 112	2 372	2 669	2 953	3 189	415 114	456 594	278 003	300 744	314 224	21 855	25 283	23 851
广州	3 692	3 816	4 017	4 274	4 547	7 786 900	7 866 031	7 681 966	7 832 990	8 035 800	485 306	514 458	516 884
深圳	2 265	2 628	2 941	3 352	3 809	11 045 500	12 064 451	12 148 971	11 825 916	12 187 100	374 474	432 882	453 102
珠海	1 055	1 215	1 299	1 309	1 516	3 208 300	2 975 791	2 632 331	2 913 367	3 095 100	106 685	95 045	83 767
汕头	769	890	1 026	1 140	1 276	140 700	147 800	155 222	176 500	211 500	5 071	5 175	5 431
湛江	602	909	1 247	1 392	1 503	142 300	147 400	190 247	225 500	266 600	3 630	4 816	5 845
中山	540	605	744	808	842	608 000	558 573	537 743	602 050	598 300	24 717	21 979	23 891
北海	938	1 101	1 311	1 521	1 771	83 073	98 759	80 026	74 512	129 053	2 574	3 429	4 308
海口	723	831	935	1 029	1 117	146 808	179 741	156 632	136 910	121 975	3 845	4 474	4 210
三亚	841	968	1 054	1 180	1 314	528 942	481 437	481 851	388 637	358 184	31 259	26 565	25 991

数据来源：《中国海洋统计年鉴 2014～2016》。

5.3 主要海洋产业生产能力

主要海洋产业生产能力见表5-3-1~5-3-3。

表5-3-1　　　　　　　　　沿海地区海水可养殖面积和养殖面积

地区	海水可养殖面积(千公顷)	海水养殖面积(公顷)						
		2009年	2010年	2011年	2012年	2013年	2014年	2015年
合计	2 599.67	1 865 944	2 080 880	2 106 382	2 180 927	2 315 569	2 305 472	2 317 763
天津	18.49	4 304	3 982	4 110	3 992	3 169	3 180	3 165
河北	111.37	121 013	123 810	134 264	134 682	117 928	122 434	117 533
辽宁	725.84	630 700	763 101	751 387	813 035	942 050	928 503	933 068
上海	3.22	—	—	—	—	—	—	—
江苏	139.00	172 754	192 426	201 073	199 352	193 807	188 657	181 829
浙江	101.46	94 514	93 905	90 839	89 747	89 358	88 178	85 881
福建	184.94	133 942	137 636	142 315	145 486	154 453	161 418	166 075
山东	358.21	441 403	500 946	512 126	523 705	546 814	548 487	563 198
广东	835.67	194 766	199 258	203 410	201 834	197 198	193 691	194 861
广西	31.95	57 300	51 287	52 212	53 249	54 001	54 233	55 015
海南	89.52	15 248	14 529	14 646	15 845	16 791	16 691	17 138

数据来源:《中国海洋统计年鉴2010~2016》。

表5-3-2　　　　　　　　　沿海省市区各类资源分布情况

地区	水资源总量(亿立方米)	人均水资源量(立方米/人)	湿地面积(万公顷)	近岸及海岸(万公顷)	湿地面积占国土面积比重(%)
天津	14.6	101.5	29.6	10.4	14.95
河北	175.9	240.6	94.2	23.2	5.82
辽宁	463.2	1 055.2	139.5	71.3	8.37
上海	28.0	116.9	46.5	38.7	53.68
江苏	283.5	357.6	282.3	108.8	16.32
浙江	931.3	1 697.2	111.0	69.3	7.88
福建	1 151.9	3 062.7	81.7	57.6	3.65
山东	291.7	300.4	173.8	72.9	11.72
广东	2 263.2	2 131.2	175.3	81.5	2.76
广西	2 057.3	4 376.8	75.4	25.9	9.13
海南	502.1	5 636.8	32.0	20.2	4.01
全国	27 957.9	2 059.7	1 246.6	579.6	4.01

数据来源:《中国海洋统计年鉴2015》。

表 5－3－3　　　　　　　　　沿海各省海洋新能源资源分布情况　　　　　　　（单位：万千瓦）

地区	潮汐能	波浪能	潮流能	近海风能
河北	1.02	14.4	—	3 484
辽宁	59.66	25.5	113.05	7 631
上海	70.4	165	30.49	4 008
江苏	0.11	29.1	—	17 061
浙江	891.39	205	709.03	10 305
福建	1 033.29	166	128.05	21 123
山东	12.42	161	117.79	14 355
广东	57.27	174	37.66	12 457
广西	39.36	7.2	2.31	2 523
海南	9.06	56.3	28.24	1 236
台湾	5.62	429	228.25	—
合计	2 179.6	1 432.5	1 394.87	94 183

注：潮汐能、波浪能、潮流能为理论装机容量，近海风能为储量。

数据来源：《中国沿海农村海洋能资源区划》、908 专项"中国近海海洋能调查与研究"项目。

5.4　涉海就业情况

涉海就业情况见表5—4—1和表5—4—2。

表5—4—1　全国涉海就业人员情况

城市	总数（万人）									占地区就业人员比重（%）								
	2001年	2008年	2009年	2010年	2011年	2012年	2013年	2014年	2015年	2001年	2008年	2009年	2010年	2011年	2012年	2013年	2014年	2015年
合计	2 107.6	3 218.3	3 270.6	3 350.8	3 421.7	3 468.8	3 514.3	3 553.7	3 588.5	8.1	10.3	10.1	10.1	10.2	10.1	10.3	—	—
天津	106.4	162.5	165.1	169.2	172.7	175.1	177.4	179.4	181.2	25.9	32.3	32.6	32.5	32.4	32.5	32.5	—	—
河北	58.0	88.6	90.0	92.2	94.2	95.5	96.7	97.8	98.8	1.7	2.4	2.3	2.4	2.4	2.5	2.6	—	—
辽宁	196.0	299.3	304.2	311.6	318.2	322.6	326.8	330.5	333.7	10.7	14.3	13.9	13.9	13.8	13.9	13.9	—	—
上海	127.5	194.7	197.9	202.7	207.0	209.8	212.6	215.0	217.1	18.4	21.7	21.3	21.9	21.8	22.0	22.3	—	—
江苏	116.9	178.5	181.4	185.9	189.8	192.4	194.9	197.1	199	3.3	4.1	4.0	3.9	4.0	3.9	4.1	—	—
浙江	256.4	391.5	397.9	407.6	416.3	422.0	427.5	432.3	436.6	9.2	10.6	10.4	10.2	10.3	10.4	10.2	—	—
福建	259.7	396.6	403.0	412.9	421.6	427.4	433.0	437.9	442.2	15.5	19.1	18.6	18.9	19.0	18.9	19.0	—	—
山东	319.9	488.5	496.4	508.6	519.4	526.5	533.4	539.4	544.7	6.8	9.1	9.1	9.0	9.1	9.0	8.9	—	—
广东	505.3	771.6	784.1	803.4	820.4	831.6	842.6	852.0	860.3	12.8	14.1	13.9	13.9	14.0	13.7	13.9	—	—
广西	68.9	105.2	106.9	109.5	111.9	113.4	114.9	116.2	117.3	2.7	3.7	3.7	3.7	3.7	3.8	3.7	—	—
海南	80.6	120.5	123.1	125.1	128.1	132.7	134.4	135.9	137.2	23.7	29.1	29.9	29.0	28.7	29.0	28.9	—	—
其他	12.0	17.9	18.3	18.6	19.1	19.7	20.0	20.2	20.4	—	—	—	—	—	—	—	—	—

注：2008～2013年为推算数据；其他地区为非沿海地区涉海就业人员数。

数据来源：根据《中国海洋统计年鉴 2009～2016》数据整理。

表5-4-2

全国主要海洋产业就业人员情况

（单位：万人）

海洋产业	2001年	2008年	2009年	2010年	2011年	2012年	2013年	2014年	2015年
合计	719.1	1 097.0	1 115.0	1 142.2	1 167.5	1 183.5	1 199.1	1 212.5	1 224.4
海洋渔业及相关产业	348.3	531.3	540.0	553.2	565.5	573.2	580.8	587.3	593
海洋石油和天然气业	12.4	18.9	19.2	19.7	20.1	20.4	20.7	20.9	21.1
滨海砂矿业	1.0	1.5	1.6	1.6	1.6	1.6	1.7	1.7	1.7
海洋盐业	15.0	22.9	23.3	23.8	24.4	24.7	25.0	25.3	25.5
海洋化工业	16.1	24.6	25.0	25.6	26.1	26.5	26.8	27.1	27.4
海洋生物医药业	0.6	0.9	0.9	1.0	1.0	1.0	1.0	1.0	1
海洋电力和海水利用业	0.7	1.1	1.1	1.1	1.1	1.2	1.2	1.2	1.2
海洋船舶工业	20.6	31.4	31.9	32.7	33.4	33.9	34.3	34.7	35.1
海洋工程建筑业	38.8	59.2	60.2	61.6	63.0	63.9	64.7	65.4	66.1
海洋交通运输业	50.8	77.5	78.8	80.7	82.5	83.6	84.7	85.7	86.5
滨海旅游业	78.3	119.5	121.4	124.4	127.1	128.9	130.6	132.0	133.3
其他海洋产业	136.5	208.2	211.6	216.8	221.6	224.7	227.6	230.2	232.4

注：2008~2015年为推算数据。

数据来源：根据《中国海洋统计年鉴2009~2016》数据整理。

5.5　海洋教育与科学技术

海洋教育与科学技术见表5-5-1～表5-5-3。

全国海洋专业毕业生人数情况

表5-5-1

（单位：人）

城市	博士研究生毕业生数					硕士研究生毕业生数					本、专科学生毕业生数			
	2011	2012	2013	2014	2015	2011	2012	2013	2014	2015	2011	2012	2013	2014
合计	6 252	6 983	7 499	8 277	630	7 945	8 819	9 352	10 386	2 961	13 701	13 518	13 112	13 000
北京	3 276	3 604	3 695	4 055	160	3 074	3 551	3 624	3 746	177	4 531	4 657	4 029	3 770
天津	125	155	176	203	4	605	642	688	791	65	1 162	1 137	1 150	1 113
河北	25	36	43	49	—	113	127	128	139	4	337	337	330	285
辽宁	116	134	152	188	30	408	411	465	515	370	857	931	913	974
上海	451	504	559	616	51	855	953	1 052	1 125	355	1 491	1 451	1 543	1 481
江苏	281	308	349	383	35	454	480	485	530	344	991	788	779	862
浙江	113	133	149	180	7	413	468	525	592	172	770	760	782	798
福建	96	114	167	159	28	265	292	324	329	158	506	512	583	527
山东	653	741	809	877	124	737	845	884	961	331	1 397	1 316	1 336	1 302
广东	639	724	802	920	23	612	655	756	1 042	188	1 004	881	1 027	1 106
广西	13	13	15	37	0	68	68	66	200	15	265	271	273	364
海南	5	6	7	11	0	34	39	40	73	19	74	74	87	150
其他	459	511	575	599	168	307	288	315	343	763	316	303	280	268

数据来源：根据《中国海洋统计年鉴2012～2016》数据整理。

表5-5-2

全国海洋科研机构科技活动人员数情况

城市	科技活动人员数（人）					从业人员数（人）					科技活动人员数占从业人员比重（%）				
	2011	2012	2013	2014	2015	2011	2012	2013	2014	2015	2011	2012	2013	2014	2015
合计	30 642	31 487	32 349	34 174	35 860	37 445	37 679	38 754	40 539	42 331	81.83%	83.57%	83.47%	84.3%	84.71%
北京	11 949	12 346	12 371	12 603	11 569	13 704	13 857	13 976	14 091	12 706	87.19%	89.10%	88.52%	89.44%	91.05%
天津	2 056	2 116	2 192	2 269	2 322	2 586	2 628	2 646	2 772	2 808	79.51%	80.52%	82.84%	81.85%	82.69%
河北	535	531	525	515	534	554	552	555	547	552	96.57%	96.20%	96.60%	94.15%	96.74%
辽宁	1 601	1 662	1 706	1 836	2 764	2 118	2 077	2 107	2 246	3 151	75.59%	80.02%	80.97%	81.75%	87.72%
上海	3 011	3 127	3 366	3 484	3 501	3 542	3 721	4 039	3 866	3 989	85.01%	84.04%	83.34%	90.12%	87.77%
江苏	1 943	1 762	1 728	1 954	2 068	3 295	2 900	2 959	3 161	3 356	58.97%	60.76%	58.40%	61.82%	61.62%
浙江	1 336	1 407	1 500	1 638	1 723	1 614	1 695	1 800	1 914	2 028	82.78%	83.01%	83.33%	85.58%	84.96%
福建	968	1 015	1 224	1 100	1 129	1 023	1 075	1 276	1 156	1 189	94.62%	94.42%	95.92%	95.16%	94.95%
山东	3 049	3 203	3 181	3 338	3 279	3 719	3 818	3 864	3 922	4 108	81.98%	83.89%	82.32%	85.11%	79.82%
广东	2 564	2 638	2 796	3 292	4 820	3 088	3 164	3 250	3 835	5 434	83.03%	83.38%	86.03%	85.84%	88.7%
广西	365	358	371	627	661	466	444	460	1 199	1 225	78.33%	80.63%	80.65%	52.29%	53.96%
海南	143	179	175	240	221	185	192	215	277	265	77.30%	93.23%	81.40%	86.64%	83.4%
其他	1 122	1 140	1 214	1 278	1 269	1 551	1 556	1 607	1 553	1 520	72.34%	73.26%	75.54%	82.29%	83.49%

数据来源：根据《中国海洋统计年鉴 2012~2016》数据整理。

表5-5-3

全国海洋科研投入产出情况

地区	科研经费收入（万元）					科技课题（项）					发表科技论文（篇）					专利申请受理数（件）				
	2011年	2012年	2013年	2014年	2015年	2011年	2012年	2013年	2014年	2015年	2011年	2012年	2013年	2014年	2015年	2011年	2012年	2013年	2014年	2015年
合计	23 221 895	25 772 307	26 556 354	31 009 893	33 334 007	14 253	15 403	16 331	17 702	18 810	15 547	16 713	16 284	16 908	17 257	4 412	5 120	5 340	6 111	7 176
北京	9 118 227	9 706 492	10 200 232	10 801 649	10 378 485	4 897	5 412	6 045	6 655	6 741	5 953	6 271	6 238	5 909	5 657	1 974	2 460	2 228	2 371	2 647
天津	1 593 334	1 636 931	1 550 800	1 677 311	1 787 632	536	668	723	751	790	765	851	888	1 038	886	111	130	113	134	188
河北	131 596	124 021	138 739	143 818	187 038	67	78	94	90	77	555	448	426	494	421	6	8	3	6	4
辽宁	1 051 461	1 134 138	1 134 799	1 296 498	2 298 284	290	337	339	391	685	446	478	418	442	775	546	616	575	595	878
上海	2 674 753	2 897 953	3 072 266	3 638 014	3 730 432	1 094	996	1 127	1 131	1 166	1 103	1 223	1 105	1 058	826	831	842	1 073	1 196	1 170
江苏	1 726 401	2 009 956	2 085 245	2 440 990	2 645 398	1 718	851	1 889	2 202	2 187	1 005	1 040	969	1 196	1 132	133	125	172	220	320
浙江	1 114 879	1 318 163	1 333 885	1 449 886	1 676 635	440	494	588	619	645	497	509	588	525	554	67	47	115	350	154
福建	526 262	846 320	699 473	1 178 354	824 865	627	591	632	608	618	406	350	331	304	381	23	24	53	60	55
山东	1 991 871	3 166 762	3 247 585	3 818 248	3 774 704	1 477	1 550	1 681	1 633	1 637	1 879	2 023	2 094	2 275	2 009	232	401	455	498	561
广东	1 670 061	1 774 881	1 960 673	2 752 209	4 134 619	1 929	2 190	1 864	2 140	2 653	1 552	2 104	1 889	2 152	2 929	278	273	327	432	976
广西	83 236	93 599	123 638	833 255	861 614	104	106	86	101	125	142	105	89	190	167	33	16	15	54	48
海南	49 851	99 504	62 439	99 138	97 201	84	46	47	10	25	56	69	63	78	97	2	2	0	0	0
其他	805 177	964 177	946 177	881 523	937 100	990	1 084	1 216	1 371	1 461	1 188	1 242	1 186	1 247	1 423	176	176	211	195	175

数据来源：根据《中国海洋统计年鉴 2012~2016》数据整理。

5.6 沿海社会经济情况

沿海社会经济情况见表 5-6-1～5-6-9。

表 5-6-1　　沿海各省市地区生产总值

(单位:亿元)

年份	天津	河北	辽宁	上海	江苏	浙江	福建	山东	广东	广西	海南	总值
2002	2 150.76	6 018.28	5 458.22	5 741.03	10 606.85	8 003.67	4 467.55	10 275.5	13 502.42	2 523.73	621.97	69 369.98
2003	2 578.03	6 921.29	6 002.54	6 694.23	12 442.87	9 705.02	4 983.67	12 078.15	15 844.64	2 821.11	693.2	83 210.49
2004	3 110.97	8 477.63	6 672.00	8 072.83	15 003.6	11 648.7	5 763.35	15 021.84	18 864.62	3 433.5	798.9	99 817.25
2005	3 905.64	10 096.11	7 860.85	9 164.1	18 305.66	13 437.85	6 568.93	18 516.87	22 366.54	4 075.75	894.57	118 173.54
2006	4 462.74	11 660.43	9 251.15	10 366.37	21 645.08	15 742.51	7 614.55	22 077.36	26 204.47	4 828.51	1 052.85	138 313.56
2007	5 252.76	13 607.32	11 164.3	12 494.01	26 018.48	18 753.73	9 248.53	25 776.91	31 777.01	5 823.41	1 254.17	161 170.63
2008	6 719.01	16 011.97	13 668.58	14 069.86	30 981.98	21 462.69	10 823.01	30 933.28	36 796.71	7 021.00	1 503.06	194 387.14
2009	7 521.85	17 235.48	15 212.49	15 046.45	34 457.3	22 990.35	12 236.53	33 896.65	39 482.56	7 759.16	1 654.21	212 124.21
2010	9 224.46	20 394.26	18 457.27	17 165.98	41 425.48	27 722.31	14 737.12	39 169.92	46 013.06	9 569.85	2 064.5	250 833.33
2011	11 307.28	24 515.76	22 226.7	19 195.69	49 110.27	32 318.85	17 560.18	45 361.85	53 210.28	11 720.87	2 522.66	293 995.04
2012	12 893.88	26 575.01	24 846.43	20 181.72	54 058.22	34 665.33	19 701.78	50 013.24	57 067.92	13 035.10	2 855.54	315 894.17
2013	14 370.16	28 301.41	27 077.65	21 602.12	59 161.75	37 568.49	21 759.64	54 684.33	62 163.97	14 378.00	3 146.46	344 213.98
2014	15 726.9	29 421.2	28 626.6	23 567.7	65 088.3	40 173.0	24 055.8	59 426.6	67 809.9	15 672.9	3 500.7	373 069.5
2015	16 538.2	29 806.1	28 669	25 123.5	70 116.4	42 886.5	25 979.8	63 002.3	72 812.6	16 803.1	3 702.8	395 440.2

数据来源:《中国统计年鉴 2003～2016》。

表5-6-2

沿海区生产总值增长速度（%）

地区	2002年	2003年	2004年	2005年	2006年	2007年	2008年	2009年	2010年	2011年	2012年	2013年	2014年	2015年
天津	12.7	14.8	15.8	14.9	14.7	15.5	16.5	16.5	17.4	16.4	13.8	12.5	10	9.3
河北	9.6	11.6	12.9	13.4	13.4	12.8	10.1	10.0	12.2	11.3	9.6	8.2	6.5	6.8
辽宁	10.2	11.5	12.8	12.7	14.2	15.0	13.4	13.1	14.2	12.2	9.5	8.7	5.8	3
上海	11.3	12.3	14.2	11.4	12.7	15.2	9.7	8.2	10.3	8.2	7.5	7.7	7	6.9
江苏	11.7	13.6	14.8	14.5	14.9	14.9	12.7	12.4	12.7	11.0	10.1	9.6	8.7	8.5
浙江	12.6	14.7	14.5	12.8	13.9	14.7	10.1	8.9	11.9	9.0	8.0	8.2	7.6	8
福建	10.2	11.5	11.8	11.6	14.8	15.2	13.0	12.3	13.9	12.3	11.4	11.0	9.9	9
山东	11.7	13.4	15.4	15.0	14.7	14.2	12.0	12.2	12.3	10.9	9.8	9.6	8.7	8
广东	12.4	14.8	14.8	14.1	14.8	14.9	10.4	9.7	12.4	10.0	8.2	8.5	7.8	8
广西	10.6	10.2	11.8	13.1	13.6	15.1	12.8	13.9	14.2	12.3	11.3	10.0	8.5	8.1
海南	9.6	10.6	10.7	10.5	13.2	15.8	10.3	11.7	16.0	12.0	9.1	9.9	8.5	7.8

注：本表按可比价格计算（上年为基期）。

数据来源：《中国海洋统计年鉴 2009~2016》。

表 5-6-3

沿海各省市第三产业产值

（单位：亿元）

年份	天津	河北	辽宁	上海	江苏	浙江	福建	山东	广东	广西	海南	总值
2003	1 112.71	2 377.04	2 487.85	3 029.45	4 567.37	3 726	2 046.5	4 298.41	5 225.27	1 074.89	271.44	30 216.93
2004	1 269.43	2 763.16	2 823.87	3 565.34	5 371.68	4 382	2 324.94	4 987.91	5 903.75	1 220.46	305.11	34 917.65
2005	1 534.07	3 360.54	3 173.32	4 620.92	6 489.14	5 378.87	2 527.47	5 924.74	9 598.34	1 652.57	373.75	44 633.73
2006	1 752.63	3 938.94	3 545.28	5 244.2	7 849.23	6 307.85	2 974.67	7 187.26	11 195.53	1 917.47	420.51	52 333.57
2007	2 047.68	4 662.98	4 036.99	6 408.5	9 618.52	7 645.96	3 697.6	8 680.24	13 449.73	2 289	497.95	63 035.15
2008	2 410.73	5 376.59	4 647.46	7 350.43	11 548.8	8 811.17	4 249.59	10 367.23	15 323.59	2 679.94	587.22	73 352.75
2009	3 405.16	6 068.31	5 891.25	8 930.85	13 629.07	9 918.78	5 048.49	11 768.18	18 052.59	2 919.13	748.59	86 380.4
2010	4 238.65	7 123.77	6 849.37	9 833.51	17 131.45	12 063.82	5 850.62	14 343.14	20 711.55	3 383.11	953.67	102 482.66
2011	5 219.24	8 483.17	8 158.98	11 142.86	20 842.21	14 180.23	6 878.74	17 370.89	24 097.7	3 998.33	1 148.93	121 521.28
2012	6 058.46	9 384.78	9 460.12	12 199.15	23 517.98	15 681.13	7 737.13	19 995.18	26 519.69	4 615.30	1 339.53	136 508.5
2013	6 905.03	10 038.89	10 486.56	13 445.07	26 421.64	17 337.22	8 508.03	22 519.23	29 688.97	5 171.39	1 518.70	152 040.71
2014	7 795.2	10 960.8	11 956.2	15 275.7	30 599.5	19 220.8	9 525.6	25 840.1	33 223.3	5 934.5	1 815.2	172 146.9
2015	8 625.2	11 979.8	13 243	17 022.6	34 085.9	21 341.9	10 796.9	28 537.4	36 853.5	6 520.2	1 972.2	190 978.5

数据来源：《中国统计年鉴 2004～2016》。

表 5-6-4

中国主要沿海城市国民生产总值(亿元)

年份	2007 年	2008 年	2009 年	2010 年	2011 年	2012 年	2013 年	2014 年
天津	5 253	6 719	7 522	9 109	11 190	12 885	14 370	15 722
秦皇岛	665	809	877	931	1 064	1 139	1 168	1 200
大连	3 131	3 858	4 349	5 158	6 100	7 003	7 650	7 656
上海	12 001	13 698	14 901	16 872	19 195	20 101	21 602	23 561
南通	2 112	2 510	2 873	3 415	4 080	4 559	5 039	5 653
连云港	615	750	941	1 150	1 410	1 603	1 785	1 966
杭州	4 103	4 781	5 098	5 949	7 012	7 804	8 344	9 201
宁波	3 435	3 964	4 334	5 163	6 010	6 525	7 129	7 603
温州	2 157	2 424	2 527	2 926	3 351	3 650	4 004	4 303
福州	1 974	2 296	2 521	3 123	3 734	4 218	4 679	5 169
厦门	1 375	1 560	1 623	2 054	2 535	2 817	3 018	3 274
泉州	2 276	2 795	3 002	3 565	4 271	4 727	5 218	5 733
漳州	864	1 002	1 102	1 400	1 768	2 018	2 236	2 506
青岛	3 786	4 401	4 853	5 666	6 616	7 302	8 007	8 692
烟台	2 885	4 309	3 728	4 358	4 907	5 281	5 614	6 002
威海	1 583	1 795	1 969	1 944	2 111	2 338	2 550	2 790
广州	7 140	8 287	9 138	10 604	12 303	13 551	15 420	16 707
深圳	6 802	7 787	8 201	9 511	11 502	12 950	14 500	16 002
珠海	887	992	992	1 038	1 403	1 504	1 662	1 857
汕头	850	974	1 035	1 203	1 403	1 415	1 566	1 716
湛江	892	1 050	1 156	1 403	1 708	1 871	2 060	2 259
中山	1 238	1 409	1 564	1 826	2 191	2 447	2 639	2 823
北海	244	314	335	398	497	630	735	828
海口	396	443	490	590	713	821	905	1 006
三亚	122	144	175	230	285	331	373	404
总计	66 786	79 071	85 306	99 586	117 359	129 490	142 273	154 633

数据来源:网络各个统计数据网站。

表 5—6—5

沿海地区城镇居民平均每人全年家庭总收入

（单位：元）

地区	2009年 总收入	2009年 可支配收入	2010年 总收入	2010年 可支配收入	2011年 总收入	2011年 可支配收入	2012年 总收入	2012年 可支配收入	2013年 总收入	2013年 可支配收入	2014年 总收入	2014年 可支配收入	2015年 总收入	2015年 可支配收入
全国平均水平	18 858.09	17 174.65	21 033.42	19 109.44	23 979.20	21 809.78	26 958.99	24 564.72	—	18 301.8	—	28 843.9	—	31 194.8
天津	23 565.67	21 402.01	26 942.00	24 292.60	29 916.04	26 920.86	32 944.01	29 626.41	—	26 359.2	—	31 506.0	—	34 101.3
河北	15 675.75	14 718.25	17 334.42	16 263.43	19 591.91	18 292.23	21 899.42	20 543.44	—	15 189.6	—	24 141.3	—	26 152.2
辽宁	17 757.70	15 761.38	20 014.57	17 712.58	22 879.77	20 466.84	25 915.72	23 222.67	—	20 517.8	—	29 081.7	—	31 125.7
上海	32 402.97	28 837.78	35 738.51	31 838.08	40 532.29	36 230.48	44 754.5	40 188.34	—	42 173.6	—	48 841.4	—	52 961.9
江苏	22 494.94	20 551.72	25 115.40	22 944.26	28 971.98	26 340.73	32 519.1	29 676.97	—	24 775.5	—	34 346.3	—	37 173.5
浙江	27 119.30	24 610.81	30 134.79	27 359.02	34 264.38	30 970.68	37 994.83	34 550.3	—	29 775.0	—	40 392.7	—	43 714.5
福建	21 692.35	19 576.83	24 149.59	21 781.31	27 378.11	24 907.40	30 877.92	28 055.24	—	21 217.9	—	30 722.4	—	33 275.3
山东	19 336.91	17 811.04	21 736.94	19 945.83	24 889.80	22 791.84	28 005.61	25 755.19	—	19 008.3	—	29 221.9	—	31 545.3
广东	24 116.46	21 574.72	26 896.86	23 897.80	30 218.76	26 897.48	34 044.38	30 226.71	—	23 420.7	—	32 148.1	—	34 757.2
广西	17 032.89	15 451.48	18 742.21	17 063.89	20 846.11	18 854.06	23 209.41	21 242.8	—	14 082.3	—	24 669.0	—	26 415.9
海南	14 909.28	13 750.85	16 929.63	15 581.05	20 094.18	18 368.95	22 809.87	20 917.71	—	15 733.3	—	24 486.5	—	26 356.4

数据来源：根据《中国海洋统计年鉴 2010～2016》数据整理。

表 5－6－6 　　　　　　　　　**2013 年沿海地区教育卫生情况**

地区	高等学校数（所）	本、专科在校学生数（人）	本、专科毕(结)业生数（人）	卫生机构数（个）	卫生机构床位数（万张）	卫生机构人员（人）
全国总计	2 491	24 680 726	6 387 210	974 398	618.19	9 790 483
天津	55	489 919	120 996	4 689	5.77	106 527
河北	118	1 174 374	334 278	78 485	30.35	492 012
辽宁	115	968 034	241 049	35 612	24.19	338 443
上海	68	504 771	133 794	4 929	11.43	192 333
江苏	156	1 684 455	473 843	30 998	36.83	551 113
浙江	102	959 629	244 860	30 063	23.01	427 072
福建	87	730 510	187 230	28 175	15.61	261 784
山东	139	1 698 545	475 858	75 426	48.97	819 348
广东	138	1 709 881	412 315	47 835	37.84	708 036
广西	70	656 127	169 543	33 943	18.72	334 849
海南	17	172 143	43 804	5 011	3.21	63 468

数据来源:《中国海洋统计年鉴(2014)》。

表 5－6－7 　　　　　　　　　**2014 年沿海地区教育卫生情况**

地区	高等学校数（所）	本、专科在校学生数（人）	本、专科毕(结)业生数（人）	卫生机构数（个）	卫生机构床位数（万张）	卫生机构人员（人）
全国总计	2 529	25 476 999	6 593 671	981 432	660.12	10 234 213
天津	55	505 795	123 505	4 990	6.09	111 672
河北	118	1 164 341	344 518	78 895	32.29	512 877
辽宁	116	998 281	247 510	35 441	25.55	339 187
上海	68	506 644	132 411	4 984	11.75	201 735
江苏	159	1 698 636	478 713	31 995	39.23	589 559
浙江	104	978 216	253 708	30 358	24.58	455 809
福建	88	748 480	190 144	28 030	16.48	273 602
山东	141	1 796 665	464 076	77 012	50.06	838 474
广东	141	1 794 188	440 952	48 085	40.58	732 573
广西	70	701 913	174 050	34 667	20.16	357 622
海南	17	180 565	44 792	5 075	3.45	66 556

数据来源:《中国海洋统计年鉴(2015)》。

表 5－6－8　　　　　　　　　　　　　2015 年沿海地区教育卫生情况

地区	高等学校数（所）	本、专科在校学生数（人）	本、专科毕（结）业生数（人）	卫生机构数（个）	卫生机构床位数（万张）	卫生机构人员（人）
全国总计	2 560	26 252 968	6 808 866	983 528	701.5	10 693 881
天津	55	512 854	132 072	5 223	6.4	118 111
河北	118	1 179 172	327 981	78 594	34.2	533 286
辽宁	116	1 005 650	258 296	35 236	26.7	348 525
上海	67	511 623	128 711	5 016	12.3	208 444
江苏	162	1 715 749	484 096	31 925	41.4	618 945
浙江	105	991 149	263 981	31 137	27.3	491 008
福建	88	758 452	194 652	27 921	17.3	281 330
山东	143	1 900 612	474 195	77 259	51.9	855 706
广东	143	1 856 355	476 901	48 320	43.6	768 482
广西	71	751 181	182 658	34 439	21.4	374 817
海南	17	182 944	48 245	5 046	3.9	71 288

数据来源:《中国海洋统计年鉴(2016)》。

表 5－6－9　　　　　　　　　　　沿海地区人口和城镇单位就业人员　　　　　　　　　　　（单位:万人）

城市	2010 年		2011 年		2012 年		2013 年		2014 年		2015 年	
	年末总人口	就业人员	年末总人口	就业人员	年末总人口	就业人员	年末总人口	就业人员	年末总人口	就业人员	年末总人口	就业人员
全国总计	134 091	13 051.5	134 735	14 413.3	135 404	15 236.4	136 072	18 108.4	136 782	18 277.8	137 462	18 062.5
天津	1 299	205.7	1 355	268.2	1 413	289.1	1 472	302.4	1 517	295.5	1 547	294.8
河北	7 194	519.6	7 241	555.4	7 288	619.9	7 333	653.4	7 384	656.2	7 425	643.6
辽宁	4 375	518.1	4 383	579.6	4 389	598.7	4 390	689.1	4 391	665.2	4 382	618.4
上海	2 303	392.9	2 347	497.3	2 380	555.7	2 415	618.8	2 426	648.9	2 415	637.2
江苏	7 869	763.8	7 899	811.3	7 920	830.9	7 939	1 503.3	7 960	1 602.4	7 976	1 552.1
浙江	5 447	883.6	5 463	995.7	5 477	1 070.1	5 498	1 071.6	5 508	1 102.7	5 539	1 083.4
福建	3 693	507.1	3 720	596.3	3 748	637.9	3 774	644.0	3 806	654.6	3 839	663.1
山东	9 588	956.2	9 637	1 050.4	9 685	1 110.2	9 733	1 290.6	9 789	1 266.3	9 847	1 236.7
广东	10 441	1 118.5	10 505	1 238.2	10 594	1 304	10 644	1 967.0	10 724	1 973.3	10 849	1 948
广西	4 610	316.7	4 645	341.6	4 682	358	4 719	403.0	4 754	401.5	4 796	405.4
海南	869	81.3	877	85.1	887	90.1	895	98.8	903	101.5	911	100.4

数据来源:《根据中国海洋统计年鉴(2011～2016)》数据整理。

5.7　海洋指数报告原始数据

海洋指数报告原始数据见表 5—7—1～表 5—1—11。

表 5—7—1 　　　　　　　　**2016 年全球十大集装箱港口吞吐量排名**

排名	港口名称	2016 年		2015 年		2014 年	
		吞吐量 （万 TEU）	同比增速 （%）	吞吐量 （万 TEU）	同比增速 （%）	吞吐量 （万 TEU）	同比增速 （%）
1	上海港	3 713	1.71%	3 651	3.47%	3 529	4.96%
2	新加坡港	3 090	−0.06%	3 092	−8.70%	3 387	3.96%
3	深圳港	2 411	−0.37%	2 420	0.71%	2 403	3.23%
4	宁波舟山港	2 157	4.54%	2 063	6.07%	1 945	12.25%
5	中国香港港	1 963	−2.40%	2 011	−9.50%	2 223	−0.56%
6	釜山港	1 943	−0.09%	1 945	4.13%	1 868	5.63%
7	广州港	1 858	9.50%	1 697	5%	1 616	5.56%
8	青岛港	1 801	2.88%	1 751	5.30%	1 662	7.12%
9	迪拜港	1 480	−5.07%	1 559	2.57%	1 520	11.43%
10	天津港	1 450	2.76%	1 411	0.43%	1 405	7.99%

数据来源：航运界网。

表 5—7—2 　　　　　　　　　　　**全球集装箱船运力**

年份	运力/万 TEU	同比增长率/%
2013	1 714.8	5.50%
2014	1 826.3	6.50%
2015	1 974.4	8.10%
2016	1 998.5	1.20%

数据来源：Alphaliner。

表 5—7—3 　　　　　**2012～2016 年亚洲地区邮轮载客量** 　　　　（单位：万人次）

年份	2012 年	2013 年	2014 年	2015 年	2016 年
人次	77.4	120.5	139.8	164.6	227.24

数据来源：国际邮轮协会（CLIA）。

表 5—7—4 　　　　　　**2016 年各国家邮轮游客年总量** 　　　　（单位：万人次）

国家	美国	中国	德国	英国	澳大利亚	加拿大	意大利	法国	西班牙	巴西
年总量	1 152	210	202	189	129	75	75	57	49	49

数据来源：国际邮轮协会（CLIA）。

表5－7－5　　　　　　　　　2012～2016年中国邮轮接待旅客人次和邮轮艘次

年份	接待出入境旅客(万人次)	接待邮轮艘次
2012	66	285
2013	116.8	377
2014	172.34	466
2015	248.05	629
2016	456.73	1 010

数据来源:国际邮轮协会(CLIA)。

表5－7－6　　　　　　　　中国沿海地区2006～2014年海洋科技综合得分

综合	2006年	2007年	2008年	2009年	2010年	2011年	2012年	2013年	2014年
天津	0.13	0.11	0.08	0.08	0.09	0.10	0.09	0.08	0.08
河北	0.03	0.04	0.04	0.04	0.04	0.05	0.03	0.03	0.04
辽宁	0.03	0.04	0.04	0.11	0.10	0.09	0.11	0.11	0.12
上海	0.15	0.17	0.19	0.21	0.20	0.21	0.18	0.20	0.20
江苏	0.10	0.09	0.10	0.08	0.12	0.09	0.08	0.09	0.09
浙江	0.09	0.07	0.08	0.06	0.05	0.05	0.06	0.07	0.07
福建	0.06	0.06	0.06	0.04	0.06	0.04	0.04	0.06	0.06
山东	0.22	0.23	0.20	0.18	0.17	0.18	0.19	0.18	0.17
广东	0.17	0.17	0.19	0.15	0.15	0.13	0.16	0.14	0.14
广西	0.01	0.01	0.01	0.02	0.01	0.01	0.01	0.02	0.03
海南	0.01	0.01	0.01	0.02	0.02	0.03	0.05	0.01	0.01

数据来源:根据《深海技术分报告》海洋科技系统指标体系得到综合得分。

表5－7－7　　　　　　2006～2016年中国港口货物吞吐量增速与GDP增速情况

年份	GDP增速(%)
2006	12.70%
2007	14.20%
2008	9.70%
2009	9.40%
2010	10.60%
2011	9.50%
2012	7.90%
2013	7.80%

续表

年份	GDP 增速（%）
2014	7.30%
2015	6.90%
2016	6.70%

数据来源：《中国海洋统计年鉴 2007～2016》，中国国家统计局网站。

表5－7－8　　　　　　　　　　国内主要港口集装箱海铁联运占比

示范港口	2013	2014	2015	2016	集装箱吞吐量（万 TEU）	海铁联运占比（%）
天津	26.9	20.6	31	32	1 450	2.21%
深圳	14.8	17.2	16.9	15.9	2 411	0.66%
大连	29	32.3	34.9	40.6	959	4.23%
宁波	10.5	13.5	17.05	25.04	2 157	1.16%
连云港	25.7	21.6	22.9	20.57	469	4.39%
青岛	8.4	22	30	48.3	1 801	2.68%
营口	32.5	41.5	43.1	52.6	601	8.75%

数据来源：上海国际航运研究中心。

表5－7－9　　　　　　　　2011～2015年中国海洋工程装备行业市场规模情况　　　　　（单位：亿元）

年份	海洋油气资源开发装备	其他海洋资源开发装备	海洋浮体结构物	海洋工程装备市场规模
2011	320	96	202.2	618.2
2012	343.5	106.5	244.2	694.2
2013	532.7	170.5	292.8	996
2014	737.2	243.4	350.5	1 331
2015	652.4	214.5	296.6	1 180

数据来源：《中国海洋统计年鉴 2012～2016》。

表5－7－10　　　　　　　　　　　国内海洋信息服务业详情

年份	海洋信息服务业机构数	海洋信息服务业从业人数（人）	海洋信息服务业科技活动人员（人）	经费收入（万元）	课题	发表论文	专利授权数	发明专利
2006	8	548	424	8 162	24	48	0	0
2007	8	544	430	9 290	28	46	0	0
2008	8	589	467	8 294	32	61	0	0
2009	10	1 130	876	40 873	91	205	0	0

续表

年份	海洋信息服务业机构数	海洋信息服务业从业人数(人)	海洋信息服务业科技活动人员(人)	经费收入(万元)	课题	发表论文	专利授权数	发明专利
2010	9	1 104	883	480 206	119	275	0	0
2011	9	1 114	903	481 658	122	290	17	0
2012	9	1 017	878	458 593	172	289	1	1
2013	9	1 023	924	564 820	153	333	0	0
2014	9	1 050	1 011	642 891	156	329	1	1

数据来源:《中国海洋统计年鉴 2012~2015》。

表 5—7—11　浦东港口历年集装箱吞吐量与接待国内外游客总次数

年份	集装箱吞吐量(万标准箱)	增长率	接待国内外游客总次数(万人次)
2010	2 509.5	17.30%	—
2011	2 880.7	14.80%	—
2012	2 951.3	2.50%	2 780
2013	3 058.5	3.60%	3 002
2014	3 236.5	5.80%	3 639
2015	3 357.2	3.70%	3 634
2016	3 389.5	1%	—

数据来源:上海浦东网站统计信息。

后 记

在《构建海洋产业新体系——中国海洋产业报告（2016～2017）》付梓之际，编委会要衷心地感谢上海大学海洋协同创新研究团队。这个团队从 2012 年开始进入海洋经济与海洋科技研究领域，多年来积极对接国家海洋战略，致力于培养海洋人才、从事海洋研究、传承海洋文化、服务海洋事业，已经有多名从事海洋经济研究的博士生、硕士生顺利毕业，承担了10 余项海洋经济、海洋科技等领域的研究课题，于 2014 年率先公开出版了《中国海洋产业报告（2012～2013）》，2016 年出版了《中国海洋产业报告（2014～2015）》，并相继发布了中国海洋经济指数，在国内外海洋研究领域的影响力逐年提升。

本书是创新团队推出的海洋产业研究系列报告的第三本，主题为"构建海洋产业新体系"，分为中国海洋经济指数、海洋科技与海洋经济、海洋产业新体系、国内外海洋制度体系、海洋相关统计数据五个部分。本报告通过对海洋经济与海洋科技跟踪研究，汇编国内外海洋制度体系，汇集中国海洋相关数据资料，旨在向读者提供一个全面、深度了解海洋发展的研究文本。本报告具体撰稿作者在每篇文章的文末都已注明，由于文章出自多人之手，主编无法对数据资料一一核对，作者文责自负。

衷心希望这本《构建海洋产业新体系——中国海洋产业报告（2016～2017）》能给中国海洋经济与海洋科技的发展提供研究基础，为沿海地区的政策制定提供一定参考，为研究人员提供基础性资料。囿于我们对海洋经济、海洋科技与海洋制度体系认知的局限性，以及在海洋领域研究能力的局限性，本报告作为创新团队阶段性研究成果的汇集，定有诸多不尽如人意之处，恳请专家学者不吝赐教。

编委会

2018 年 7 月 31 日